建设工程BIM技术应用指南丛书

# BIM技术下体育建筑全生命周期发展与实践

段文婷 著

中国建材工业出版社

**图书在版编目（CIP）数据**

BIM技术下体育建筑全生命周期发展与实践/段文婷著. --北京：中国建材工业出版社，2023.3（2025.2重印）
ISBN 978-7-5160-3574-0

Ⅰ.①B… Ⅱ.①段… Ⅲ.①体育建筑—建筑设计—计算机辅助设计—应用软件 Ⅳ.①TU245-39

中国版本图书馆CIP数据核字（2022）第164924号

**BIM技术下体育建筑全生命周期发展与实践**
BIM Jishuxia Tiyu Jianzhu quan Shengming Zhouqi Fazhan yu Shijian
段文婷 著

出版发行：中国建材工业出版社
地　　址：北京市西城区白纸坊东街2号院6号楼
邮　　编：100054
经　　销：全国各地新华书店
印　　刷：北京印刷集团有限责任公司
开　　本：787mm×1092mm 1/16
印　　张：11.25
字　　数：300千字
版　　次：2023年3月第1版
印　　次：2025年2月第2次
**定　　价：60.00元**

---

**本社网址：www.jskjcbs.com，微信公众号：zgjskjcbs**
**请选用正版图书，采购、销售盗版图书属违法行为**

**本书如有印装质量问题，由我社事业发展中心负责调换，联系电话：(010)63567692**

# 前　言

当代的体育建筑设计不再是注重单一的建筑形态设计或只满足使用功能，而是从内容的丰富性、创意性、科技性、信息性等多方面进行设计，从而体现出当代体育建筑的价值。体育建筑包括体育场、体育馆以及与体育活动相关的大型、综合性建筑单体、群体。体育建筑设计的内容复杂，从方案设计到施工、运营以及后期的更新都需要建筑师在设计中坚守坚固、实用、美观的设计理念。体育建筑设计内容的增多，对设计的要求更加精细化。设计需要改变，建造需要改变，运营维护方法与建筑更新模式需要改变。如此多的改变，都需要基于整体性的思考，需要我们更精确地了解建筑，为建筑系统地进行全身扫描，了解建筑在整个生命周期的设计内容以及如何利用新技术来控制设计的方法。

计算机作为设计工具，不仅是建模工具，也在推进整个建筑设计及建造行业的发展。本书通过对设计工具发展历史的研究，以更为广泛而系统的视角看待设计、建造的过程，研究设计工具的进步对设计发展的意义。BIM（Building Information Model）技术的提出是计算机技术的发展以及衍生的附加内容。BIM 的历史并不是苍白的建筑信息化模型发展史，其背后隐藏着建筑师、设计人员对未来精细化设计孜孜不倦的追求。基于 BIM 技术下的体育建筑全生命周期研究就是试图利用 BIM 技术的研究分析，实现提升体育建筑实用性的可能。体育建筑的设计、施工、运营阶段之间有着紧密的联系，同时，设计的结果与运营对城市更新发展、城市环境、城区规划方向也有直接的影响。因此在进行体育建筑设计的过程中，通过可持续性、BIM 技术的相关性以及建造技术与设计方法的相关研究，使我们认识到产业化方向下体育建筑应以全生命周期设计为基础，应以适应工业 4.0 背景为目标。全书通过对体育建筑发展趋势和设计手法及绿色、可持续设计施工建造的全过程分析，总结了 BIM 技术下的体育建筑全生命周期所涉及的问题。

本书着重分析体育建筑发展的方向及基于 BIM 技术下体育建筑设计中的创新设计方法。通过对传统设计方法（剖面、形态）改革，利用参数化设计、结构模拟、遗传算法优化方式生成有机的结构形态，借助模拟优化的方式将所有设计分析的数据和设计控制要素进行量化从而得到分析结果，并利用分析结果在逻辑控制下使用多种决策方法，最终得到最优的设计方案。本书总结出我国目前绿色建筑的定义，提出以可持续性设计及建立控制体育建筑能耗作为硬性控制指标来约束设计，提出“绿色”应作为建筑全生命周期的一部分、“绿色”与性能化 BIM 技术密不可分的建议要求。

本书通过对体育建筑施工及后期运营的分析发现，不仅可以在体育建筑设计领域应用BIM技术，其他建筑全生命周期中的建造和施工阶段也可以使用。BIM技术的施工、运营所面临的问题复杂，涉及BIM信息流转、施工方式的转变、建筑与施工的融合方式、建造模式的改变，这些都将随着施工建造模式的精细化而得到优化。这一切看似与体育建筑设计的内容无关，但实际上，其内在有紧密的相关性。传统的建筑设计缺陷早已在我国过去大规模建设的体育场馆中暴露无遗。体育建筑设计质量的提高与施工、运营之间具有相关性，且运营模式与可持续性都需要借助BIM技术。施工、运营阶段的BIM与设计阶段的BIM的融合在提升设计、建造的精细化水平的同时，还可以提升体育建筑施工工艺设计的精细化，以利于更好地开展体育竞技活动。

本书总结了BIM技术应用所带来的思考，以及应用BIM技术在我国目前的国情下所面临的问题；提出基于体育建筑全生命周期的设计目标，即在此目标下，总结体育建筑的全生命周期过程中所应用的内容与对应的BIM技术；总结了在实现体育建筑全生命周期设计的过程中所面临的问题以及新技术所带来的问题。

最后需要说明的是，BIM技术本身或仅仅涉及建筑信息模型，但就“Big BIM”概念来说，它是一种新的设计模式，或将为未来的建筑设计提供更多实验数据以及更多的量化依据。如果说AutoCAD软件的诞生提高了绘图的效率，那么BIM技术提升的是设计的品质和内容。基于BIM技术下的体育建筑全生命周期发展研究要求建筑师在当下更为广阔的视角下，从单一的建筑设计转向全生命周期设计。

作者<br>2023年1月

# 目　录

# 1　体育建筑的发展趋势

我国兴建了大量体育建筑，但随着时间的推移出现了各种各样的问题，且由于体育场馆多为政府投资，投资量大且回报少。在基于近期推行的PPP模式的体育建筑建设过程中，对体育建筑成本的控制成为设计的重点和难点。因此，在体育建筑的精细化设计阶段，主要利用BIM技术的模型虚拟可视化及协同设计提高体育建筑设计本身的精细化。

由于体育建筑本身的施工的复杂度高于一般类型的公共建筑，因此在体育建筑面临复杂的建筑形态与施工工艺的双重压力下，还需要从设计、施工、工艺三个方面提升精细化程度。此外，体育建筑是与结构形式及结构选型有紧密联系的建筑类型，将结构形式与建筑本体进行整合性研究也是提升建筑质量和品质、提升体育建筑精细化的重要手段。

## 1.1　体育建筑的发展动力

体育建筑作为体育教学、健身训练、运动竞技等活动的场所，其中涵盖建筑物和体育设施场地等（表1-1）。通常，体育建筑是由三部分组成，比赛场地、运动员用房（包括更衣室、休息室、浴室、卫生间等）以及附属管理用房（包括办公、新闻媒体、器材、设备、餐饮娱乐等区域）。按照体育场馆的使用性质划分为体育比赛场馆、体育教学场馆、体育健身娱乐场馆。按照体育场馆的用途划分为专用性体育场馆以及综合性体育场馆。专用性体育场馆是指只适用于单一项目的专业场馆，有自身比赛需求的专业、严格的体育设施。而综合性体育场馆是同时适用于多个体育项目的场馆或是将多个单项场馆融入同一个大空间建筑体系之下。体育建筑设计应为运动员创造良好的比赛和训练环境，为观众创造安全和良好的视听环境，为工作人员创造方便有效的工作环境。

**表1-1　体育术语**

| 术语 | 解释 |
|---|---|
| 体育设施（sports facilities） | 作为体育竞技、体育教学、体育娱乐和体育锻炼等活动的体育建筑、场地、室外设施以及体育器材等的总称 |
| 体育场（stadium） | 具有可供体育比赛和其他表演用的宽敞的室外场地，同时为观众提供座席的建筑物 |
| 体育馆（sports hall） | 配备有专门设备而供能够进行球类、室内田径、冰上运动、体操（技巧）、武术、拳击、击剑、举重、摔跤、柔道等单项或多项室内竞技比赛和训练的体育建筑。主要由比赛和练习场地、看台和辅助用房及设施组成。体育馆根据比赛场地的功能可分为综合体育馆和专项体育馆；不设观众看台及相应用房的体育馆也可称训练房 |

续表

| 术语 | 解释 |
| --- | --- |
| 游泳设施（natatorial facilitie） | 能够进行游泳、跳水、水球和花样游泳等室内外比赛和练习的建筑和设施。室外的称作游泳池（场），室内的称作游泳馆（房）。主要由比赛池和练习池、看台、辅助用房及设施组成 |

体育建筑的发展动力源于体育产业。体育产业链逐渐形成，推进了体育职业化、商业化，加速了体育产业在全球范围不断增强。科技的进步、设施的更新以及体育建筑绿色、可持续发展目标的确定都成为未来体育建筑的发展动因。

### 1.1.1 科技、时代进步对体育建筑设计的推动作用

科学技术的进步对体育建筑的发展起到重要的作用，按照技术从科学与工程学的定义中推演的定义，体育建筑与科学和工程的联系远高于一般的民用建筑。20世纪60年代罗马奥运会的小体育宫代表了当时混凝土预制技术的最高成就；东京代代木体育馆所展现的悬索与屋顶形态的结合表现了体育建筑与技术结合的重要性。今天，技术依旧是体育建筑发展的重要推动力。从规划、设计、施工以及改建和扩建等方面深刻地改变传统体育建筑，使现代体育建筑朝更人性化、智能化、可持续化的方向发展。首先，技术的推进带动了体育项目本身对设施的要求。例如原有的体操比赛并没有大的场地需求，原有场地要求是12m×12m，但是由于电视转播等设施对体育项目的要求越来越多，考虑到设备架设等问题，场地的尺寸也开始扩大，其在某种程度上推动了设计的改变。其次，结构技术制约体育建筑的形式与形态。体育建筑属于大跨建筑，涉及到结构、材料等复杂的技术内容；在科学技术层面，选择正确的结构形式以及使用恰当的结构材料需要依赖材料、结构等技术作为支撑；在经济适用层面，需要将更多与经济、造价、运营及体育产业相关的内容带入到设计的思考之中。

从历史脉络上看，体育建筑的发展从一开始就与结构形式及技术进步分不开。由英国体育建筑学家Rod Sheard对体育场发展以及历史演变过程的分析，以及国内学者对体育建筑历史、理论的梳理得到近代体育建筑发展的历程。

第一代体育场馆发展状态（1896—1912年）。单一场馆的设计从单独的结构骨架发展到结构形态与建筑表皮结合的设计方法经历了漫长等待，其间有对大空间建筑设计的困惑。最初的单体体育场馆设计只需要注重建筑的结构形式是否满足建筑本身的受力要求。第一代的体育建筑本身就是一个承载座位的骨架，所以设施不够完备，同时缺少附属用房以及相应的服务空间。对观众席的设计还停留在简单满足观看，对体育场地的设计标准也在黑暗中摸索。早期的体育场设计中只有少量的座位是由结构屋顶覆盖，结构构件可能会影响观众席位的视线。

第二代体育场馆发展状态（1920—1936年）。与第一代体育场馆发展相比，第二代体育场开始关注场地布置和观众席的布局设计，对场地的形态、跑道的长度都有清晰的划分，同时将人体尺度融入建筑设计当中，关注到观众在建筑中的舒适度，例如采取将观众席位的宽度加大，同时利用建筑的屋顶覆盖更多的席位。此外，越来越多的与体育场馆设计相关的设施开始介入，如信息牌、计分器、媒体设备等。体育建筑具有了一定

的科技性。

第三代体育场馆发展状态（1948—1996年）。奥运会的影响越来越大，大众对体育的关注度也在逐渐提高。在1960年罗马奥运会中首次实现了全球的电视转播，同时竞技水平和全民身体素质以及科学进步等多方面原因使体育场馆的设计中功能的设计开始逐渐占据设计的主导地位，如何将更多的信息和功能加入到体育场馆的主体功能当中，使旅馆、商业、办公、会议等功能介入成为新一代体育场馆设计所面临的问题，同时大跨结构的出现促使体育场及其顶棚的结构形式发展，建筑科技的进步也推出了新的建筑材料与结构形式。20世纪60年代奈尔维为罗马奥运会设计的罗马小体育宫是一个现代的落地穹顶建筑，利用钢筋混凝土网格型球壳屋顶和36个斜向Y形支撑作为主体结构。

第四代体育场馆发展状态（2000年至今）。体育建筑数量的增加，大众对体育运动的意识也在不断提升，场馆设计以及场馆设施都在不断提升，高效地利用体育设施或是提升建筑的科技感成为了当代体育建筑设计的关注点。当代体育建筑设计将是建筑空间、城市规划、土木工程以及智能控制技术和环境生态技术等多领域技术合作而共同发展。建筑结构形式在体育建筑设计中的主导地位下降，形式不再成为体育建筑设计的唯一核心。单独依靠结构形式的竞技型体育场馆不能满足不同人群对多元化消费模式的体验过程，更多的视觉体验及参与感成为了设计的重点。

体育建筑在时代潮流中，逐步完善自身的设计，细化自身的设计（表1-2）。体育建筑的更新换代不仅仅是时代的需求，与科技、技术的进步也是分不开的。体育场馆的设计关注点也从第一代的单一功能性逐渐发展到对场地的细化、建筑设计、场地优化、结构创新以及经济性与体育产业挂钩。

**表1-2　按照体育建筑的年代划分与技术水平对比**

| 体育场馆分代 | 功能完整度 | 建筑附属设施 | 场地设计多样化 | 结构技术 | 经济效益 | 顶棚覆盖 |
|---|---|---|---|---|---|---|
| 第一代体育场馆 | ● | ◎ | ◎ |  |  | ◎ |
| 第二代体育场馆 | ● | ◎ | ○ | ◎ |  | ◎ |
| 第三代体育场馆 | ● | ● | ● | ◎ | ○ | ● |
| 第四代体育场馆 | ● | ● | ● | ● | ● | ● |

注：评价标准 ●好，○中，◎差。

### 1.1.2　产业化驱动体育建筑发展概述

“产业化”的概念是从“产业”的概念发展而来的。“产业”这个概念是属于微观经济的细胞与宏观经济的单位之间的一个“集合”概念，它是具有某种同一属性的企业或组织的集合，又是国民经济以某一标准划分的部分的总和。

改革开放的40多年间，由于科技的进步、技术水平的提升等原因，体育建筑设计方面也取得了重要成就。但是随着城市社会的发展以及城市功能结构的转向，单一化的体育场馆逐渐面临尴尬局面。这种问题的出现不仅与体育建筑设计缺少对体育策划及运营的思考有关，同时也与我国体育产业体制有关，我国的体育产业本身具有地域差异和不均衡性，因此体育建筑的发展和创新需要依靠产业转型及学习国外成熟的产业化模式。

#### 1.1.2.1 政策推动体育场馆运营管理改革

体育产业作为国民经济发展的新方向，正成为国家经济、社会生活的主导力量之一。体育场馆是推广体育事业和体育产业的重要物质依托和支撑，同时兼顾演艺活动等相关娱乐产业的重要承载体。我国政府目前依据体育产业发展特点逐步推出扶持的相关政策，以市场化运作为主导，利用各种筹资渠道和方式筹集资金，鼓励更多的社会机构参与到体育场馆的经营和管理活动中来，建立体育场馆经营管理新模式，提高体育场馆运营的效率，向市场化转变。

在兼顾体育事业本身的社会、公共属性的基础上，作为传统以政府为主导的体育场馆运营模式，需要向经营型和产业型转换。近年来国家研究并出台了部分与场馆运营相关的政策，指导体育场馆经营模式的改革，为解决体育场馆使用效率低、赛后运营难等问题提供出路。

#### 1.1.2.2 体育事业的蓬勃发展

根据全国第六次体育场地普查，截至 2013 年底，全国共有体育场地 169.46 万个，用地面积 39.82 亿 $m^2$，建筑面积 2.59 亿 $m^2$，场地面积 19.92 亿 $m^2$。对比第五次全国体育场地普查（截至 2003 年 12 月 31 日），全国体育场地数量增加 84.45 万个，将近翻了一倍，用地面积增加 17.32 亿 $m^2$，建筑面积增加 1.84 亿 $m^2$，场地面积增加 6.62 亿 $m^2$；人均场地面积增加 0.43$m^2$，每万人拥有体育场地数增加 5.87 个。这充分说明了近年来我国体育场馆的建设处于高速发展的阶段，相关体育场馆的数量在不断增加，也间接地反映了我国体育产业发展的火热程度。我国的目标是在 2025 年实现人均场地面积 1.8$m^2$，相比于第六次普查的人均场地面积 1.46$m^2$ 还要再增加 0.4$m^2$。这意味我国还需要 1.88 亿 $m^2$ 的体育场地用地。与我国体育及相关产业带动 1.1 万亿元的经济总额相比，到 2025 年体育产业的规模将超过 5 万亿元。未来体育场馆建设将面临更多的发展机遇。但仅仅数量达标没有任何意义，质量才是未来体育场馆建设面临的更加严峻的问题。过去的发展依靠数量，未来的发展必须依靠质量。这需要更加科学、可持续的设计模式的支撑。

### 1.1.3 PPP 模式下的体育建筑建设

目前，我国大型体育场馆建设所采用的模式是建立在政府主导、政府财政拨款建设、建成之后委托相关政府部门进行运营管理，这使我国体育场馆的建设与发展受到了严重的阻碍。PPP 模式其核心是通过竞争性手段引入社会资本投资，解决政府公共财政资金不足的问题。发展改革委会同有关部门起草的《基础设施和公用事业特许经营管理办法》（以下简称“《办法》”）于 2015 年 6 月 1 日起施行。《办法》规定，在能源、交通、水利、环保、市政等基础设施和公用事业领域开展特许经营，境内外法人或其他组织均可通过公开竞争，在一定期限和范围内参与投资、建设、运营基础设施和公用事业并获得收益。这大大推进了我国体育场馆建设加速采用 PPP 模式。但是，由于 PPP 模式下的大型体育场馆项目的投资、建设及运营过程中面临众多风险因素，为了避免或降低项目建设给投资者带来经济损失，对其进行风险评价就显得尤为重要。

#### 1.1.3.1 PPP模式下的体育产业

从专业体育项目来看，体育产业的价值得益于项目本身及联赛制度和周边产业的持续带动。这不仅有助于体育产业本身的运作，还带动了狂热的消费群体确保了体育产业的可持续发展。在市场经济的运营机制下，基于PPP模式的发展，体现了政府、私人双方共同的利益，并诱导理性地面对场地选址、功能布局和可持续经营的可能。德国2006年世界杯作为以商养体的运营模式，使其成为世界杯历史上在规划、布局、形象创新等方面利益平衡的最优案例。采用以体养场和以商养场的模式，发扬主场传统优势，专业的足球场设置满足比赛需求的同时，其足球俱乐部配备高级座位和包厢等设施提高比赛日的收入。在非赛时多次举办娱乐活动、宴会庆典等活动增加非赛时收入。

从经济角度来说，体育建筑从完全的政策指导下的国家体育活动变为商业与公益并重的建设模式。在这种市场经济主导下的体育建筑不仅需要提供活动场所，还需要保证活动场所的品质以及最终的经济收益。而对比于原有政府主导下的体育建筑不计成本以及能耗的做法，更注重收支平衡的重要性。随着大众体育活动的日益增加，体育消费水平也在逐渐提高。以北京为例，大约60%的群众每周会进行体育健身活动，其中有近80%的人会在进行体育健身活动的同时进行餐饮、租借、购买服饰等二次消费活动。这些数据表明，体育活动不再作为单一的活动内容而存在，越来越多的人将体育活动作为日常消费的一部分。日常消费必然可被认定是具有大众性的活动。

#### 1.1.3.2 PPP模式下的风险要素分析

基于PPP模式下的项目实施过程中，风险因素按照3个层面进行划分，这3个层面包括：宏观风险、中观风险及微观风险（图1-1）。宏观风险包含政治风险、经济风险及自然风险。其中自然风险涉及环境因素风险、地域气候风险与体育建筑有一定的相关性。中观风险包括项目选择风险、项目融资风险、技术风险、施工风险和运营管理风险5部分。其中技术风险主要指由于项目设计的缺陷或是设计缺乏对赛后运营管理需求的考虑而造成对资源的浪费，与体育设计相关。微观层面风险包括合作关系风险、第三方风险，其与社会运作等社会活动关系因素相关。

随着BIM技术的发展，PPP模式下的项目实施过程中，可通过对建设项目的前期策划分析，并在策划阶段对项目的实施周期进行规划、模拟，确保降低项目技术、施工管理阶段的风险。同时，技术风险可在项目设计阶段通过与设计方、施工方的合作在施工阶段之前解决可能发生的问题，减少经济风险。

#### 1.1.3.3 “PPP模式+BIM技术”的实施模式

由于PPP模式下的大型体育场馆项目的投资、建设及运营过程中面临众多风险因素，为了避免或降低项目建设给投资者带来经济损失，对其进行风险评价就显得尤为重要。此外，PPP模式下的体育建筑及体育产业作为准产品模式——引入私人业主，回报率成为设计的重点。BIM技术应用的优势在于将回报率等问题纳入到设计当中，进行全盘考虑，同时兼顾PPP模式可能出现的后期返回给政府的运营模式，政府需对后期

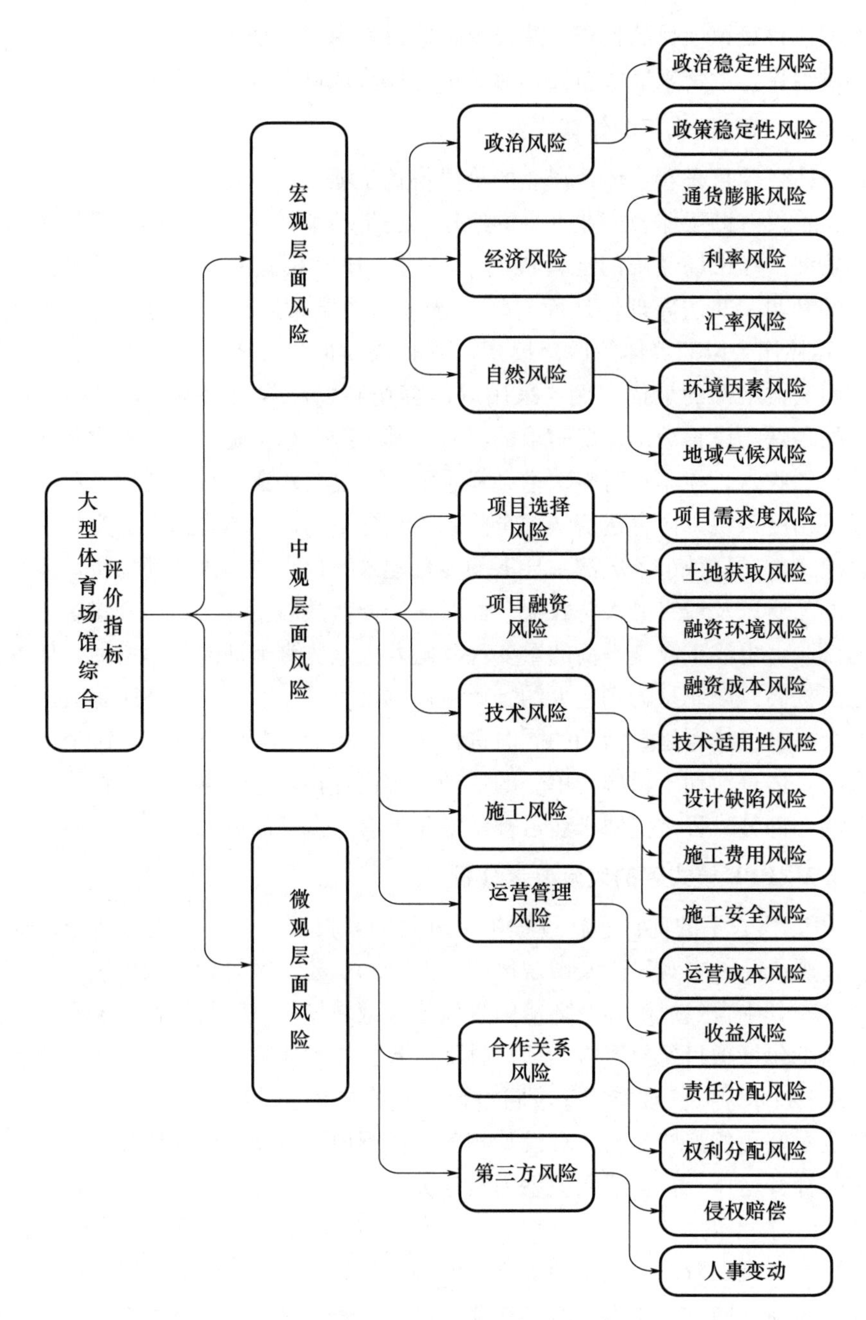


图 1-1　风险要素结构图

返还体育建筑进行评估的依据。这都作为体育建筑采用“PPP 模式＋BIM 技术”的必然性因素。BIM 作为建筑行业的信息化系统可操作平台，基于 PPP 模式的国内大型项目未来都将会在此平台整合，以确保精细化的设计与管理，规避建设中的风险和提高建筑品质及建设品质。如今 PPP 模式将特许权下放给总承包商，总包商通过 BIM 技术将实现工程的细化、规范管理流程及实现 PPP 模式与 BIM 技术的紧密结合。常见的 BIM 实施模式有 3 种：设计主导型、咨询辅助型、业主主导型。

（1）设计主导型。主要用于设计阶段对设计本身进行分析，提供 BIM 技术指导及模型信息数据更新，同时与施工单位及设备安装等施工方的协调，确保项目实施过程的准确高效；缺点是对项目的整个运营维护的思考及建筑全生命周期的考虑。

（2）咨询辅助型。主要是利用 BIM 技术建模，进行设计检测、碰撞检测减少施工误差，并为业主提供必要的技术支撑和培训；缺点是各方关系不明确，且 BIM 咨询公司目前对商业运作以及运营的能力不足。

（3）业主主导型。由业主方主导，建立 BIM 团队，负责 BIM 的实施和应用；其优点在于团队的主观意识积极、对自身目标和需求明确；缺点是对 BIM 团队人员的策划运营能力与对 BIM 技术的整体运用能力要求较高。

## 1.2　体育建筑功能类型演变

从体育建筑的概念角度来说，建筑本身就是容纳体育活动的场所。但建筑之社会性就在于其对社会生活的影响和改变。社会的改变带动了社会经济的转型以及建立在新的经济秩序下的体育活动。体育建筑产业伴随社会主导机制的转变而发生从建筑性质以及功能的转变。

### 1.2.1　建筑性质的转变

#### 1.2.1.1　从政治性到大众性的转变

中华人民共和国成立初期，党和政府曾提出“体育为人民服务”的核心体育思想，随着 1953 年的第一个五年计划的开始，我国开始在重点城市和地区兴建体育设施，解决城市体育设施从无到有的问题。建成于 1975 年的上海体育馆，由于中间遇到资金紧张而一度中断，后来由于上海承办世界乒乓球锦标赛，周恩来总理特别指示要建好这个比赛馆，才使得其最终完成。由于其可容纳 1.8 万人而被称为万体馆。建于 1977 年的南宁邕江体育馆采用“提高一层”的流线组织方式，即观众通过室外平台进入屋面再向下进入观众席，而首长和运动员采用一层进入的“政治性流线”形式。再到改革开放时期，我国为举办全运会、亚运会等大型运动会，开始从单体设计扩展到体育中心的规划设计，建成一批具有时代特点的体育中心和体育场馆。虽然当时的体育场馆的设计已经积累了一定的建设经验并开始借鉴国外的先进理论，但是还是由于工期紧张，单体设计不够深入等问题，出现很多施工质量粗糙且使用上无法适应当代体育活动需求的体育场馆。

1990 年北京亚运会时期所有的场馆主要考虑到赛时使用，并没有考虑其作为城市市民的社会活动场地而存在；后来我国申办 2008 年北京奥运会、2022 年北京冬季奥运会，场馆需要首先满足高标准要求的奥运会比赛需求，同时采用了 PPP 招标模式。国家体育场（鸟巢）的建造与运营模式意味着其市民活动属性的定义已经包含在体育场馆的建设目标当中。同时，国家的政策导向是提升国民全面健身的目标，也是推进体育产业向大众转变。大众的生活或者说市民生活，不仅包括体育竞技活动本身还包括观演和娱乐以及商业活动等多元化的市民生活娱乐活动。作为城市象征的体育建筑形象，变得弱化，其内在的功能属性是否完备、设施是否齐备成为市民对体育建筑评判的首要条件，而市民的参与性也成为检验其能否在赛后运营阶段兴旺和持续的关键。

#### 1.2.1.2 属性转变所面临的矛盾性

1. 剩余空间利用与多功能的矛盾性

体育建筑内部功能与市民活动结合的过程所带动的商业活动以及其他类型的社会文化娱乐活动导致其需要的内部空间形式多样，并不是单一的空间类型可以满足实际的使用需求。目前国内对场馆的剩余空间进行探索，虽然有些剩余空间可以解决部分功能使用，但对于当代商业以及各项设施的专业程度趋于精细化发展的今天，原有的空间并不适合。一味地探索、利用所谓的剩余空间，不仅造成各自功能使用上的不便，还不能按照各自的要求进行扩展，同时也出现人群流线以及能耗等多种实际问题。以日本大阪穹顶为例，1997年大阪穹顶作为城市开发计划中的具有多功能设施的市民活动中心，不仅具有体育建筑的基本功能还兼具激发整个街区活力的作用。其容纳各层次居民生活于一体，通过举办各种类型的音乐会以及展览等活动活跃了人们的日常生活。这个建筑总面积达到15.6万$m^2$，55000席的综合体育场馆已经成为大阪人民城市生活的一部分。

2. 场地的抉择及复合化设计所带来的问题

对于场地设计以及场地选择来说，体育项目的场地需求各不相同，如若根据各种体育项目设置场地必然造成体育场地以及建筑面积的浪费，但是兼具各种体育活动的场地又很难得到专业场地同样的效果。所以，在场地的选择上往往面临各种各样的问题与矛盾。以我国现有的体育场馆设计为例，北京首都体育场馆的场地尺寸达到40m×88m，最大可以满足冰球比赛的使用，但是作为篮球场地来说，其场地剩余空间过大，造成的空间以及能源的浪费自不必说。此外，由于场地过大，而无法达到篮球比赛观看与球场观众互动的要求，丧失了比赛乐趣的场馆也不实用。同样，除了场地尺寸的兼容性问题，不同体育竞技项目的场地形状也有区别。面对棒球场地（90°扇形，扇形最大半径在120m）和足球场地105m×68m这样完全不同的场地以及视野范围的巨大区别都导致其两者之间的兼容性较差。所以，并不是一味地拼合以及包容场地的差异性才是体现体育场馆的多功能性的方法。

此外，场地选择还应根据体育建筑本身的定位分析，加大对体育场馆的商业运营才能直接推动整个体育产业的快速发展。体育场馆应作为一种产品进入市场，参与市场竞争，同时具有产品的营销模式、固定消费群体才能实现可持续经营。而如何提升场馆使用，确保场馆的可持续发展需要对场馆的运营进行研究，并将其带入到体育建筑的设计中来，对业主需要的商业与体育设施使用功能的配比，以及其他机电、设备用房的比例都要严格要求。体育建筑尤其是大空间体育建筑由于技术复杂、投资数额巨大、建设不易，因此人们对其建成后的希望值较高，希望其能为市民服务、效益最大化。但体育场馆的上座率一般低于30%。我国的体育馆在建设初期的利用率仅仅为3%～7%。由于土地紧张，资源浪费的现状一直被社会各界所诟病，所以在现代体育建筑设计之初，如何提高场馆利用率以及建设适合自身经济条件和满足社会活动基本需求的场馆才是建筑师需要迫切考虑的问题。

以目前运营情况较好的深圳湾体育中心为例，华润集团介入后首要考虑的就是使用及运营情况，并根据其自身商业调查控制规模和造价，将原有方案的主体建筑面积16万$m^2$减到14万$m^2$，同时考虑到赛后使用及发展预留部分空地，增加南侧和北侧的交通天桥和预留地铁通道，与将来的地铁形成地下人行系统对接。同时其余营运商考虑到其后使用的经济性以及体育馆举办NBA赛事的需求，将原来5000人的体育馆改为10000人，并增加包厢及楼梯的数量，为其赛后利用充分考虑。

从场地视线设计的角度来说，场地对观众席视线的要求，体育活动一般是向心观看，而演出等商业活动多采用单边观看的方式。但是，如果不采用结合的方式，场馆的使用效率就会降低，造成运营成本的提高，而这又是场馆生存的矛盾性。借鉴国外的经验总结来说，一般采用商业与体育活动相结合的设计方法能够带动经济提升场馆周边的经济价值，但是单纯利用场馆功能转换也不足以得到很高的经济价值，所以采用场馆周边结合商业进行开发建设带动区域经济发展才是未来体育场馆与商业、娱乐活动结合的发展趋势。这些因素都需要在设计之初由专业的策划团队进行分析研讨，有针对性地对方案设计提出建议和意见，才能进行后期的设计以确保对场馆的使用和运维阶段不产生其他影响。

## 1.2.2 功能组合模式转变

### 1.2.2.1 从大型单一化向复合化转变

改革开放以前，我国的体育建筑设计模式主要以满足竞技比赛为主要目的，功能单一。随着群众体育的发展及进步、社会生活体育多样化概念的发展，多功能概念正是对应日益增多的体育活动类型而提出的。其意图是在提高体育建筑的使用效率和经济效率以达到以场养馆、以副养主、以馆养馆的设计目的，如我国台湾地区的台北小巨蛋由多功能体育馆和大型综合商场组成，提供餐饮服务，体育馆成为一个可供市民休憩、消费的大型室内活动广场，还附设其他游憩资源和体育设施。同时更好地提升社会效益、实现设施群众化、功能多样化。我国现有体育建筑按照设施的性质分为体育场、体育馆、游泳跳水馆、自行车馆及射击和冰上项目等（表1-3）。

**表1-3 体育建筑按设施性质分类**

| 名称 | 内容 |
|---|---|
| 体育场 | 一般指露天体育场地，如田径场、足球场、曲棍球场、棒球场、垒球场等 |
| 体育馆 | 一般指室内体育场地，大部分是木制地板。如篮球馆、排球馆、柔道馆、摔跤馆和举重馆等 |
| 游泳跳水馆 | 游泳、跳水、水球和花样游泳的专用场馆。有一套供水、水处理、排水及水温、水质控制等设备 |
| 自行车场馆 | 专供自行车比赛使用的场地，盆形，场地外高内低，并有一定的倾斜度 |
| 射击场馆 | 射击比赛的专用场地 |
| 滑冰场馆、滑雪场 | 专门为滑冰、花样滑冰、冰球比赛设置的滑冰馆以及为滑雪比赛设置的滑雪场 |
| 其他场馆 | 其他比赛项目场馆，如高尔夫球、马术、保龄球等 |

1. 空间功能复合

(1) 独立空间复合化：体育设施的多功能化，可以认为是利用体育活动场地的灵活设计。以平面场地复合化来说，选择什么样的体育项目以及在场地内进行的体育项目的频次，对建筑平面的形状、大小以及尺寸范围都有影响。国内最早进行体育场地复合化设计研究的当属哈尔滨工业大学的梅季魁教授，他提倡的场地的复合化使用，以(34～36)m×(44～46)m以及(34～35)m×(52～56)m两种为主。场地的包容性越大，适用的比赛项目越多，对场馆运营帮助越大。但是随着体育项目如体操场地尺寸的（国际比赛要求挡板内尺寸不少于40m×70m）要求，多功能场地应至少满足(44～48)m×(36～38)m,(67～72)m×(38～42)m,(53～59)m×(36～38)m(图1-2)。

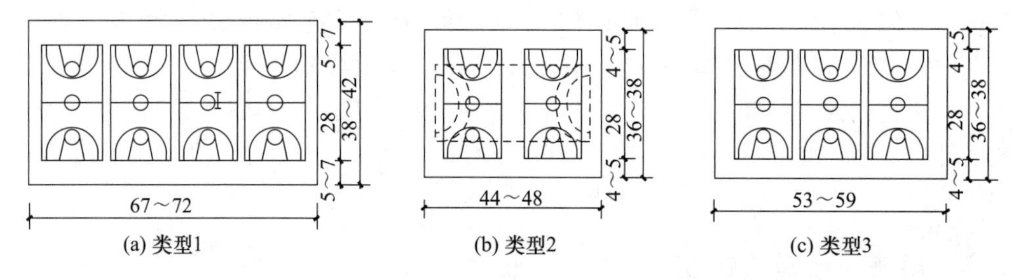


图1-2 复合使用场地尺寸分类（单位：m）

(2) 空间复合化：以体育设施为主的体育建筑，目标是适应现代社会城市生活向综合化、多功能趋势迈进。将体育场馆建设模式从“行政事业型”向“经营消费型”转换，进而提高场馆的经济效益、增强市场竞争力，使得体育场馆向多功能方向发展。但是在适应市场导向的过程中，由于复合度不高、复合的内容不当以及复合失调等问题成为体育场馆设计面临的主要问题。其中有建筑师本身无法把握的客观因素，也有设计中受制于任务书，无法估计事实的合理性。我国早期的体育场馆复合概念主要采用的是在建筑大空间下进行小空间叠加的手法，对体育场馆场地本身的复合度不高，而由于过大的场馆尺度又造成场馆座席下部空间浪费。所谓的场馆复合也就是将场馆座席下的空间进行适当地置换而缺少日照、采光和通风又成为功能使用上的硬伤。以上海八万人体育场为例，经过调研分析发现原有场馆复合功能定位在海底世界，但实际上，其场地周边居住区密集，缺乏综合型、大型超市进而将其进行功能转换取得良好的社会以及经济效益。由于建筑师们很少对其复合体育建筑功能设计的实际使用情况进行有效的评估，只是根据具体的任务书给定要求进行设计，导致设计中复合使用的能力很高，但是对复合的项目内容由于没有进行调研分析，大量的时间和精力花在完全没有意义的复合项目设计上，不仅浪费空间也缺失实际复合使用的可能。

2. 多业态的商业整合

多样化的需求在于多元化的组成结构，商业化——以提供商品为手段，以营利为主要目的的行为。体育建筑作为市民活动的场所，其存在的原则首要是盈利。无论是政府独立运营还是私人与政府共同运营的模式都需要合理、科学的运营模式，适当的商业与体育活动功能的配比。合理的商业运作包括前期的商业策划、建筑设计、运营能力、商业、业态配比等。体育产业化发展模式，促使建筑形态及功能内容与商业模式整合，促使业态与体育项目共同发展。

以南京奥体中心为例，其体育场、体育馆网球中心、科技中心共预留 43770m²的商业用房，可供餐厅、咖啡、洗浴等服务项目，场区空地还可提供建设超市、汽车站及旅游集散中心等，为今后的多种经营提供良好的开发条件。多业态的整合模式是未来“一站式”体育设施体验的发展方向，但是由于一站式的体验方式，导致多种功能的整合设计的复杂度提升。目前国内特大型公共建筑整合的案例之一——上海虹桥火车站的设计中，通过调研分析结合 BIM 技术进行建筑策划评价分析的方式对科学制订项目目标及内容提供数据支撑。山东枣庄文化体育中心主要包括体育场、体育馆、游泳馆、大剧院、城市规划馆、博物馆、图书馆、青少年活动中心、广电中心以及地下商业等建筑，为未来枣庄市民的文化体育活动的重要场所。多业态的整合提升了项目的复杂程度，需要综合多方因素进行设计评估，并对项目的设计与建设状态进行跟踪。其在设计中介入 BIM 技术，通过 BIM 平台，在设计理论与功能设计中通过 BIM 技术直观表达。

3. 体育建筑的更新

中国式的“城市大跃进”的时代已经结束，大兴土木之余，20 世纪 80 年代兴建的体育场馆竟然到了破旧立新的阶段，而保留原有体育建筑成为了复杂而费力的事情。对于所谓的“在历史中并没有太多简单的处理方法”就是将原有建筑爆破后再重新进行国际竞赛选用新的设计方案。但是到底多大的城市应该兴建什么样规模的体育场馆，由于没有对体制、赛事、管理、观念、商业化、市场化充分地了解，体育建筑策划前期的分析不够充分，大型场馆的赛后利用成为亟待解决的难题。解决的方案如若在建筑设计初期予以考虑，依托旅游、餐饮、商业甚至办公出租等形式，在建筑方案设计时能有更多控制因素应用到设计当中，对政府、开发商来说则更容易处理目前的尴尬局势。究竟是破旧立新，还是修旧如旧，成本造价或是历史记忆都成为今天衡量建筑价值的标尺。

我国的体育场馆多诞生于 20 世纪 80 年代，至今已进入到老化阶段。上海虹口足球场已经过三次更新改造，但目前仍需要增加地下面积为商业会展及停车空间。建筑功能逐渐增多，新老建筑的融合与协同问题成为我国体育建筑面临的新问题。新老建筑的结合方式与方法，都增加了具有历史价值的体育场馆设计与改建的复杂性。那么，功能的复杂带来的是其建筑配合的结构、水、电的设计的难度以及老建筑改造后运营的问题等等，都加重了体育建筑设计的复杂性与矛盾性。

老化、设施陈旧的体育场馆在更新和改造设计中，普遍面临改建、重建的成本过高及原有设施、附属设施、电视转播等技术设备缺失的问题。而由于此类场馆处于城市中心或中心附近，城市交通情况复杂需要进行周密和完善的施工设计、施工时间等，尽量减少施工改建阶段对城市功能的影响。在更新与改建的体育场馆设计中，利用 BIM 技术对建筑内部功能进行重新划分，验算结构的承载能力及机电设备管线对原有建筑空间、层高的影响，新加入的体育设施及传播配套的用电设施是否触及原有的强弱电承载能力上限。通过建模以及模拟设计及评价体系可以对既有体育建筑的性能进行分析，减少在修建过程中及使用中对城市环境的影响。

4. 群落复合

单一复合的体育场馆设计涉及到功能和空间以及功能的叠加组合，而在高跨空间的体育场馆进行复合叠加设计在2000年以后由于技术的进步得到了更多的实践机会，但这不能完全消除大跨空间体育建筑与复合、多样化的空间形态的组合中存在的建设施工复杂化的问题。或者说，这种复合功能的空间无论在竖向空间的叠加还是在横向空间的组合上都存在先天的缺陷，同时这种缺陷无法在设计初期就得到有效解决，所以这一阶段的体育建筑设计采用体育公园或者体育综合体两种模式。

新建体育中心采用“一场三馆”的传统设计方法，同时为了提高体育中心的复合功能需求而单独划分地块作为星级酒店、会议以及餐饮娱乐服务用地。其核心思想是将多种体育活动形式集中布置，分别聚合在完整交通体系之下，在整体秩序下划分独立空间的布局形式。体育中心形式是由一场两馆附加商业办公建筑形成集群；体育综合体则强调在“一艘航母”内包容了一场两馆及商业办公活动，体现了交通空间的集约和高效。此外，当代社会更需要具有可持续性，更加混合、综合化，更能够提升并带动城市人气和活力的场馆。单一的体育场馆设计不能起到整合地区经济、带动地区发展的作用。当然，这也不是单靠体建筑设计能够解决的问题，但是复合化以及综合性商业综合体的设计在一定程度上促进了区域的复兴。从早期的小范围商圈到大型商业综合体，政府都是希望借此满足人们在一定生活半径下得到最优质、最快捷的城市基础设施的需求。

场地的复合使用增加了场地本身的面积和尺度，同时对场地、环境与建筑本体之间、微气候景观与建筑之间的关系等都成为新的研究内容。

#### 1.2.2.2 从混合型向社区型、专业化转变

在我国体育建筑发展的初期阶段，由于受到经济因素以及体育竞技活动普及度不高等因素的影响，当时提出的场馆复合化设计是希望高效地利用场地。但是，在当时的国情下所建设的体育场馆由于采用了不当的场地复合，反而产生了更多的问题。例如，场地尺寸复合，由于缺乏经营以及缺少场馆的设备（例如温度、设备、光照）而影响其多功能使用。所以，在面对场地多功能使用这个问题上，并不是对所有体育场馆都适用，还应该因地制宜地选择场馆复合的内容和方式。同时大力推广全民体育健身。目前我国中小型体育场馆的缺口还很大，但建成的中小场馆使用率低，座位数量设置没有依据，仅完成用地面积指标，但缺乏对使用率的统计。实际上，中小型体育场馆设计中的首要问题就是解决实际的使用要求以及满足降低能耗、节约成本以保证场馆运营的利益最大化。

中小型体育建筑应向专业化、大众化形式发展，市民的体育活动也不仅是简单的体育健身，对体育项目专业化的追求也带动了体育设施精细化设计的要求。对小型场馆设计，不仅需要提供使用场地，对体育工艺的设计和要求一样成为中小型体育场馆运营和发展的关键。通过对欧洲国家体育场馆的研究发现，自20世纪80年代以后，德国、西班牙、意大利均不同程度地调整体育场馆建设布局，改变了以城市为中心的倾向，形成了以社区为主、以中小型为主的场馆建设思想，体育场馆建设往往与城市公园建设和小区的绿地开发结合在一起，形成了场园一体化的发展格局。“这样做既可以满足从事不

同锻炼人群的需要，又可以提高土地和公共设施的综合利用率。这种具有革命性的建设思想已被越来越多的国家所接受，包括亚洲的日本、韩国也开始场园一体化的发展道路”。社区型体育建筑应关注活动本身，不注重竞技需求，其可持续性及节能的需求与专业化、竞技型场馆有显著区别。

## 1.3 体育建筑设计的精细化

目前我国已兴建了大量体育建筑，但随着时间的推移出现各种各样的问题，且由于主要体育场馆为政府投资、投资量大且回报少成为主要的社会矛盾。因此，在基于近年来推行的 PPP 模式的体育建筑建设过程中，对体育建筑成本的控制将成为设计的重点、难点。

### 1.3.1 基于 BIM 的可视化

#### 1.3.1.1 BIM 可视化与建筑设计

可视化编程工具不再是简单的绘图工具，而是基于绘图工具的设计类辅助工具。通过这些插件可以改变原有的设计方式，转向对建筑之间各种因素更深层次的思考。使用 BIM 软件设计不仅仅是得到一些很酷炫的建筑形体，这种新的设计辅助工具帮助设计师从不同的角度去思考建筑以及解决问题。

目前，应用于设计阶段主流的可视化编程主要有三大类别的软件，包括基于 Rhino 使用的插件 Grasshopper、在 Revit 以及其他 Autodesk 公司平台下的软件的 Dynamo 插件和应用在 Bentley 平台下的 Generative Components。

1. 体育建筑设计可视化分析

剖面设计在设计方法中可以被认为是早期设计可视化分析中的代表。体育建筑设计一般从剖面设计入手，主要是对看台、场地的设计，这已经成为传统体育设计的开始或者说是入手点。基于既定的场地平面，分析座席的排布方式，调整视角、视点的位置，座席的排布还与体育项目本身及复合场地使用要求相关。座席的排布方式不仅与场地及体育比赛功能有关，还与复合化功能相关。对于体育场馆设计来说，主要控制剖面设计的原因也是因为体育场馆本身以曲线、圆形、椭圆形场地居多，方形场地本不适合，而基于 2D 绘图的设计方法很难将异型空间及空间变化表达出来，唯有剖面设计可窥视全局。但剖面设计有很多局限性，例如在苏州工业园区体育馆设计中，通过图纸无法辨别看台是折线还是曲线，只有通过 3D 建模分析发现其区别，再进行研究讨论选择最适合同时又经济合理的做法（图 1-3）。

2. 体育建筑基于 Grasshopper 的可视化

Grasshopper 是建立一种思维的逻辑关系，但这种逻辑关系仅具有物理信息而缺乏属性信息，也就说参数化设计实现了原有不能想象的建筑空间形态，但是对其控制的元素本身只是数值的变化，还没有对建筑的性能带来任何的控制。

在设计阶段，首先可利用 Rhino 进行建筑形态设计，然后再导入到 Revit 当中。例如，在建筑项目中利用 Rhino 及 Grasshopper。在空间、几何形体、模块功能之间创建基本的逻辑关系；之后导入到Revit当中加载更多的信息和参数，进行建筑性能化设计分析。利用Grasshopper进行体育场馆设计，首先圈定场地的控制点，之后确定看台人数及调整排数和排距。这种设计的步骤及操作的流程都基于可视化的控制之下(图1-4)。对比传统的体育建筑设计方法，可将设计的思考过程更加直观地表现出来，同时在设计过程中插入变量，这是在以往自下而上、自上而下的设计方法中所无法实现的。

图1-3　苏州体育中心体育馆模型

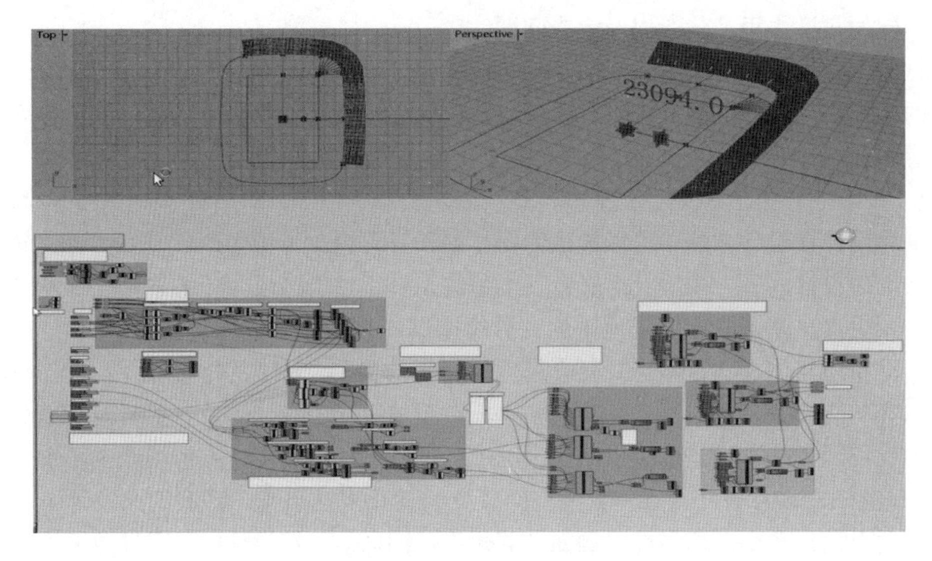


图1-4　利用Grasshopper生成的场地平面

3. 基于Revit的可视化

目前，基于Revit也可进行类似在Rhino中的建模方式，以及建立与Grasshopper逻辑关系的设计方法，尤其是在体育场馆设计中最常使用。

由于体育场馆以大空间包裹表皮设计为主，大空间内部包括场地和看台，外表皮设计包括表皮形式、材料以及性能三个方面。在表皮的形式上，利用计算机辅助工具可最快获得不同的表皮模块形式，同时得到可用于数字化加工输出的数据信息。与Grasshopper相比，Revit可在生成的模型中加入物理信息参数，真正实现无缝衔接的BIM技术。利用 Revit 中 Components 以及 Dynamo 建立体育场馆的看台部分，通过对基本组件的尺寸的修改可直接改变所有相关变量，重新得到新的 BIM 模型。此外还可以直接导入 Grasshopper 中的参数进行表皮及建筑外轮廓的设计。所以，基于“Grasshopper＋Revit”的设计模式，或是“Dynam＋Revit”的设计模式应对体育建筑设计最有效和便捷的方法。这里还涉及到一个轻量模型的问题，如果只是基于 Revit 的 BIM 模型的信息量很大，但是利用 Grasshopper 建立的表皮逻辑关系可转化为 Excel 表格，再导入到 Revit 中（图 1-5），可以让建筑师充分利用各种设计工具的强项。

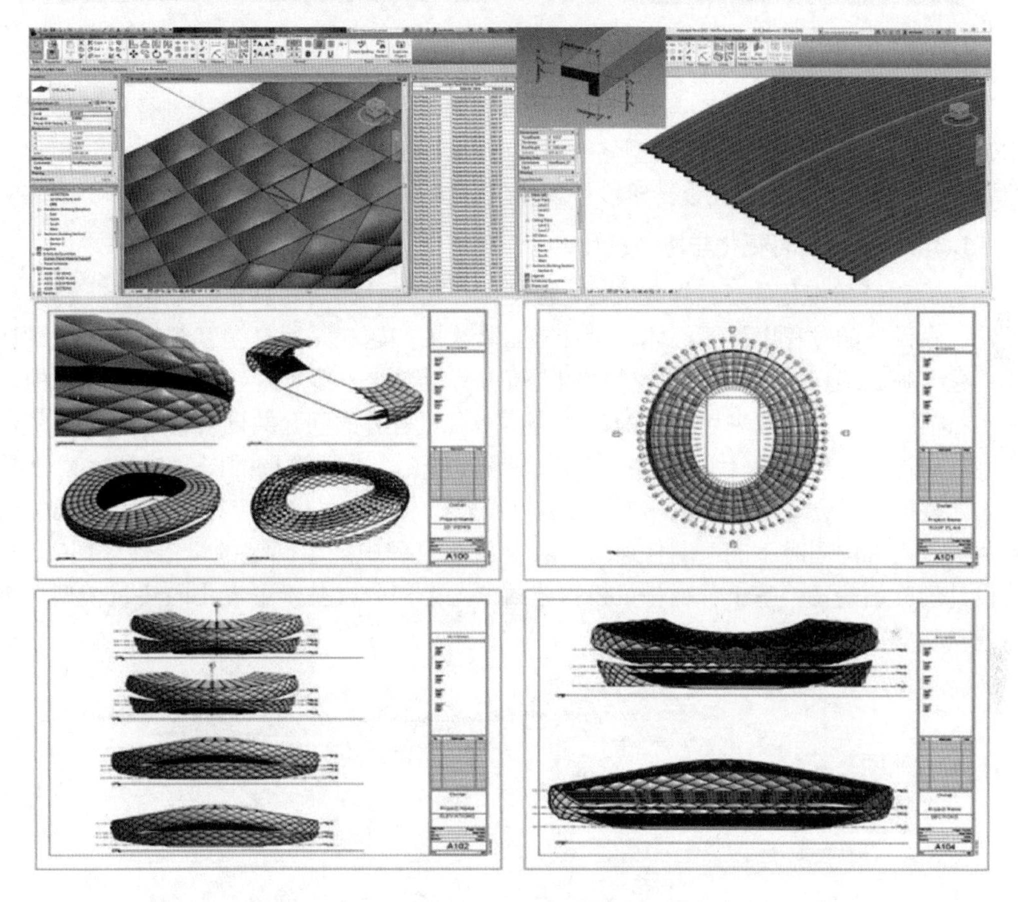

图 1-5　Nathan Miller 利用 Dynamo 生成的表皮形式及利用 Revit 控制看台的尺寸得到最终的体育场模型

4. 基于 Generative Components 的可视化

AAMI Park Stadium 就是利用 Gernerative Components（GC）进行设计。此体育场由 Arup 和 COX 共同设计完成（图 1-6）。此体育场是仅有 31000 个座位的矩形体育场，结构设计借助有机形态生成高效、经济又具有观赏性的结构形式。设计之初，利用 Catia 进行形态设计，确定体育场的屋顶和壳体的几何形态，之后导入到 GC 中进行结构几何形态的确定和分析。由于体育场设计的关键在于顶棚设计，而顶棚的形态以及用钢量是其研究的关键，利用 GC 可快速进行结构与建筑形态的分析和转化。

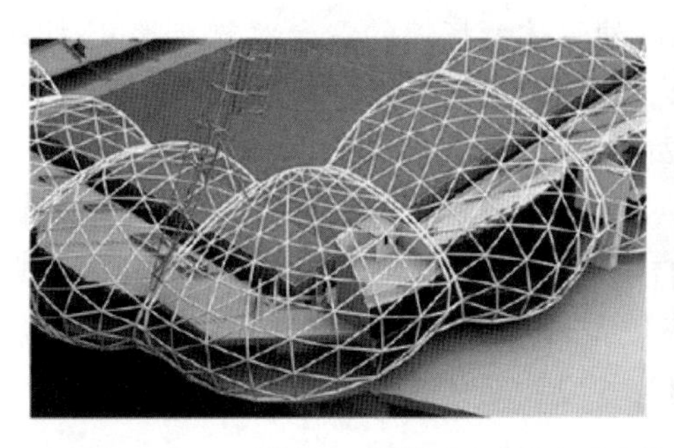

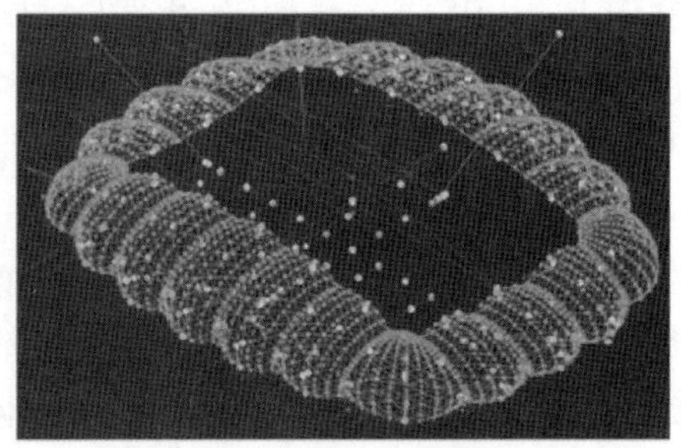

图 1-6　AAMI Park Stadium 利用 Generative Components 完成设计过程

GC 的优势在于建筑模型与钢结构分析模型可直接转化，结构模式进行结构形式及用钢量分析，建筑模型在结构模型修改的基础上再进行深化调整，改变原有建筑模型与结构设计模型分化，无法在设计阶段了解建筑全貌。

**1.3.1.2　BIM 可视化与协同设计**

基于 BIM 可视化的过程管理工具，促使体育建筑设计实现科学管理设计、精细化设计。在设计的过程中提倡一体化设计施工带来的问题就是信息交互频繁；协同设计使得建筑师、工程师在同一平台“拍图”提高设计精度；降低业主与建筑师交流的难度。目前，已有设计院采用自主的设计协同平台，所有的问题共同暴露在同一个平台上进行讨论，对所有设计中遇到的问题设计问题流，进行简单的图文描述并建立档案，文件的处理方式通过完成用 Close 图标代表，未解决图标设置为 Open，以确保精细化设计实现的同时不能遗漏任何对设计到施工过程中产生问题的可能性（图 1-7）。从设计到施工阶段，基于可视化可模拟建筑的各个部分，基于可视化的建筑模型，增加建筑师的把控能力。

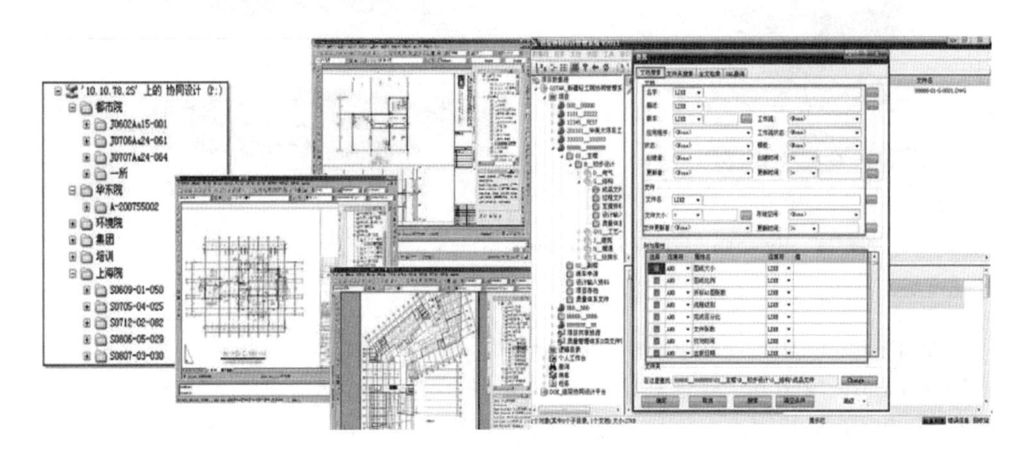


图 1-7　上海建筑设计研究院的协同设计平台

可视化的优势是将方案到施工的所有内容以电子文档保存，同时基于可视化的辅助工具可同步呈现。可视化与计算机技术的结合，犹如将人脑中所存储的文件与信息对应。基于“黑盒理论”，将人体大脑中的思维与信息一一对应并存档，从设计到施工的过程中，由于施工与设计的可变内容很多，尤其是在体育建筑这种大跨空间设计、功能复杂、空间复杂的建筑类型，基于全过程的可视化，实现信息的无损失流转同时确保信息流转的精准。在苏州工业园区体育中心设计中，协同设计体现在建筑师、结构工程师及其他机电专业工程师在统一的系统平台中，完成自身部分设计的内容，在过程中的交流与问题通过统一平台提出并回答，保持一个项目组的人员始终处于一个“会议室”当中，借助可视化的模型开会讨论，会议的内容全部得到保存可随时翻看会议记录，对设计过程中出现的问题不再依靠二维图纸“拍图”，而是在三维空间内共同讨论分析（图 1-8）。

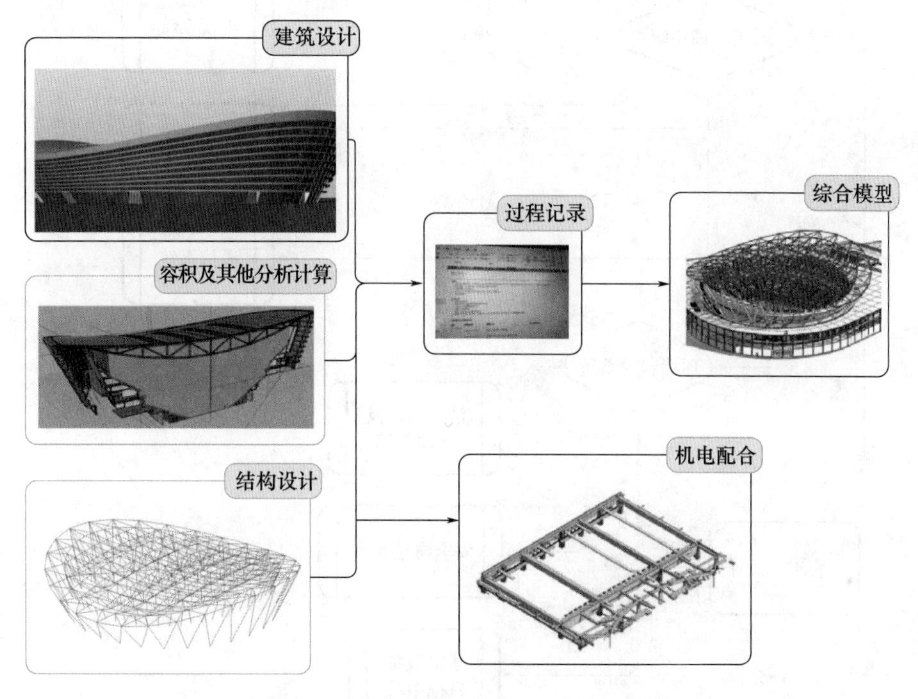


图 1-8　苏州工业园区体育中心的协同设计流程

## 1. 3. 2　基于 BIM 的精细化

### 1. 3. 2. 1　提升体育建筑复杂化

1. 体育建筑功能的复杂化

体育建筑功能从单一的政治性向大众性转化，大跨空间设计到施工遇到的问题增多。从建筑功能角度，无论是建筑功能复合化的程度增加，还是功能的专业化都需要更加精细化的设计以及施工建造管理与之配合。体育建筑从单体到体育中心再到体育商业地产的介入，扩展了体育建筑涉及的功能也增加了工程协调以及施工内容复杂。例如，体育场多采用大平台设计，原有的单一功能下使用没有问题，但加入商业、娱乐、汇演等功能，增加了功能也提升了设计、消防审查的标准，疏散涉及到的规范也更加严苛。

2. 体育工艺的复杂化

我国原有的体育建筑设计都是以体育场馆设计为主，早期的体育场馆对场地、设备、媒体等设施的要求不严格，体育建筑设计主要以土建设计为主，后期的赛场内与赛事相关的设备由运营商负责进行二次设计，建筑设计单位进行辅助配合工作。现今，由于体育赛事种类的增加，大众对体育活动的关注度的提升，原有的设计方式很难满足日益提升的设计要求。体育建筑的要求不仅是观看比赛，如何增加观众融入度、提升观看质量以及舒适度等问题都逐渐暴露。优良的体育工艺设计，不仅提升了竞技比赛选手成绩，还提升了比赛的观看质量。同时，转播、媒体等的视线设计的要求加入，都需要精细化设计与施工的配合（图 1-9）。

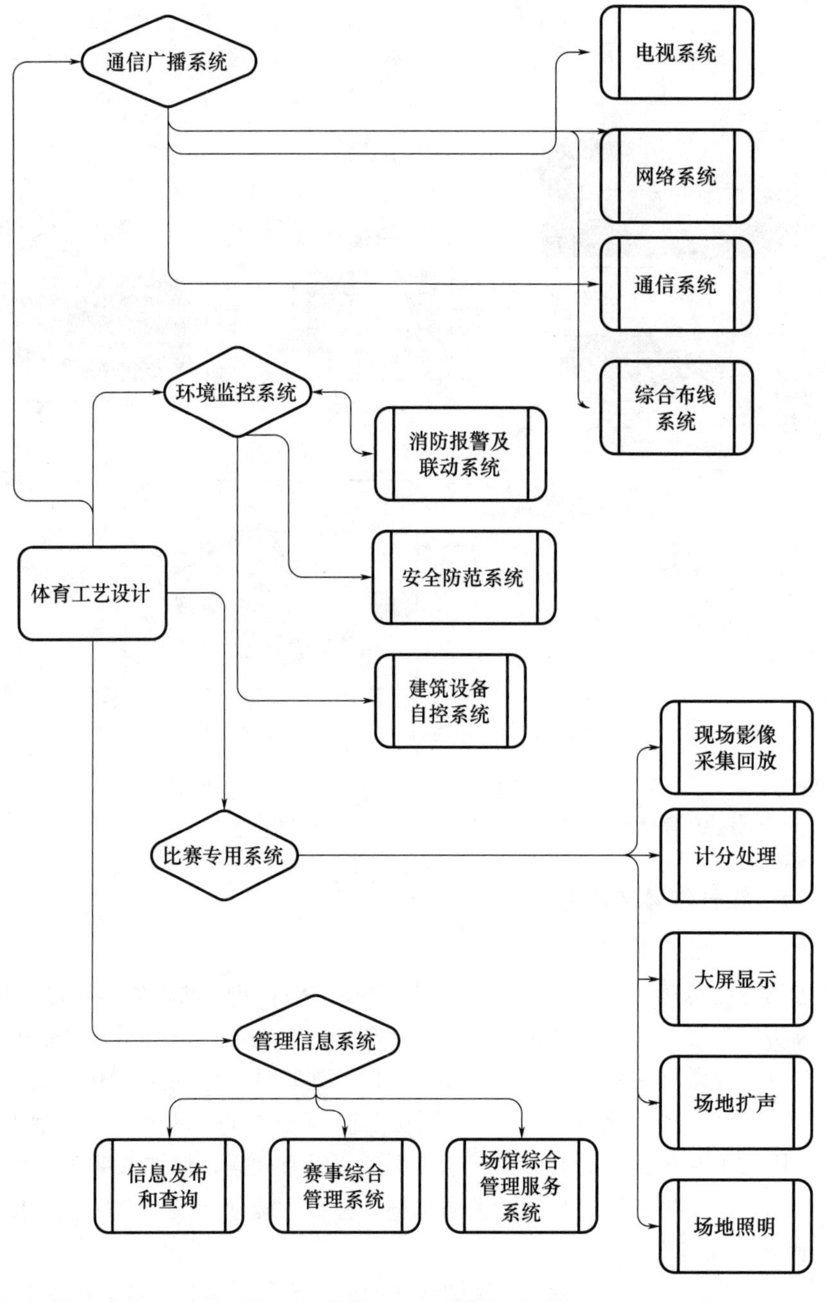


图 1-9　体育工艺中的智能化系统

3. 精细化设计的发展趋势

通过近年来BIM技术的大力发展和推广，BIM技术从设计到施工阶段的全过程使用不仅仅是体现在模拟、可视化的方面，其借助BIM技术的设计辅助手法和从设计到施工的完善、科学、标准化的管理模式等，才是辅助精细化设计落实到施工的方法。好的设计，需要科学的设计施工管理过程，否则设计不能真正地为业主服务，只空有其表。

#### 1.3.2.2　实现建筑工业化要求

BIM技术是推动这个设计运转的原动力，其最终的目标是实现建造。因此，BIM作为建筑信息化模型的意义是将原有的几何参数化属性中附加更多建造的信息。而正是信息的循环与往复，推进了设计向深化设计以及施工阶段发展。同时，BIM技术体现在信息模型化以及可视化，进而向工业化以及精细化制造靠拢，这是建筑师也是施工方对产品制造的精确性的需求。同时，在设计复杂化、精细化的趋势下，传统的图纸模式已经难以胜任今天的设计要求。以上海迪士尼来说，迪士尼城堡中一个大约100m$^2$的小城堡的建筑图纸就已经达到上百张，而通常意义下100m$^2$的建筑图纸量最多20张左右。以体育建筑为例，传统的体育场馆设计本身需要给出多个轴向的剖面和南北立面图，因为体育场馆多数不是标准的几何图形，需要更多的平面、立面以及剖面辅助定位，现在多数设计工具已经预备了可双轨扫掠生成曲面形态并带有轴向以及正南北向视图。因此对体育建筑表皮的可控化以及量化，使得模型可以得到反复的修改并提前处理可能在施工中所面临的冲突和矛盾。

#### 1.3.2.3　BIM技术的必要性

虽然BIM技术可以应用于各种类型的建筑当中，通过对体育建筑与BIM技术结合的设计流程研究发现（图1-10），BIM与体育建筑设计必要性分析中，非BIM技术不可的6个要点。

1. 形态复杂

体育建筑多为复杂异型的3D建筑结构构件组成。目前，体育建筑的创新从材料创新转向在结构形式、表皮形式方面的创新。因此体育建筑形态更加复杂，弹塑性分析也显得越来越重要，BIM作为与传统结构设计方法互补的设计方法在结构专业广为使用。但是单纯的结构建模与建筑建模分开，最后很难得到精确的设计模型，而基于IFC格式的数据转换可以帮助形成完整的体育建筑数据模型作为结构专业与建筑专业模型交互使用。

2. 表皮设计加工

体育建筑的表皮多是自由曲面金属屋顶。从表皮的细分以及后期的生产和制作流程来看，BIM技术是实现体育建筑表皮一体化设计施工的最佳选择。

3. 大跨复合空间

体育建筑的复合化发展趋势导致建筑的功能日趋复杂，而错综复杂的内外几何形体关系与功能组合需要BIM技术帮助减少设计中的错误和误解。

4. 协同设计

协同设计体现在中外事务所的跨国合作增加。2001年底公布的中国“入世”相关文件中提到，“外国企业在中国境内从事工程设计活动，方案设计不受限制。除方案设计之外，须与中国专业机构合作”。北京奥运会时期，国家体育场的 13 个设计方案中，境内方案 2 个、境外方案 8 个、中外合作方案 3 个。这些例子都充分说明，国际之间的合作在体育建筑设计领域更加广泛，因此协同的重要性也无须赘述。

5. 技术复杂

体育建筑本身的大跨度、大规模以及涉及专业种类繁多，协同设计在体育建筑设计过程中广泛存在。

6. 工艺先进

体育建筑及体育工艺的严格要求。高质量的竞技场所才是体育设计中的主要内容。BIM 技术的建筑生命周期全过程能确保体育工艺与体育建筑设计的有机结合，满足现代体育建筑的工艺需求。

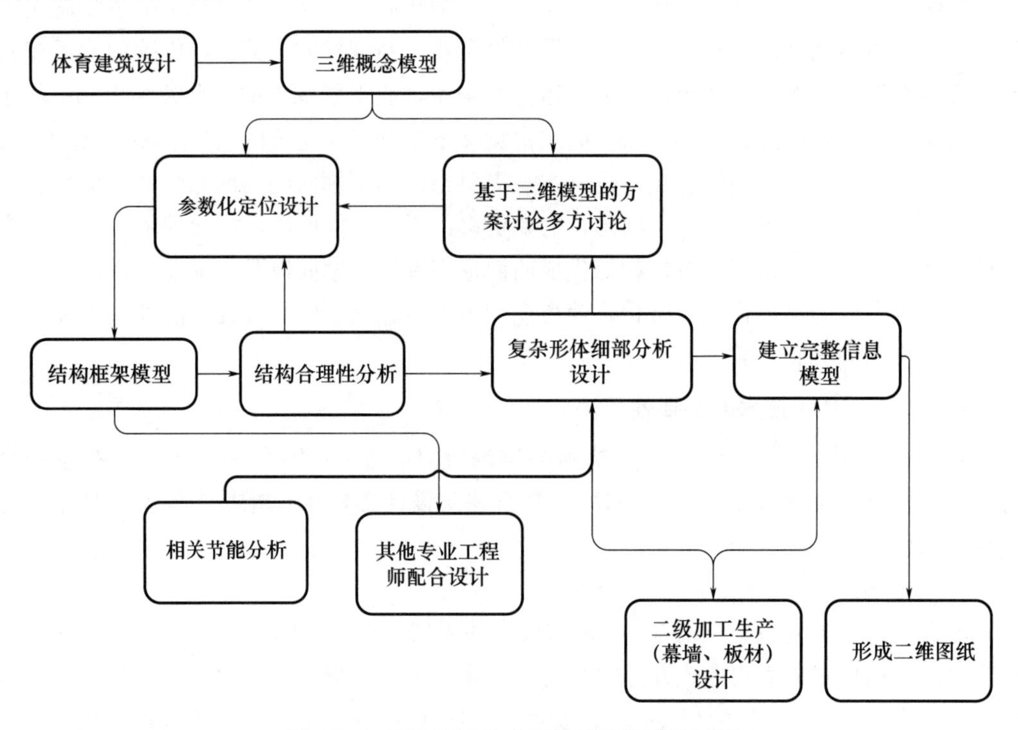


图 1-10　基于 BIM 技术下体育建筑设计流程

## 1.3.3　基于 BIM 的结构创新

### 1.3.3.1　建筑与结构形式的融合

1. 从传统到结构创新

原有的结构与建筑设计的关系确立大多是在建筑形态方案确定之后，再进行结构选型，最终通过优化调整来确定技术方案。所以，在进行体育建筑设计初期，需要了解基本常见的体育建筑结构形式，一般在方案设计阶段需要了解不同结构类型的受力情况、了解结构形态的可行性，通过对结构形态的创新来实现建筑形态。应用于体育场馆的结构形式主要集中在网壳、张拉、膜结构 3 种形式。

空间网壳是体育场馆经常使用的结构形式，因其具有技术成熟、厂家众多、造价低廉的特点，为多数建筑师及结构工程师所青睐。空间网结构又分单层和双层网壳，双层网壳具有刚度大、超静定次数多等特点，是适合屋顶结构形式变化多样的结果，具有较强的结构形态适应性。老山自行车馆为2008年北京奥运会比赛场馆，其屋顶就采用双层球面网壳结构。

张拉结构体系目前是应用的主流选择，对于一些外形独特的体育场来说，传统钢结构没有任何经济性优势，然而张拉结构自重轻、用料少，缺点是需要服从结构形态的要求。从张拉结构衍生出的环索屋顶——结合了张拉索与张拉膜结构的优势，作为体育场屋顶覆盖的轻型结构形式之一。但这种结构的缺点是形态的局限性，受限于环形的变形——圆形、椭圆形、类圆形等形式。环索屋顶大多采用“2＋1”的结构组合方式，外部由两个压力环组成，中心是一个施加预应力的拉力环；或者正好相反，外部一个压力环，内部两个预应力的拉力环。崇明自行车馆就采用了类似的环索屋顶，外环受压、内环张拉。由于结构形态类似自行车的轮毂，故此在前期设计阶段就与建筑设计结合分析结构受力及轮毂的数量。

充气膜结构是在其膜材料内部充气，同时结合稳定性要求确保其保持受拉状态。充气膜结构承担结构荷载同时也是结构外围护构件。由于其良好的透光性，保证空间内部充足的采光，缓解大空间内部照度不足的问题。膜结构设计打破了传统的“先建筑、后结构”做法，要求建筑设计与结构设计紧密结合。在设计过程中，建筑师和结构工程师要坐在一起确定建筑物的形状，并进行必要的计算分析。这时，所设计建筑物的平面形状、立面要求、支点设置、材料类型和预应力大小都将成为互相制约的因素，一个完美的设计也就是上述矛盾统一的结果。

2. 新结构形式的探索

在建筑与结构之间的问题处理上，日本的前卫建筑师石上纯野认为——设计是手段不是目的，感性追求设计，理性处理需求。建筑与结构的关系也应如此，设计是处理问题的手段，结构就是以理性的方式将其实现。在结构与表皮之间的关系中，代尔伏特大学的Kas Oosterhuis教授认为表皮、结构、建筑、工程、装饰，所有这些均应包含在一个“表皮骨架”的概念之中。在他的设计当中，建筑表皮和骨架结构的设计师几乎同步进行。传统的现场施工的结构建造方式已经无法满足当代建筑师对建筑结构与形态以及表皮之间紧密的联系，工厂加工现场安装的方式是适应当代快节奏施工方式的最佳选择。在苏黎世联邦理工学院进行的建筑与结构设计研究，利用参数化软件让学生更好地掌握建筑形态与结构支撑之间的关系。而这种探索非常利于对大空间结构系统的研究学习。而通过对比国际上进行体育建筑设计的几家主流设计公司近10年来的建筑作品可以发现，当下的体育建筑设计主要集中在以下几个方面的创作：

（1）结构形式创新；

（2）材料创新；

（3）结构与材料复合创新的轻型结构形式；

（4）创造性能性最优的体育建筑。

#### 1.3.3.2 技术与结构形式的融合

只有技术的创新带动新的结构形式的出现才能激发出建筑师对新的建筑形态的创作。而结构形式的创新也与体育建筑形式的创新与进步息息相关。正是结构形式的创新从壳体到新的轻型结构使得体育建筑的规模得以扩大，形式得到创新，能够与其他使用功能有更好的结合。

1. 壳体的复兴

最近开始复兴的结构形式是壳体结构，壳体结构已经有600多年的历史。从1960年罗马奥运会采用奈尔维设计的钢筋网壳结构的体育馆，到1964年东京奥运会上由日本著名建筑师丹下健三设计的采用悬索结构的代代木游泳馆，以及法国格勒诺布尔冬奥会的双层钢筋混凝土薄壳交叉组合屋盖的冰球馆，都体现了钢筋混凝土薄壳结构形态在进行大跨空间设计的优势，又同时兼顾空间与流线形的建筑形态。壳体是比较经济的结构形式，同时可采用砖或混凝土砌筑，适应当代建筑设计对地域文化以及乡土材料使用的特点。目前正是壳体结构形式由衰到复兴的过程，而这依赖当代结构材料以及结构力学发展的驱动。扎哈事务所正在针对壳体结构进行数字化研究，已建成的伦敦奥运游泳馆以及在阿塞拜疆巴库的海达尔·阿利耶夫文化中心都采用了此种结构方式。对于大型的体育建筑或是体育公园等集群类建筑，建立建筑原型后，在小规模的建筑集群中利用类型学建立分析与转化一系列不同尺度的类型（图1-11）。在2014年的威尼斯双年展中，扎哈事务所主要展示了其在数字化语境下的系统分析和具体的研究内容，其近十年来主要研究分析不同的结构壳体系统，评估壳体结构体系所特有的符号学参数的潜力。作为扎哈老牌的研究工作室——扎哈德维也纳工作室，目标就是研究发展壳体结构建筑原型，然后将原型在计算机中进行模拟、重构，同时这些组合方式再反过来驱动元素的生成和分化。例如扎哈在2014年伦敦设计展中位于V&A博物馆门口的装置，作为最轻的壳体结构装置，其在此领域的探索不仅从结构形式到几何形态，甚至在材料以及"轻"结构上都在进行实验和探讨。

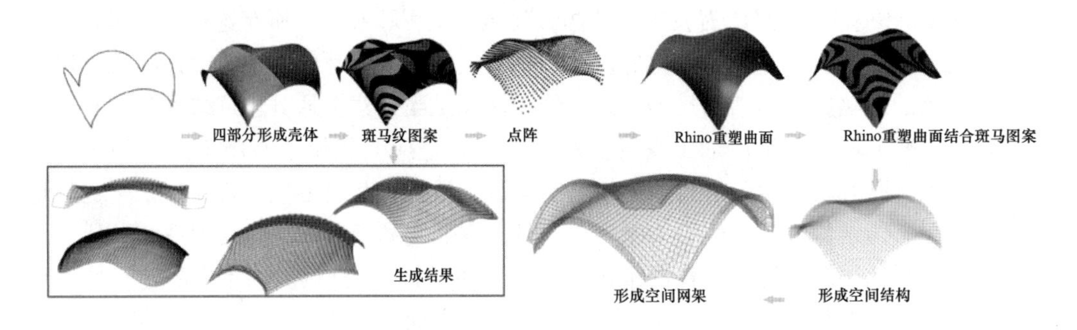


图1-11 体育场形态设计——基于壳体的结构形式分析与转化

2. 轻型表皮发展趋势

正如弗雷·奥托所言："轻型结构是能够以相对较小重量承载较大荷载的对象。"对于奥托而言，轻型结构的概念与"自主构形"过程存在非常紧密的联系，但它远远超过了实用主义建筑或者工艺改善方法的范畴。轻型建筑的形式很少相同，一般而言，它们都是采用不同的结构形式依照最大化减少材料用量的原则来进行发展和优化，从而得到最后结果。我们将上述的原则称为轻型建筑概念。轻型建筑表皮的快速崛起是为了应对全球气候变化、能源等社会性问题，同时在设计分析工具和技能方面，更是直接关系到材料的进步发展。以欧洲科研机构、大学、企业为首的团体都在此方面进行更多的研究，目的是建立一个联合研究学者、建筑师、工程师、承包商、资产所有者和决策者的平台。通过共享专业知识、技术、设备和数据建立技术共识，同时发展标准化分析和设计，实现多功能建筑表皮的具体应用。

3. 结构拓扑优化

建筑师通过力学找形的方式从奥迪、奥拓时期就开始凸显，他们的经典作品都是通过力学找形优化的成果，同时注重对自然界结构形式的观察，凭借力学的直觉和经验以及建立物理模型的模拟推敲演化获得。力学找形优化的方法在建筑设计中普遍应用依靠数字设计、非线性有限元、动力松弛法等分析柔性结构形式。建筑师利用Grasshopper可以直接进行简单的受力分析辅助其在设计阶段确定结构的初期形态。此外，借由参数化设计及其他遗传算法优化的应用，其作为建筑、结构工程师对纯粹力学的优化修正方法之外，还可进行循环迭代分析。

#### 1.3.3.3 BIM技术下的结构优化

当代结构技术的发展需要结合更多的结构设计工具软件进行分析，以获得针对不同受力状况下的结构承载能力。体育建筑多为大跨空间建筑，结构形式复杂，需要进行的结构设计及结构优化分析等详细、多次试验检验结构受力状况。原来结构优化模式，是结构工程师基于建筑的形式自行定义模型，后来发展到出现参数化软件可以互通，基于Rhino基础上实现结构控制线的导入和导出。

目前，国内多家科研机构已经开始建立基于BIM数据库及辅助数据接口的研发项目。这些工作的推进确保了BIM可视化模型及各类分析软件所建立的模型之间的互通、高效、准确；确保基于BIM数据库的结构优化设计流程。BIM技术的应用为实现结构优化，并在短时期内实现高质量、低成本的结构设计奠定坚实的基础。例如，在体育建筑的屋盖设计中，基于参数化建模得到的几何模型结合被定义的参数和规则进行关联，在项目进行分析过程可控制具体内容实现修改对象的自动更新。在绍兴体育场的结构设计中，利用Rhino的Grasshopper插件就可以实现屋盖桁架体系的参数化生成。正是基于Grasshopper进行分析，凸显了BIM技术下信息数据的流动和交换的便捷。基于BIM技术的结构优化和建筑优化可以同步进行。以绍兴体育场大跨钢结构为例，以Revit Structure平台为研究，其目前对大跨空间结构的方式是在Revit中完成结构模型搭建，之后在Midas（结构分析计算）再通过接口转换将其模型转为Revit处理(图1-12)。其优势在于基于BIM技术、可视化基础上的大跨钢结构模型可直观分析模型构建、节点的行为和属性，其包含构建真实的材料信息，为大跨空间结构的节点设计及施工提供指导。但是，在对结构形式及结构材料的优化层面、基于有限元分析的内容都还局限在结构本身，对不同结构材料的选择和修改方面没有更大的突破。其对结构形式及新结构材料的探索没有得到体现。

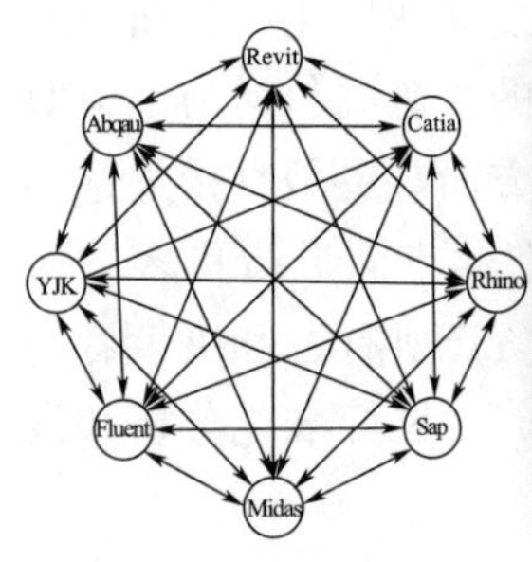

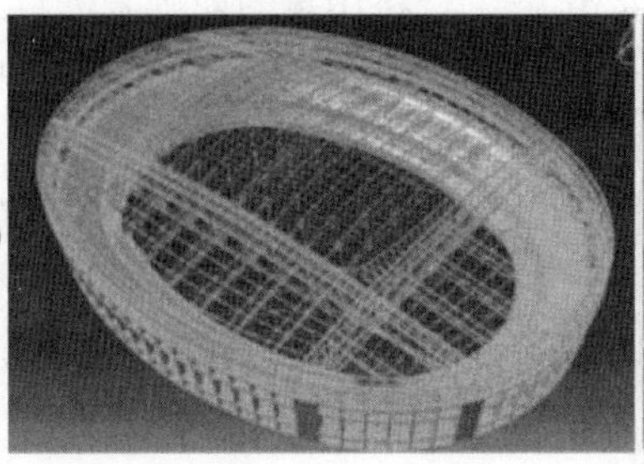

图 1-12 利用 Grasshopper 及其他插件实现屋盖桁架体系参数化生成

国外的结构优化及计算机技术应用领域的研究中，在结构形式与建筑设计融为一体的设计代表弗雷・奥托、日本结构工程师佐佐木睦郎的大跨空间设计中可以看到结构形式的分析和创新与建筑空间有更好的融合。佐佐木睦郎基于计算机技术开发的数字找形的设计方法，利用信息化模型代替传统的物理模型，与多位建筑师配合发展更为复杂自由的结构形态，其使用结构工程师目前常用的基于有限元分析发展而来的感动解析法作为结构模拟方式，其主要研究在覆盖空间内壳体结构实现弯矩最小化的结构优化目的。在其进行运算中，只要输入壳体的基本形状、选择材料及强度之后，由计算机开始运算，其最终得到的形态是在计算机环境下自主演化的最优结果。

## 1.4 总　　结

本章内容关注体育建筑的发展趋势由时代、产业化以及当代政策驱使下的 PPP 模式所主导。体育建筑的发展经历了从第一代到第四代的过程，体育建筑本身的内容也在不断地扩大和延伸，体育建筑与人、环境之间的关系也逐渐成为设计需要考虑与研究的内容。因此，新的结构形式、科学技术的更新换代、多学科和跨学科知识的整合都为当代体育建筑设计与研究开辟了新的方向。

体育建筑的发展动力也从单一的赛制驱动发展到科技、产业驱动，从单一的政府导向到政府与私人的合作共赢机制，因此，对体育建筑本身从功能上到运用上的要求都更加严格，进而对体育建筑从设计到施工、运营的全生命周期的过程进行更为科学、经济、合理的规划与思考以达到合理的设计、功能分布使用和运营维护的目的。

# 2　基于 BIM 技术的体育建筑设计

## 2.1　基于 BIM 的体育建筑概念设计

体育建筑设计及可持续设计将成为新世纪体育场馆设计的主要内容，采用创新性的方法进一步推动设计的发展，探索能够更好地适应未来发展要求的完整设计流程。借助 BIM 以及 BIM 技术相关的设计辅助工具如参数化设计工具等，将更多的信息应用到设计当中，唤醒信息与建筑之间更为紧密的联系，发展基于 BIM 技术基础上的方案设计，推动设计与施工和运营结合的一体化设计方法。本章重点分析基于 BIM 技术的方案设计阶段的形态生成原则，通过借助 BIM 技术让形态生成的逻辑更加清晰，形态原则更加理性和科学。

### 2.1.1　建筑形态生成

#### 2.1.1.1　看台生成与参数化

原有对体育建筑中应用参数化设计的认识，大多是对建筑表皮形态以及表皮有理化设计。当然，建筑形象在体育场馆设计中尤为重要，为了展现建筑的自由形态，必须有相应的技术支持。为了体现建筑的自由形态，采用传统的二维 AutoCAD 软件的绘图及设计方法会导致效率降低，也难以准确地表达建筑。那么，基于新的计算机技术和软件下的设计方法，近些年可建造技术或是数字化的技术得到了一定的发展。BIM 技术应用于建筑设计应从建筑的方案设计，或更早的前期建筑策划阶段开始。而 BIM 的作用之方案阶段就体现在参数化、算法等加载在当下设计工具基础上的信息、数据库当中。

实际上，参数化的控制逻辑是建立在理性的逻辑思维之下，研究参数化设计与 BIM 之间的关系发现，参数化设计应该算是 BIM 技术的组成部分。因为单纯的参数化设计不具备建造的可能，建造对建筑来说是必须的，建筑需要“落地”，BIM 技术是帮助促使参数化设计“落地”的技术手段。所以在提及 BIM 技术应用于设计当中，参数化设计是辅助设计，而 BIM 技术是落实设计。但是，如若不是参数化设计帮助我们拓展设计方法及创新设计方式，进而诞生了更多形态各异、功能复杂的建筑，可能就没有那么迫切地需要借助 BIM 技术以及协同设计等去辅助落实建造的部分。

利用参数以及逻辑关系的梳理对分析设计以及更新与改进设计方法、对技术创新以及体育设计的合理化设计具有重要作用。参数化设计工具作为 BIM 技术的一个子项，将参数与设计整合，建立理性的逻辑关系（即函数关系），通过建立方程式将看台设计的要素转化为参数因子，并通过改变因子的具体数字使得生成最终的结果（图 2-1）。具体的操作方式是：通过参数设计方法，将看台数据与布置规则输入形成可用于看台的剖面设计的新方法。从剖面设计开始，确定视点和视线设计的内容，之后基于 BIM 技术的可视化模拟以及基于参数的可循环验证，再评价分析设计结果的有效性。虽然基本的设计流程还是基于传统设计手法的体育建筑设计方法，但由于设计过程和技术手段的变革，还是给我们带来了更多的便利。

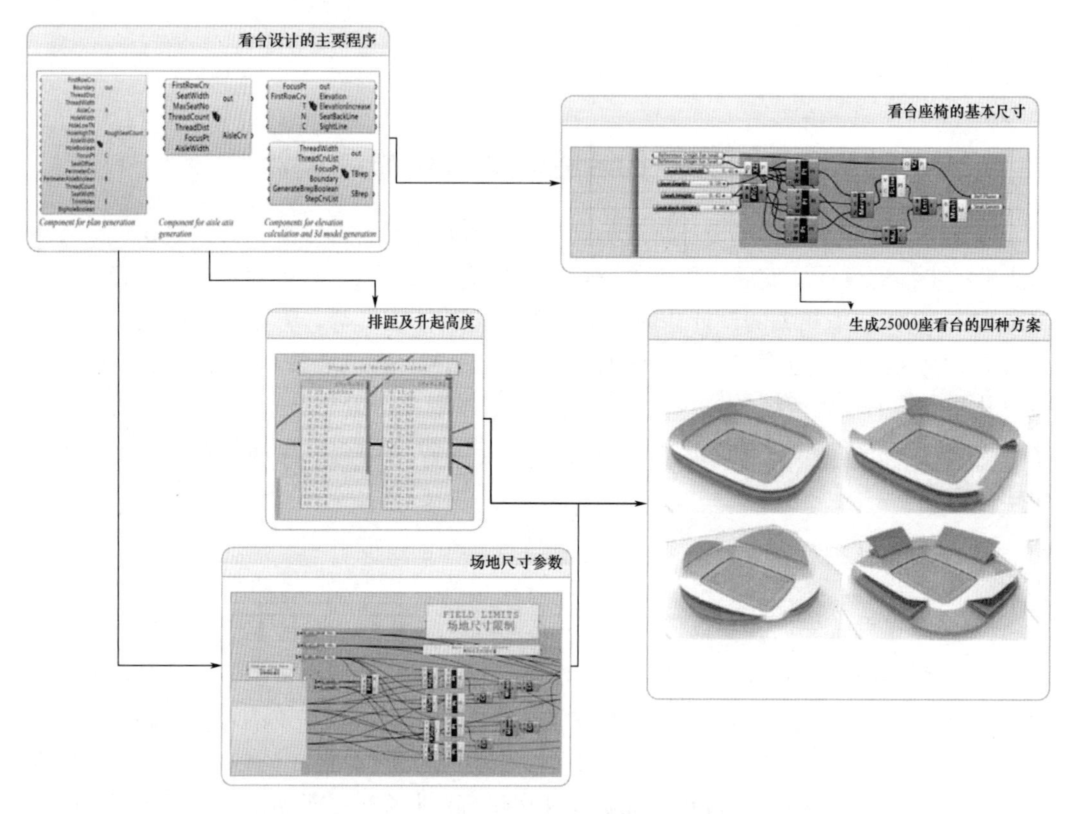


图 2-1　Grasshopper 建立的体育场模型

1. 建立参数化设计的剖面设计

（1）看台座席设计。参数化设计应用于体育场馆剖面设计中，主要解决的问题就是简化看台设计的重复修改。在体育建筑设计中，主要包括剖面设计、结构形态、表皮设计。在方案阶段，看台的重复修改不仅涉及到看台的座席排布、座席数量、还与外部形态生成关系直接联系。看台设计，作为剖面设计的主要内容需要抓住场地轮廓、视点选择、出入口数量及看台的层数——看台的起始位置、排数、排距和视线升高差（$C$ 值）——之间的制约关系。基于 Grasshopper 的设计方法首先需要确定场地尺寸，之后根据看台升起高度、视点选取、看台座椅等具体参数带入得到基本的体育场馆的生成关系。例如，利用 Revit 直接建模的方式对参数控制，薄弱环节通过 Dynamo 以及其他开放端口插件的介入也可应用于对参数的控制与修改（图 2-2）。

（2）场地设计。由于体育建筑主要分为田径类、球类、体操类、水上运动、冰上运动、雪上运动、自行车和汽车类八大类别。而常规赛事类型就决定了建筑的功能分区以及外形轮廓。一般常见的体育场主要为二心长圆、六心长圆、四心椭圆和八心椭圆，还有特殊的圆形平面。在应用参数化设计的时候，运用参数和数学关系，准确地控制体育建筑轮廓以及建筑功能的关系。基于有条件限定的场地尺寸，看台座椅只是数值的调整，但视点的选择则需要对场馆内容进行分析确定得到。视点与视线设计的内容、要求，可单独制订新的设计规程。建立关于看台的规则后，可修改看台的俯角以及排距和排数，简单修改排数可直接生成修改后的结果，并看到最后形成的方案（图2-2）。

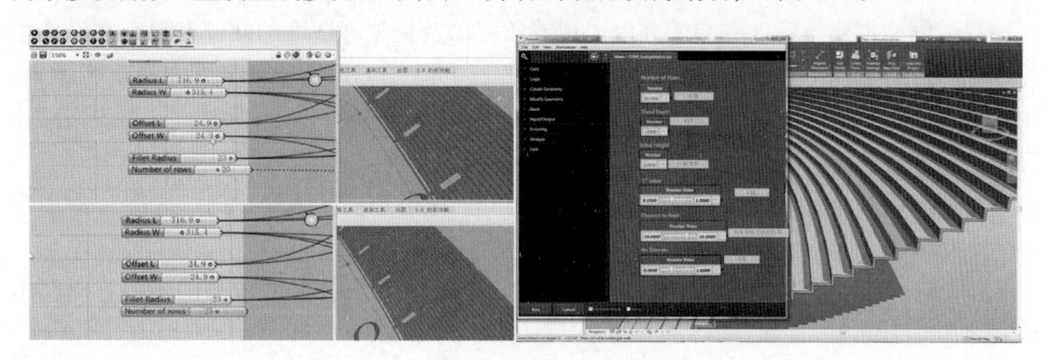

图2-2　Grasshopper基础上改变座席排布方式

2. 满足视线设计的要求

保证观众席有良好的视觉条件是体育建筑设计的核心，因此《体育建筑设计规范》(JGJ 31—2003) 以及《建筑设计资料集（七）》中都对体育建筑的设计有明确的要求（表2-1)。

（1）通视。实现无遮挡，看得见观赏对象。

（2）明视。看得清观赏对象，应控制视距。

（3）真实。实现同画面的成角小会导致透视变形过大，引起视觉失真，故应控制实现同画面的成角。

（4）舒适。观赏范围以不小于人眼中心视野和不超出周边视野为宜。

**表2-1　不同体育项目对视线的要求**

| 项目 | 识别对象 | 识别尺度（cm） | 清晰视距（m） | 极限视距（m） |
|---|---|---|---|---|
| 体操 | 手势 | 6.0 | 51.6 | 206 |
| 乒乓球 | 球直径 | 3.8 | 32.6 | 131 |
| 网球 | 球直径 | 6.35 | 54.6 | 218.4 |
| 棒球 | 球直径 | 7.48 | 64.3 | 257 |
| 垒球 | 球直径 | 9.8 | 84.2 | 337 |
| 羽毛球 | 球高 | 8.5 | 73 | 292 |
| 篮球、排球、手球、冰球 | 手势 | 12 | 103 | 413 |
| 足球 | 球直径 | 22 | 189 | 756 |
| 田径 | 球衣号码 | 15 | 129 | 516 |

注：数据来源于《建筑设计资料集（七）》第104页。

上述是规范对视点选择的标准要求，但是现实生活中，在对所有复杂因素的相关影响中发现，清晰度应是最主要的视觉质量因素。因此在任何比赛环境、任何运动项目中，清晰度问题是普遍性和常存性的视线质量考评因素。其次，视距是保证清晰度的关键要素，达到清晰可辨的要求，避免出现“视觉误差”，如足球攻门未进却鼓掌的尴尬，关键就是控制视距。对于观众席来说，相等的视距最佳，但容易形成过大俯角，同时由于建筑形态以及附加的罩棚容易导致迎风边缘的气流分离作用增强，风吸力增大的现象。

3. 视线设计

视线设计主要与场地升起的高度、观看角度以及视觉舒适度的问题有关，在设计中可以利用对参数的分类将不同升起高度进行归类。基于 Grasshopper 下的观众席设置，主要通过建立基本的座席排布的逻辑关系，将参数带入到控制条件当中。首先依据《体育建筑设计规范》(JGJ 31—2003) 确定视线高度和角度。

(1) 视线升高差 ($C$ 值) 应保证后排观众的视线不被前排观众遮挡，每排 $C$ 值不应小于 0.06m；

(2) 在技术、经济合理的情况下，视点位置及 $C$ 值等可采用较高的标准，每排 $C$ 值宜选用 0.12m；

(3) 座席俯视角宜控制在 28°～30°范围内。

由于座席剖面的升起一般呈曲线等级递增，通常观众的俯视角不宜低于 5°，因为俯视角过小视觉变形严重，俯视角过大虽然有利于俯视场地增加融入感，但过大的俯视角也会产生透视变形。因此，利用参数化设计方法，可以直观计算座席数量同时又符合座席设计中规范要求的平面布置（图 2-3）。例如，如果设计为二心长圆平面就锁定其边长和圆弧边界点，这样无论其半径如何变化都满足其轮廓为二心长圆形的设计要求。视线以及剖面设计也是关乎曲线生成的控制因素。传统设计方法需要对逐排升起的座椅视角进行调整，需要重新生成 30 排以上的座椅剖面图，但是借助参数化设计的算法可以经过微调就得到多次设计结果。在通过剖面修改之后还可借双线扫轨重新生成主体曲面形态。

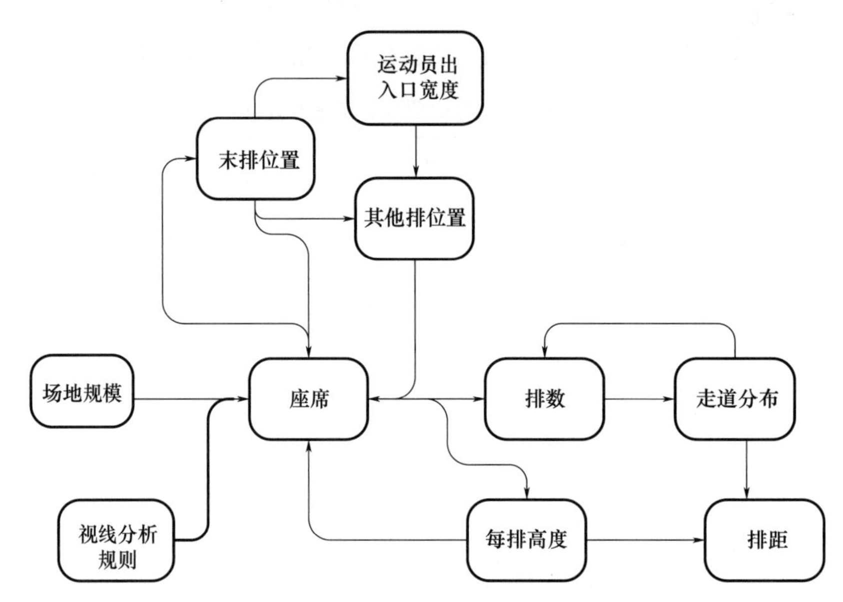


图 2-3　座席设计中的控制要素分析

参数化设计中，采用 Grasshopper 对体育建筑座椅的细分，还可以利用 GC (Generative Component) 对看台设计的数据进行统计，然后依据此数据生成体育场座席排布图，对数据进行修改可以直接得到最新结果，这无疑是二维图纸绘制所无法解决的。在20世纪90年代，当时的亚运会场地座席数为2万座，由北京市建筑设计院的一位建筑师独自绘制，即便作为当时最出色的“快手”建筑师也需要数月才能完成。而后厦门市希望在不到一年内完成一座4万座的体育场设计，寻遍全国最后找到了这位建筑师进行设计。如若今天，可以基于以往的场地尺寸和座席数量，更改后还可得到更多种方案的选择，而不拘泥于某种座席的排布方式。例如，杭州奥体中心体育场设计中使用了Grasshopper对体育场的视线分析进行优化（图2-4）。首先对体育场剖面的结合形态选择合适的控制点建立一个可即时显示结果的程序。这样设计者可以通过调整参数控制排数、排距以及视线升起高度等，此外亦可获得座席容量、升起角度以及即时更新的剖面图。在确定观众席的相关参数之后，还可将罩棚结构链接进来，让结构单元与座席参数形成互动。这样任何座席尺寸、数据的变化都将会生成一个新的体育场形态，实现自上而下与自下而上的设计互动关系。

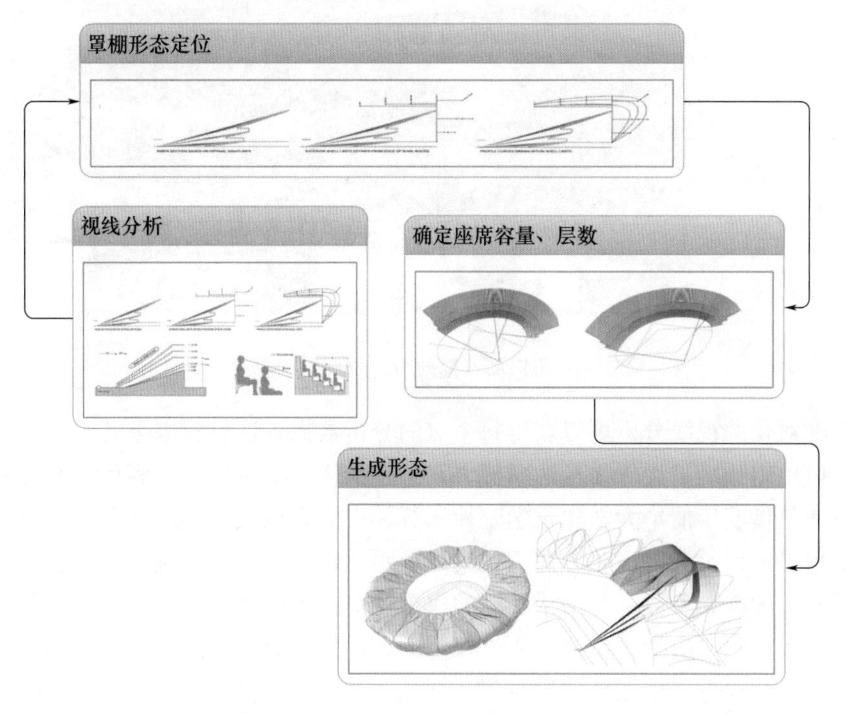


图2-4　杭州奥体中心基于Grasshoper建立的视线分析可视化模型

4. 辅助建立剖切图形

体育建筑设计中由于建筑空间异型，且标高变化较多，绘制剖面图经常出现问题。借助BIM技术确定节点形式，经过模型的剖切可以得到典型部位的节点剖面，精确地定位结构斜柱与外幕墙之间的关系，生成二维图纸供结构设计师深化（图2-5）。

5. 建立基于视线设计的评价体系

基于参数设计的一个典型思维过程将座席排布方法总结为生成、检测和决策，这样一个循环的过程。在建立了参数化的座席生成模型之后，最重要的是关注其座席排布的评价体系即如何决策座席排布的好坏。

评价方法建立在视角评价、俯角评价、视距评价和遮挡检测的基础之上。具体来说就是评价每个座席的实现同时需要考虑到视距、视角、俯角和遮挡的问题。

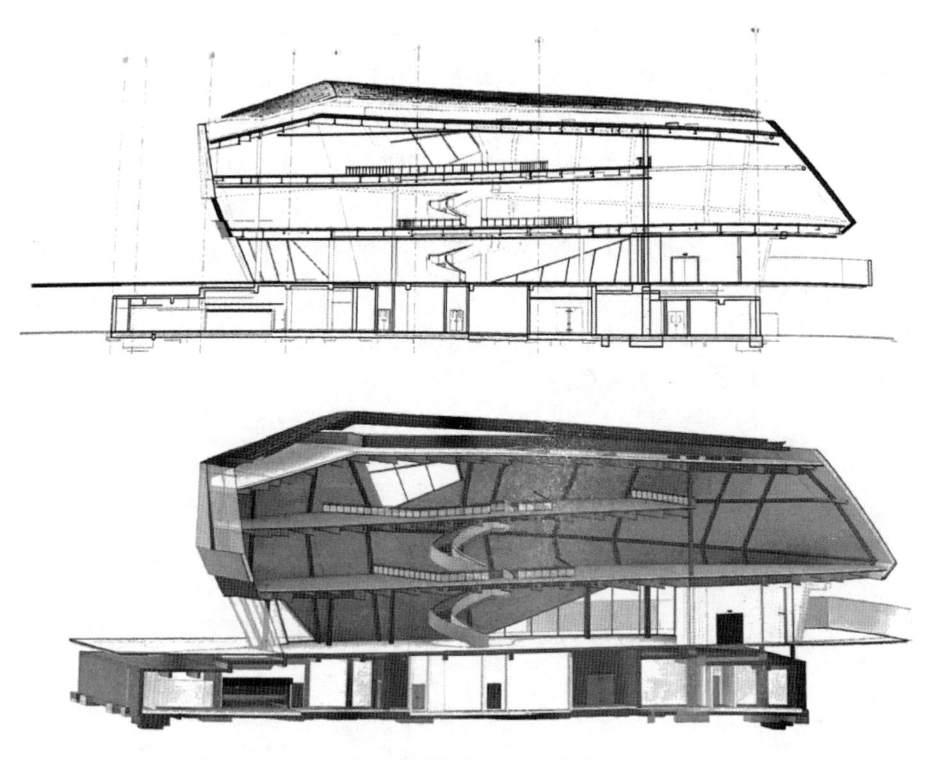

图 2-5　模型与对应剖面

由于参数化的视线分析可以获得每个点的分析数据，通过对以上几个数据的综合加权分析，可以得到满足设计需求的最优方案。在最优方案选择上，利用综合加权分析方法。此方法是借鉴于清华大学建筑学院徐绍辉、卢向东在《剧场观众厅参数化设计研究初探》中提出的评价方法。此方法主要关注视距、水平视角、俯视角和遮挡率 4 个与观众厅设计相关的重要参数，并给予不同的权重比例。依据体育赛事与剧院都是以观演为主要目的，遮挡问题应最为重要、所设权重最大；俯角对人的舒适度以及体育比赛的参与度有影响，故权重可根据具体赛事需求进行调整；而视距和水平视角有一定相关性，可取权重略低或二者平均值。但这涉及的问题，就是此权重有人为主观因素成分，需进行更多研究确定方能为科学的权重比例。

$$V_a = \sum (D_S + H_A + D_A + S) \tag{2-1}$$

式中　$D_S$——视距权重；

$H_A$——水平视角权重；

$D_A$——俯视角权重；

$S$——遮挡率权重。

依据视线设计评价体系下建立的观众席排布方式可以说是基于优化体系基础上的选择（图 2-6）。建立优化体系是为了将设计的内容以更为精准的方式进行量化分析改变原有决策模式，为设计分析的科学化研究提供依据。

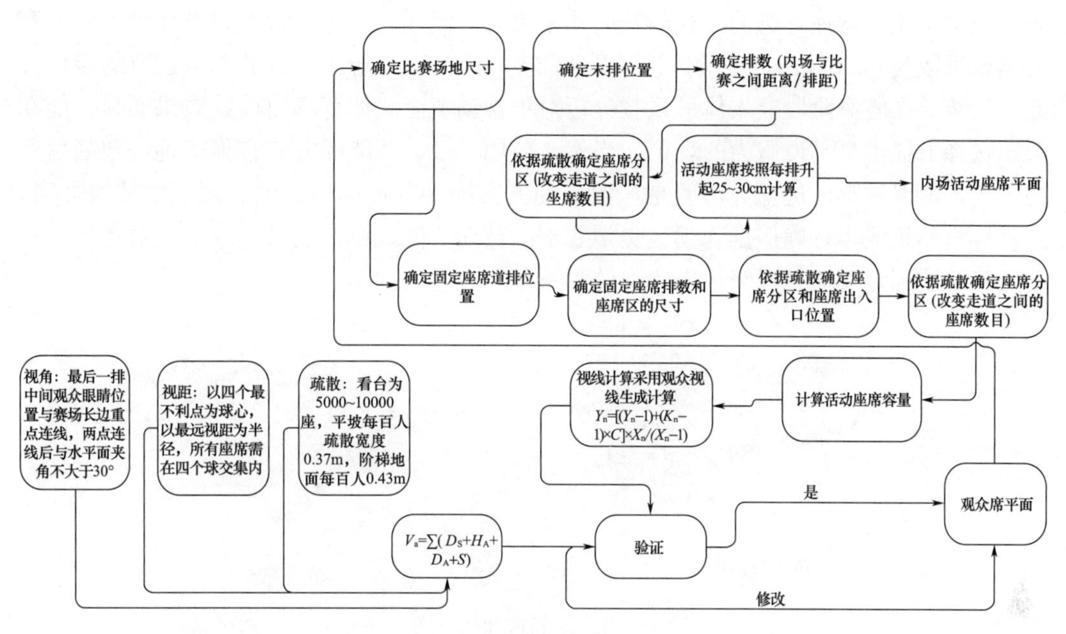


图 2-6　建立控制观众席视线条件逻辑关系

### 2.1.1.2　形态生成与参数化

体育建筑方案设计阶段极少对能耗进行分析，因为传统的分析方式都集中在计算墙体材料类型、厚度的选择以及窗墙比的计算等，这些往往需要在方案确定之后在深化设计或是施工图设计阶段才会涉及，很少将其作为参与到方案设计、决策的层面之上。目前，国外的很多学者和专家开始研究如何在方案阶段介入能耗分析，借助 Grasshopper 以及 Green Building Studio 探索能耗强度（Energy Use Intensity，简称 EUI）介入到建筑设计方面评估与决策当中。朱煜在 2003 年基于层次分析法在体育建筑形态设计中分析研究得出，体育竞技为主，兼顾文娱商展与群众健身的多功能体育馆的平面形态中主要的评价参数应是其冷热程度和座席的视距质量。从分析中可见，能耗对于目前给予多功能发展为主的体育建筑的重要性。那么，借助能耗工具作为评判体育建筑优劣的评价标准，目前国内有案例借助 Grasshopper 进行体形系数分析。

1. 基于 Grasshopper 的体形系数分析

体形系数：建筑物与室外大气接触的外表面积与其所包围的体积的比值。基于 Rhino 可以生成建筑的表面积与容积，辅助检测建筑体形系数。在 Rhino 中的“area”和“volume”模块分别计算出体育馆的外表面积（不包括地面）和体积，然后计算出二者之间的比值，将其带入到节能设计规范中进行比对。节能设计规范规定建筑体形系数不大于 0.3，将前者与后者比较，如果小于则结果成立，如若大于则证明此形态需要进行修改。

在 Grasshopper 中设定在建筑形态优化判定方法中，主要关注能耗分析中的体形系数的影响，在对体育场馆建筑设计研究分析中得出，体育馆能耗与建筑表面积呈线性关系，表面积越小能耗越小；窗户面积相同时对于采用侧面采光与顶部采光分析，侧窗能耗小，因此对于节能更为有利；建筑材料的选择上，应选择传热系数小的围护结构；其研究成果中还发现体育场的能耗与朝向几乎无关。例如，在上海游泳馆设计中，甲方案的体形系数为 0.28，乙方案的体形系数 0.26（图 2-7），充分说明甲方案在节约能耗方面有优势。在方案阶段介入体形系数分析对于被动节能式体育场馆设计效果明显，能在形态选择上提出更具说服力的理由。当然，应用于被动节能的方式有很多种，包括后期的覆土、幕墙材料的选择等，但是从源头的方案选择上杜绝形式主义之上的建筑方案，控制体育建筑成本，确保得到满足美学要求的被动节能式体育建筑，也是应对各地方对公共建筑达到绿色建筑星级评定标准的第一步。

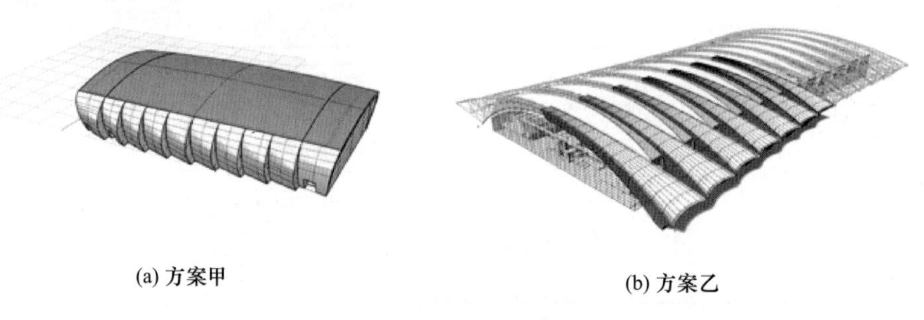

(a) 方案甲　　(b) 方案乙

图 2-7　上海游泳馆方案

2. 基于能耗强度（Energy Use Intensity）分析

随着能耗模拟工具的发展，更多的建筑信息模型可以在方案设计阶段利用能耗模拟工具对方案进行初期的分析以及数据收集。常用的方法是，在 Revit 中建立体量分析模型，可直接利用 Revit 中的能量分析插件进行计算，也可转为 gbXML 格式导入 Green-Building Studio 中进行分析以评价不同方案的能耗情况。实现在方案设计阶段，实时更新建筑的能耗分析结果。

3. 基于形态限定与可适应组件

Nathan Miller 在内布拉斯加林肯大学 2013 的设计课中利用基于 Revit 的 Dynamo 和 Auto Vasari 帮助定义体育场的轮廓形态。借助 Dynamo 系统进行设计并调整组件以及参数的逻辑关系。此类方法中主要利用基本形式单元，进行变换，其中变换的规则可以是渐进、递增等。修改后的模型可以通过 Excel 导出，再导入到 Grasshopper 中进行深入的结果分析等。这样进行设计的好处是通过改变可适应组件调整建筑形态，同时单元式的组件又形成统一的韵律。

#### 2.1.1.3　结构生成与参数化

1. 单一场馆的桁架生成方法

设计人员可在方案阶段利用 Grasshopper 编写的生成桁架下弦线的程序，在 Grasshopper 中生成基本桁架结构，其方式是基于单元式结构组件为原始单元然后通过复制旋转等设计手法达到满足美学要求的结构形态（图 2-8）。

传统设计中，由建筑师建立模拟的三维模型最终由结构工程师进行严格的验算，但是在设计初期阶段通过对结构形式的设计改变原有脱离结构设计的设计方法，更适合在体育建筑概念设计及教学阶段使用。例如在杭州奥体中心的设计中，通过 Grasshopper

算法生成的桁架结构可以满足基本的受力分析需求。其算法中基于结构形式中心线生成基本桁架框架，再利用NBBJ自主研发的插件调整钢结构尺寸的大小。在岳阳体育馆的设计中也用到了类似的结构生成逻辑，其将桁架上下弦等分，上弦等分 $n$ 份下弦等分 $2n$ 份之后连接成多段线，最后将线生成管完成结构模拟。

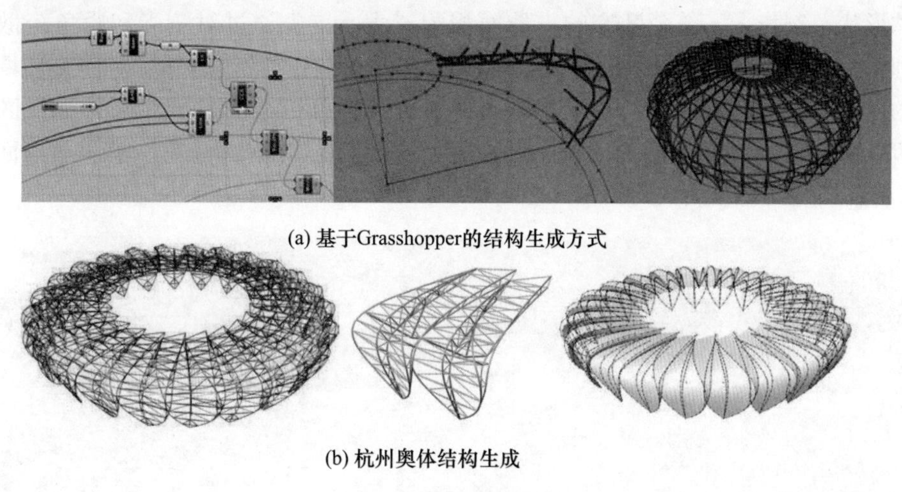

(a) 基于Grasshopper的结构生成方式

(b) 杭州奥体结构生成

图 2-8　结构生成方式

2. 大屋顶式结构生成

通过座席布局确定结构线，根据建筑的布局和功能找到建筑的制高点，形成连续的空间形态，之后再依据具体的结构形式生成屋顶形态。表皮覆盖的体育场馆中空间网壳体结构较为常见。巨型网格状钢结构屋面的有深圳湾体育中心、VTB体育场。例如21世纪斯图加特新火车站设计，“大屋顶”覆盖的大跨空间，作为零碳排放的大屋顶建筑形态，利用逆吊原理，通过计算机模拟在悬挂外力情况下翻转180°形成泪珠索眼，结合日照分析，索眼下可得到10%～15%的日照，解决大空间内部无采光的问题，同时自然的采光和通风又起到减少大空间公共建筑供暖和制冷以及机械通风的问题。这种“大屋顶”与采光设计、结构设计结合的模式都可用于当代体育馆的设计当中。

## 2.1.2　建筑形态限定

### 2.1.2.1　轮廓控制与模型分析

依据体育建筑设计的规模以及使用功能的限定和需求制订合理的平面轮廓线。对于专业型体育建筑的设计公司来说，经过调研数10个体育场馆的基础平面发现，由于中国的体育建筑设计的规范对其严格的限制，大多场馆的基本功能以及座椅布置为满足常规的消防以及疏散要求是不发生原则性改变。一般体育场馆的平面采用四心圆弧的椭圆形场地平面，而对于体育馆等具有特殊比赛功能的建筑来说，其基本功能决定了建筑的平面轮廓线。除了功能的考虑之外，在这部分设计中，主要考虑流线以及人流量与场地关系布局的问题，这些需要可以通过对基地人流的测算以及建筑与周边环境、日照、街道尺度几个方面进行初步的形态分析，借助参数化模型可以对轮廓进行界定和调整。

1. 场馆轮廓与周边环境

Aviva 体育场采用了北侧只有一层看台的独特设计方法，就是充分考虑到建筑对周边环境的影响。从考虑周边环境与建筑之间的关系及场馆本身的功能，采用体育场功能设计与表皮设计分成两部分设计的方法。在概念设计阶段，设计团队为了探索适合的体育场的形状，制作了一整套基本的占地面积配置表。首先通过对眩光和紧急疏散的分析，利用南北和东西向进行日照研究分析对比。经过研究，业主选择了对周边环境影响最小的南北走向同时向西倾斜的形态方案。这个方案可以减少位于北部邻近地区的光照，所以根据形态建筑师决定将球场北面的高度控制在 1 层，而在东、南、西三面采用 3 层看台以满足对场馆人数的要求（图 2-9）。

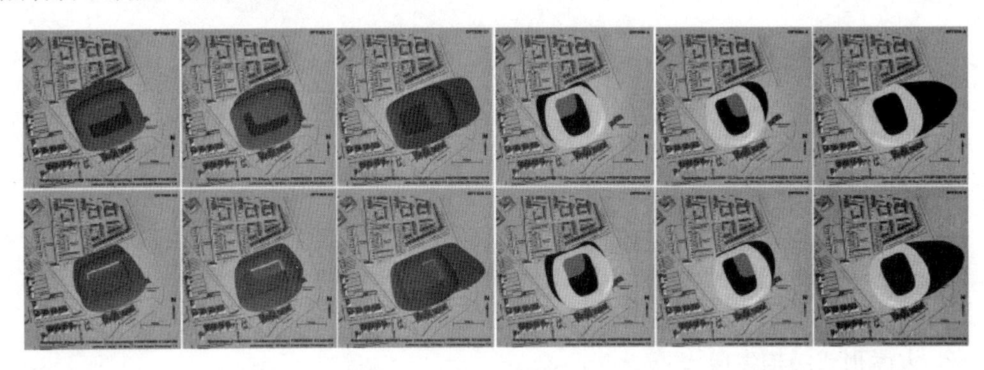

图 2-9　Aviva 体育场形态分析

从上面的案例可以看到，在不同体育场的形状设计中，一般会采用椭圆形的平面。建筑师利用参数化设计软件例如 Rhino 对体育场本身进行建模的时候，可以借助 Rhino 建立的模型模拟光照，去思考在城市中兴建体育场与在郊区兴建体育场的区别。郊区体育场馆通常没有对周边环境及居民的影响，但是随着我国土地紧缺及对城市更新、改建的体育场馆项目的逐渐增多，更多的体育场馆在方案设计中应将周边环境对场地形态的影响纳入到设计的影响要素当中。此案例的设计条件中限定了三个设计控制因素：提供良好的视线同时保证座席数；保障球场上有充足的日照以便保证草地的正常生长；减少对周边环境造成的遮挡。

这三个设计的控制因素，可以作为在城市中兴建场馆需要考虑的因素。因此，体育场的环境设计要素也需要与看台的设计相结合考虑，体育场的形态设计在城市中的设计应充分考虑周边环境，进行全面分析得出适合的场馆形态。

2. 轮廓对座席舒适度的影响

荷兰的埃因霍芬理工大学的 T. van Hooff 等人通过研究建筑的物理性能对座席环境的影响发现：在体育场的设计中，常规的场地会选择两面围合或四面围合的座席形式；在有风或雨水天气下，其对座席所带来影响是会产生雨水飞溅到座席的问题。这个问题的产生与座席的形态及布置方式有直接的关系。其研究中就分析了 4 组常见的座席围合的形式：两面围合、四面围合、四面围合封闭和连续的界面，同时还对每种形式界定了罩棚倾斜的角度分为向下倾斜 13°、水平、向上仰起 13°三种情况。在 4 种雨滴直径为 0.5mm、1.0mm、2.0mm、5.0mm 的作用下，连续界面的体育场轮廓是舒适度最高，同时在连续界面的体育场中罩棚向下倾斜的形式为最优选型（图 2-10）。

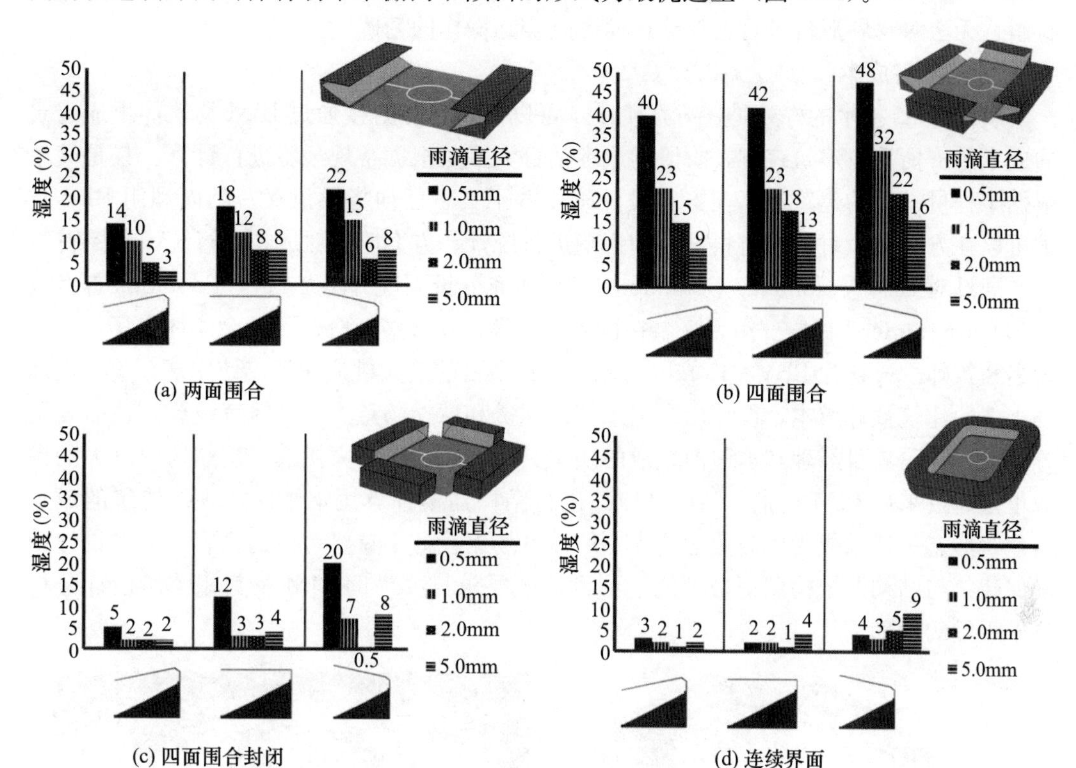


图 2-10　4 种类型的座位围合形式下座席被雨淋湿的情况分析

#### 2.1.2.2　成本控制与模型

1. 形态与成本

成本计算与建筑形态本身的考虑并不会在方案形态设计中涉及，但是通过简单的模型分析以及数据整理是可以对建筑形态与成本进行一定程度的比较。例如体育场馆中观众厅的平面形态主要集中在矩形、圆形以及椭圆形三种类型。圆形观众厅多用于长宽比在 1∶1.5，且主要在篮球场地以及较大型场地使用为宜。观众厅设计作为整个体育建筑设计的核心区域，其不仅关乎建筑形态也对整个建筑的成本具有决定性作用。在观众厅形态的选择问题上，原有的设计只能从建筑布局以及空间形态进行调整，但建筑最终的成本可能会透支很多。目前借助 BIM 技术，可以在方案设计阶段从经济、造价角度上对观众厅形状制订控制因素。以上海体育馆为例，其采用圆形的观众厅平面，由于场地尺寸为 42m×24m，带来的无效面积达到 489m$^2$，进而带来的观众厅造价相应增加约 4.79%，但圆形观众厅的外墙面积较矩形观众厅节约 10%。按照墙面造价占观众厅造价的 5%，则可降低观众厅造价的 0.5%。同时还需要考虑的是此设计中选择的屋顶结构形式，圆形屋顶结构较矩形屋顶结构形式节约的造价可以抵消圆形观众厅平面所带来的浪费，反而带来更大的经济效益。

当然，这种工作方式不可能将方案阶段的变化都依次反映到估算层面。但是，在方案选择的时候可以作为决策的依据之一。然后在实际操作中遇到的难点在于造价模型与建筑模型的无损失交换的问题，设计中很多参数都无法确定，这主要是建筑师不可指定材料、无法对材料造价进行选择分析而影响实际操作的精确度。

2. 结构与成本

利用 BIM 技术的好处是在方案阶段，可以由设计方直接通过 BIM 类软件生成建筑的成本造价估算。建筑在方案阶段的成本估算大多是根据常规经验进行计算。只是简单根据工程量进行的建筑估算在方案设计阶段并不具备任何指导意义，然而利用 BIM 技术可以在方案阶段对建筑材料甚至用钢量进行统计、方案阶段对成本进行统计和控制。

通过对 BBVA Compass Stadium 的设计研究分析发现（图 2-11），Populous 首席设计师 Christopher Lee——作为一名在世界五大洲内用 20 年完成了 30 余座体育场设计的著名建筑师——认为 BBVA Compass Stadium 项目的最大挑战在于仅使用现今美国足球场 1/3 的建筑预算成本，设计出令俱乐部、球员和球迷满意的一流体育设施。这需要甲方、设计师、项目经理和承包商组成的团队共同担负这个巨大挑战。当然这个巨大的挑战也是通过采用 BIM 技术，利用 Tekla 进行结构建模计算用钢量而实现。建筑的成本与建筑形态一样都成为以商业运营为主的体育场馆设计中首要考虑的内容，而在设计中确保建筑与结构及结构用钢量都能达到设计的要求需要借助 BIM 及其相关的设计分析技术手段的辅助。

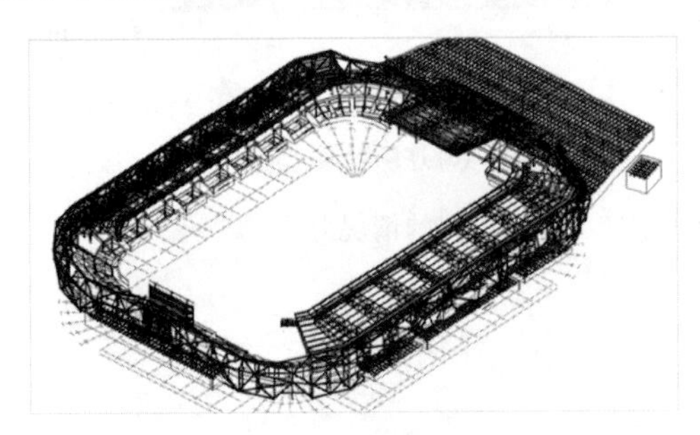

图 2-11　BBVA Compass Stadium 利用 Tekla 进行结构建模

对于投资庞大的体育建筑，控制投资与达成设计目标同样重要。例如，以我国台湾地区大都会体育中心设计为例，55000 个观众席，造价为 1.5 亿美元。体育场有 14155m$^2$ 的光电池屋顶，是世界最大的太阳能供电体育场。它可能产生 1140kMW · h 的电力，可以给周围 80%居民区提供电力。为了实现这一目的在设计之初就需要对建筑表皮——太阳能板的角度进行设计，同时需要考虑到造价的问题。通过参数化的表皮快速细分工具，可以很快算出需要的太阳能板的数量以及其基本的造价和净现值。这样，开发商才能在满足资金的控制下得到原本设想的建筑。太阳板的数量成为设计中需要考量的因素之一，而在参数控制上可以在前期设计中将此控制要素作为设计条件，进而保证无论最终建筑的方案形态发生怎样的变化，都将满足设计的初始需求。

此外，通过 BIM 技术可以快速对模型的幕墙进行分析，对体育场馆的异型建筑的幕墙分类，并通过 Revit 等 BIM 相关软件统计数据可以得出不同建筑造型下幕墙对造价成本的影响。虽然在方案阶段不能对幕墙进行很细致的研究，但在幕墙设计中规则划分的幕墙造价显然低于曲面或是异型幕墙，那么在统计出规则与不规则的幕墙的数量对造价的影响可以有一定的指导作用，为方案设计阶段的选择提供依据。在苏州奥体中心设计中，利用模型对幕墙进行分类，在方案1与方案2的选择中，明显看出不同形态幕墙的划分对造价的影响。通过对幕墙信息的汇总发现，方案2在幕墙的面积、规则部分及不规则部分都小于方案1（图2-12），进而在方案设计阶段对比选择提供可靠的数据支撑。

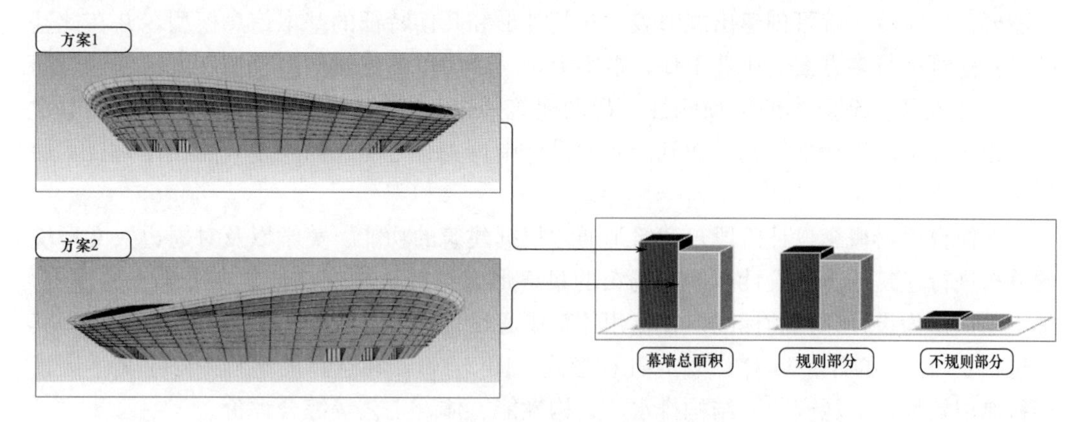


图2-12　苏州奥体模型幕墙与造价分析

3. 功能与空间整合

成本控制与建筑功能的关系，体育建筑功能内容繁杂，在大尺度建筑的设计及细化过程中经常出现房间面积划分过于浪费或是面积配比不清晰的问题。进而在实际使用过程中造成场馆的浪费或是复合功能的不切实际。对于中小型体育场馆的造价紧张，可供分配给公共空间的面积也相对紧张，那么尽量压缩不必要的设备用房空间，将附属功能用房的面积做到集约化，减少建筑面积。通过对功能面积表的配比可以直观得出建筑内各个功能面积，可以进行系统的调配，而不需要再像以往的2D绘图模式下，逐层计算，浪费时间和劳动力；利用Revit的面积计算功能追踪面积与房间的位置对大空间功能布局合理性有帮助（图2-13）。

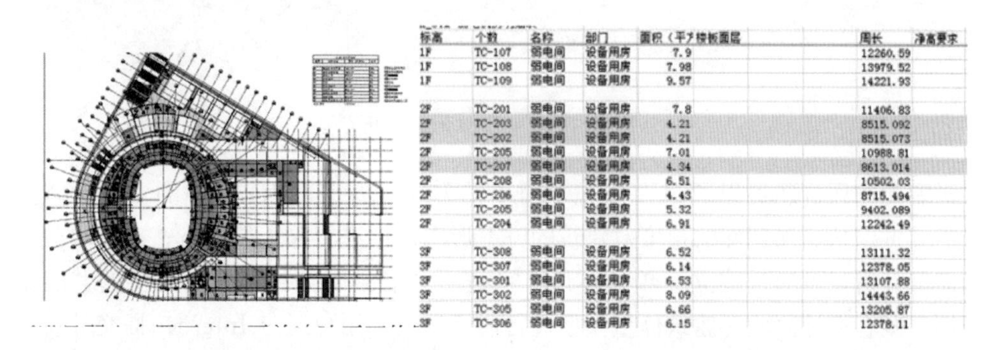

| 标高 | 个数 | 名称 | 部门 | 面积（平方 | 楼板面层 | 周长 | 净高要求 |
|---|---|---|---|---|---|---|---|
| 1F | TC-107 | 弱电间 | 设备用房 | 7.9 | | 12260.59 | |
| 1F | TC-108 | 弱电间 | 设备用房 | 7.98 | | 13979.52 | |
| 1F | TC-109 | 弱电间 | 设备用房 | 9.57 | | 14221.93 | |
| 2F | TC-201 | 弱电间 | 设备用房 | 7.8 | | 11406.83 | |
| 2F | TC-203 | 弱电间 | 设备用房 | 4.21 | | 8515.092 | |
| 2F | TC-202 | 弱电间 | 设备用房 | 4.21 | | 8515.073 | |
| 2F | TC-205 | 弱电间 | 设备用房 | 7.01 | | 10988.81 | |
| 2F | TC-207 | 弱电间 | 设备用房 | 4.34 | | 8613.014 | |
| 2F | TC-208 | 弱电间 | 设备用房 | 6.51 | | 10502.03 | |
| 2F | TC-206 | 弱电间 | 设备用房 | 4.43 | | 8715.494 | |
| 2F | TC-205 | 弱电间 | 设备用房 | 5.32 | | 9402.089 | |
| 2F | TC-204 | 弱电间 | 设备用房 | 6.91 | | 12242.49 | |
| 3F | TC-308 | 弱电间 | 设备用房 | 6.52 | | 13111.32 | |
| 3F | TC-307 | 弱电间 | 设备用房 | 6.14 | | 12378.05 | |
| 3F | TC-301 | 弱电间 | 设备用房 | 6.53 | | 13107.88 | |
| 3F | TC-302 | 弱电间 | 设备用房 | 8.09 | | 14443.66 | |
| 3F | TC-305 | 弱电间 | 设备用房 | 6.66 | | 13205.87 | |
| 3F | TC-306 | 弱电间 | 设备用房 | 6.15 | | 12378.11 | |

图2-13　苏州奥体中心中对体育场设计用房的追踪统计

#### 2.1.2.3　能耗控制与优化

1. 形体与能耗

随着人们对建筑节能的日益重视和对建筑环境质量要求的不断提高，建筑设计师在考虑建筑与建筑环境关系下，把建筑模拟作为建设方案设计中的一部分，预先模拟建筑物在运行过程中产生的能耗，指导建筑师进行更为节能的方案设计，有效控制建筑物的能耗。原有的认识是，建筑能耗只有在深化设计阶段或是进行节能设计中才会使用；或是有建筑师认为，甲方并没有关注能耗只是关注了建筑本身的形态设计，不需要进行能耗的计算。实际上BIM技术下的建筑信息模型的创建并不是一项繁重或是复杂的任务。只需要稍作修改，就可创建出能够表达建筑外形和几何特征的基本信息模型，并在此基础上对建筑进行多方案的比选工作。事实上，一个简单的建筑信息模型（大约创建时间为2h）即可以达到基本的可预测性，帮助建筑师进行建筑性能分析。被动式节能通常是在建筑方案的设计中得到，而到深入的设计中再去思考能耗的问题只能在设备技术层面予以考虑。

在体育项目概念设计阶段，建筑师通常根据建筑的功能、美学以及对周边人文环境的分析进行建筑的造型设计。体育场馆的最终形态选择很难仅仅依靠在美学上的评价，其不足以作为设计评判的标准。在杭州体育中心设计中，其花瓣的形态可分成多种，其中包括12片、16片、24片、32片几种形式（图2-14），在选择的过程中除了美学因素还将遮阳效果、能耗变化、结构排水、结构性能、体育工艺等综合评价。

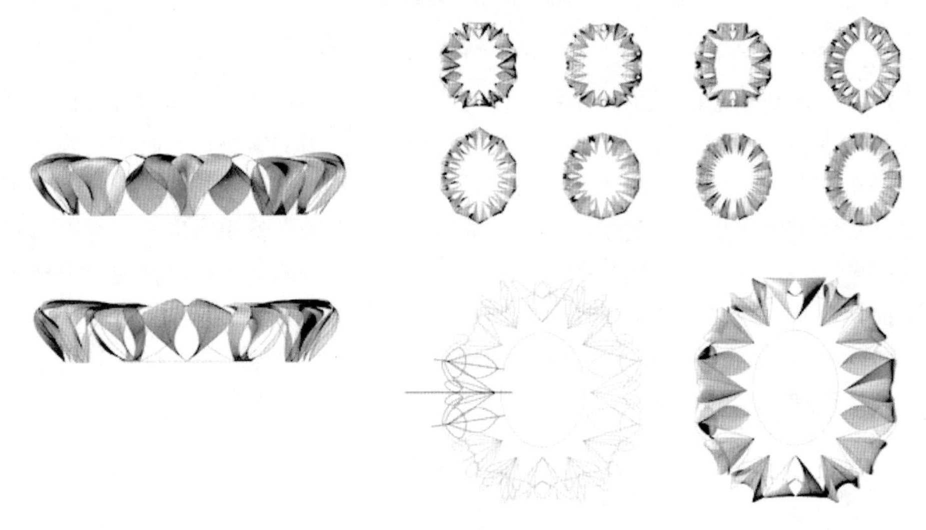

图2-14　杭州奥体形态分析

对能耗的评价还可以通过一个非常简单的方式，如借助Revit中的“分析体量模型”工具可以从更加理性的角度对建筑的方案形态模型进行深入的分析；在体块分析中借助能量分析，可通过建立简单的体形关系进行“能量”分析对比；提供的“能量分析”用于概念设计阶段对建筑体量模型进行能耗评估，用户通过Internet提交分析请求进行能耗评估。基于本章第2.1.1.2小节形态生成原则中，利用Rhino可对建筑形态进行体形系数判别，可对体育建筑的基本形态进行体形系数分析，在形态初始选择阶段分析对比数据以判断建筑形态。同时还可将Rhino的文件转成gbXML导出到eQuest中，不仅可以借助eQuest进行建筑单一影响因素对建筑能耗的影响分析，还可以以此辨别该因素对体育建筑能耗的影响规律（图2-15）。

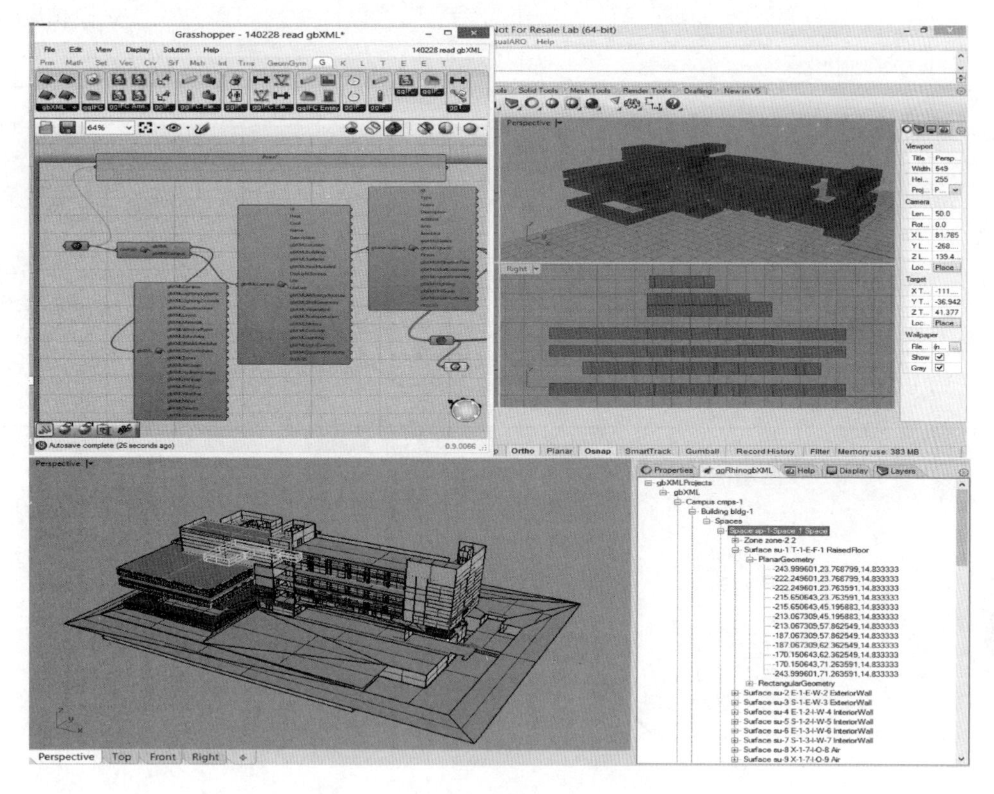


图 2-15 通过 Grasshopper 将模型以 gbXML 导入 eQuest

再考虑形态与能耗之间的关系的时候，同时还要注意的是，在体育馆规模较大，视线质量分区图要求平面形式接近椭圆的平面形式为最佳，但文娱演出的要求正好相反，规则的圆形会产生声音聚焦现象。但从能耗分析角度，圆形平面拥有最小的体形系数，应如何判别需要借助其他定性与定量的结合分析评判标准，并不能仅仅依靠能耗进行平面形式的选择（表 2-2、图 2-16）。

**表 2-2 常见体育馆平面形态及对应能耗**

| 体育馆平面形态 | 平面示意 | 体形系数 |
|---|---|---|
| 长方形 | 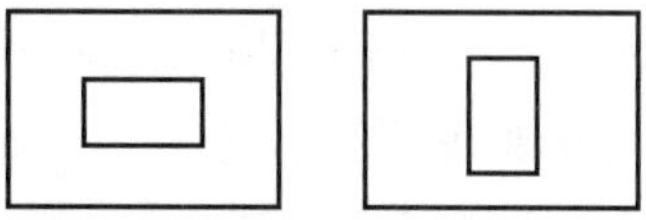 | 0.137 |
| 正方形 | 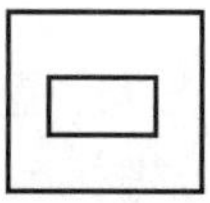 | 0.136 |
| 圆形 | 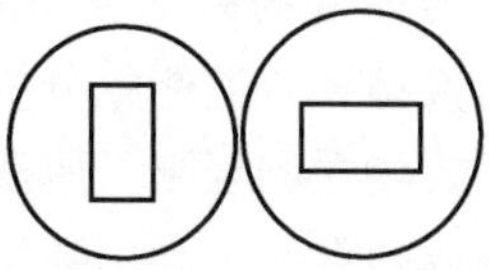 | 0.130 |

续表

| 体育馆平面形态 | 平面示意 | 体形系数 |
|---|---|---|
| 椭圆形 | | 0.132 |
| 多边形 | | 0.138 |

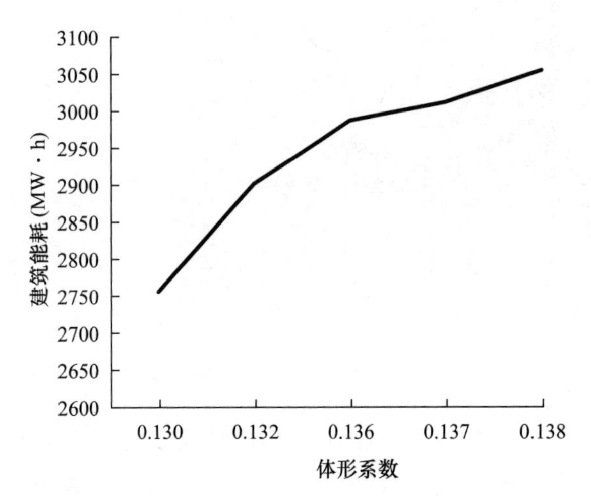


图 2-16　建筑能耗与常见体育馆平面形态的关系

2. 气候与能耗

对体育馆比赛厅平面形式研究中，体育馆的冷热负荷与纬度和气候条件相关，基于当地气候条件评价要素作为量化的影响力十分必要。在进行能耗分析过程中，体育馆所在地及朝向、在严寒地域表面积都是与气候关系密切的影响因素、围护结构的保温隔热性能都与气候和能耗有关。以严寒地区为例，建筑朝向、形态（平面形态、场地、剖面关系）、围护结构（材料、构造、覆土设计）共同影响着体育馆能耗计算结果。在进行方案设计时应根据其内容进行分析验算得到优化设计的结果。在炎热地带可通过 BIM 技术对覆盖结构的材料透光性进行调整和实施更新与反馈，甚至用这些反馈的物理量驱动建筑的形态、表皮的形态与纹理变化走向。

在沙特阿拉伯的体育场设计中，这个设计是采用地域文化的符号，选用中东的几何图案与环境影响因子如气候分析数据结合进行表皮设计。几何单元从三个维度连接在一起形成包覆的表皮形式，同时通过与体育场馆本身功能的对应进行必要的采光口设计。而能耗分析的典型过程就是将几何模型从一项能耗分析中带入下一项，通过一系列的计算分析得到结果。模型通过数学公式建立的规则，厘清控制功能的数据之间的关系。由于联动生成的模型可以通过改变选取的数据组利用数学公式或是更换新的公式快速得到新的结果。如果一个组成部分的参数系统用分析软件进行分析匹配，那么这个分析工具可以不断地进行反馈，进而控制和驱动设计本身，这是基于计算机辅助设计而开始出现的一种反馈式设计方法。

目前可以直接通过软件开发工具包（Software Development Kit，简称SDK）同时借助C语言和VB。使用Rhino的优势在于可以简化定制SDK去遵循客制化和扩展要求。还有针对Grasshopper的插件，用以连接Rhino 3D和Ecotect进行设计辅助分析工具Geco-Grasshopper，这个插件可以自动将Grasshopper中模型直接转到Ecotect中，同时确保信息的无损失流转。当分析结果满足设计所制订的规则，就会被标记出以区别于其他的生成结果。这些BIM的相关技术都已经在体育场馆的设计中得到了应用。

在不同的地域上，光照对表皮的影响也不尽相同。例如，太阳入射角作为判断太阳光辐射的重要影响因素，不仅考虑表皮的属性如材料特性、反射效应，而且太阳入射角与表皮每块面板的角度都应该予以考虑。例如，太阳日照角在正午12：00正好100％投射在屋面板上，那么如果可以将此面板倾斜15°就可以降低4％的直射光，如果面板倾斜75°的话就可以减少到26％。研究中基于沙特阿拉伯的最热月份的数据进行分析、设计计算太阳入射角，在分析数据的基础上直接驱动面板改变角度减少太阳光直射所产生的热量（图2-17）。这个案例主要通过对日照的分析建立与传统阿拉伯文化之间的联系。开发的新的遮阳板系统是基于次级结构网格建立的，在日照强烈的地方减小开窗、在日照较弱的地方增强通风。通过对面板角度的驱动设计模式，分析基于太阳入射角改变所形成的多种面板的组合方式，得到最优化的结果以及面板材料的选择。接下来的过程就是进行后期的性能优化研究，以得到最有效的数据用于驱动整个设计。

### 2.1.3 小结

基于传统体育建筑设计方法，结合BIM技术及量化设计准则的基础上重新对设计与建模之间的关系进行思考。改变模型单一的可视化属性，基于BIM技术的介入，将更多的控制因子与信息化模型、设计结合在一起对设计形成反馈。利用基于BIM技术的各类辅助设计分析软件进行设计分析。从建筑剖面与模型的关系、形态生成控制因子进行选择；建筑形态控制不再仅依靠美学作为单一的评判标准，结合形态与环境、成本控制、能耗控制原则重新思考体育建筑设计这一本体，利用参数化设计的形态编辑与分析完成方案设计。由于体育建筑形态应在遵循美学法则的同时具有更为理性、科学的形态生成法则，将参数化设计的结果进行深化得到最后完成的建筑信息模型，之后由模型输出生成图纸完成基本的建筑初步设计（图2-18）。参数化设计抑或数字化设计是实现建筑形态数据化输出的基础，将性能化设计应用于方案设计，并对设计形成反馈机制，体现了BIM技术在体育建筑方案设计阶段的应用。

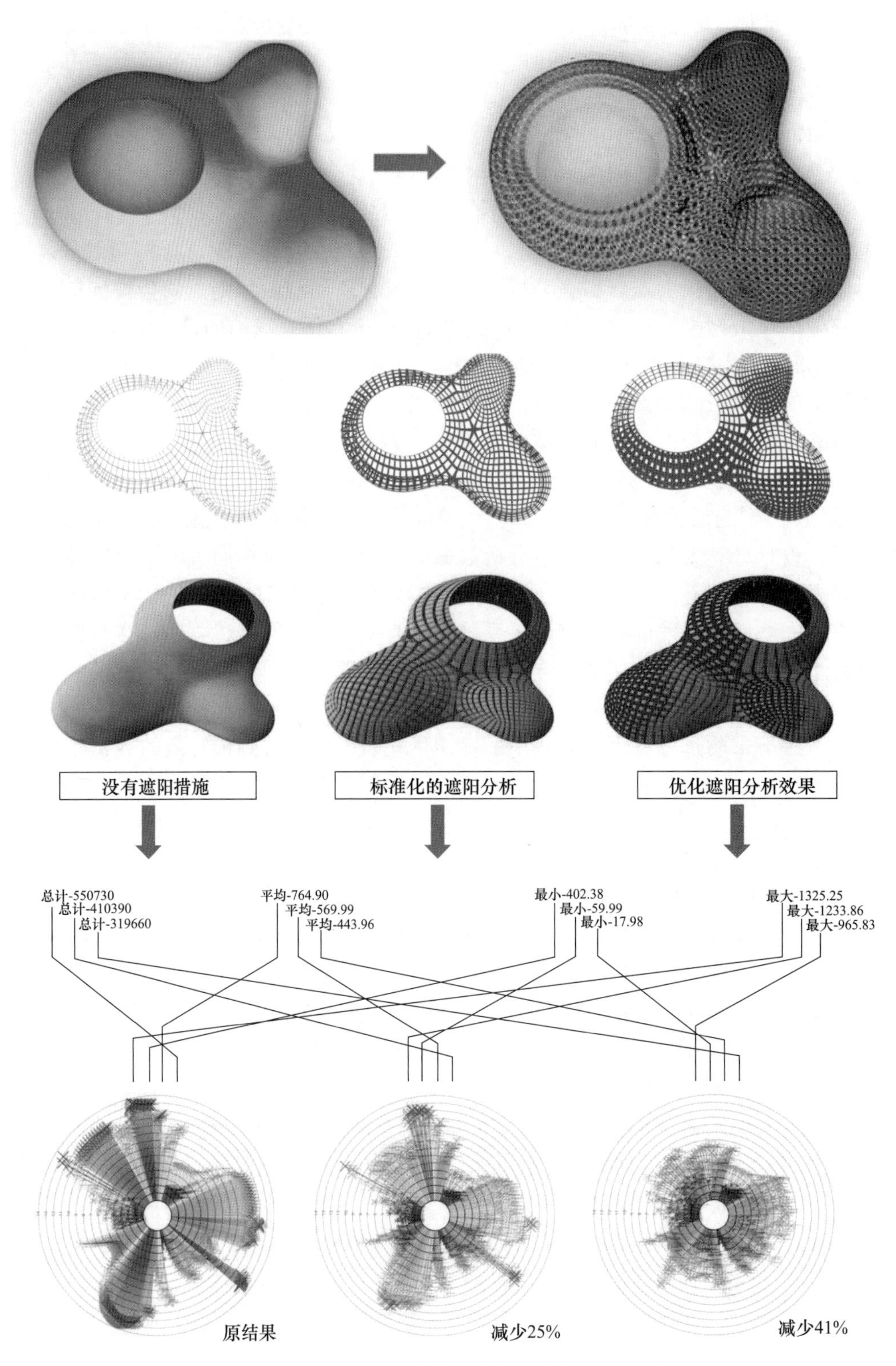


图 2-17　基于 Ecotect 的能耗分析（单位：MW・h）

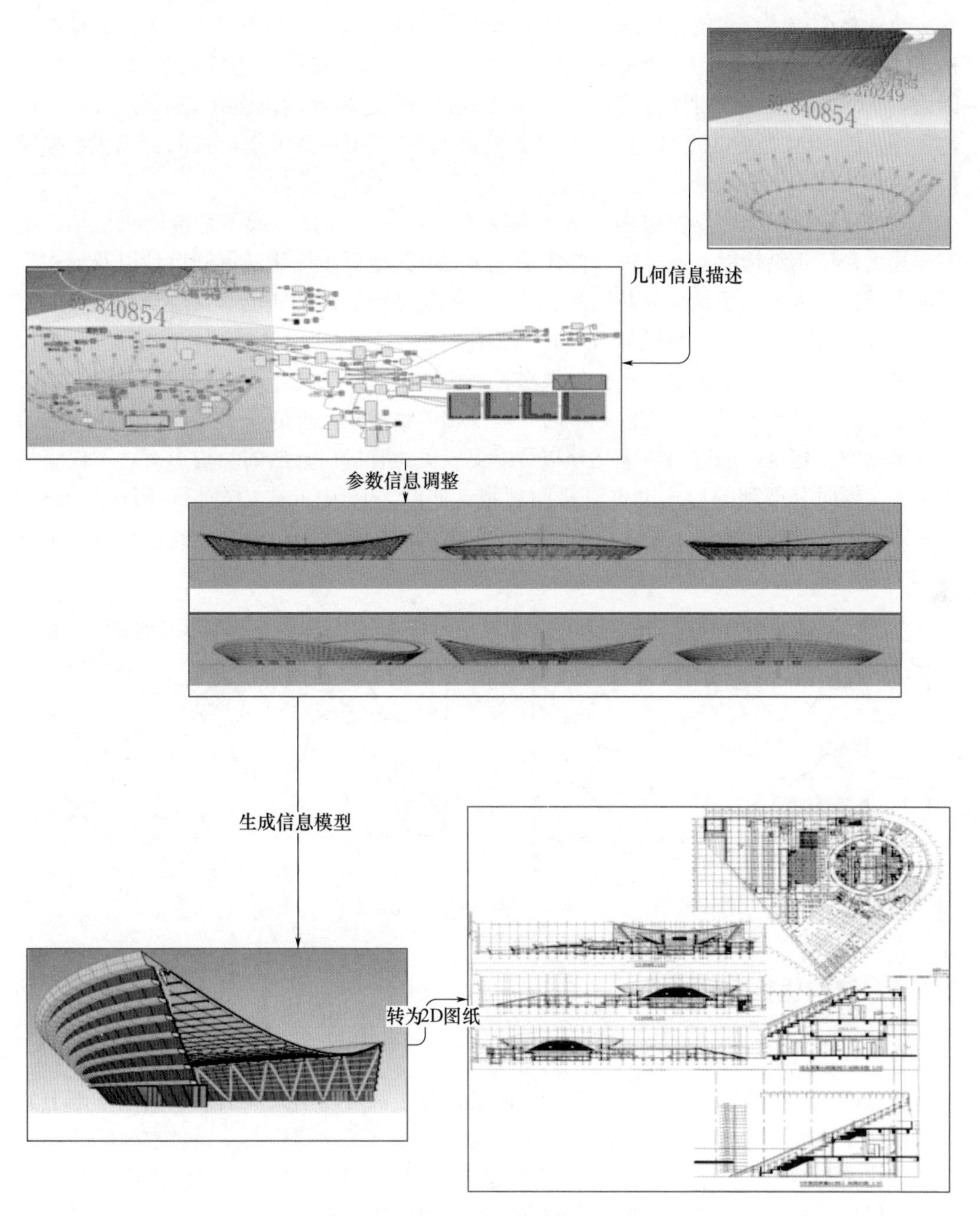


图 2-18 BIM 技术下的体育建筑方案设计流程

## 2.2 基于 BIM 优化的结构设计

BIM 之建筑信息化模型的意义在于将设计信息以数据化的形式在虚拟世界建立新的结构秩序。由于体育建筑的技术性强，属专业设计范畴之内；因此，建筑与结构设计的结合更为紧密，历史上著名的体育建筑设计都与其结构形式的创新和独特性紧密结合。也就是说，体育建筑的建筑与结构设计所遇到的问题十分多样化，由于体育场馆结构形式多样、造型各异，选择或生成适合的结构形式是当代体育建筑创新的方向之一。因此，基于结构模型探讨体育建筑形态与结构的关系是体育建筑设计必不可少的部分。这里提到的BIM是更为广义的“信息数据的模型”，利用新技术新科技的可视化数据模拟分析都被纳入到研究的范围。

目前，常见的体育场馆结构多采用混凝土框架-剪力墙体系或下部混凝土框架、上部采用大跨度钢结构屋盖或悬挑罩棚体系。然而，其他更多样化的罩棚设计以及形式选择需要结构工程师与建筑师的共同配合，结构工程师的结构创新也需要建筑师配合下完成方案设计阶段的结构方案设计及结构选型工作。对比现代设计模式，从历史上来看，完成体育建筑结构形态创新的案例也很多见，比如高迪、奥托，其对建筑结构形式的灵感都源于对自然界的观察，凭借力学的经验及相关物理模型推演获得自然、有机的创新性大跨度空间建筑。通过力的优化分布可以促成更为有机而自然的结构形态，不仅满足受力关系同时其得到的形式也更有机而独特。如图2-19中的受力分析，同样的形式，小圆圈越多，结构受力更加稳定，继而经过优化后的排布更符合受力也具有独特的美感（图2-19）。

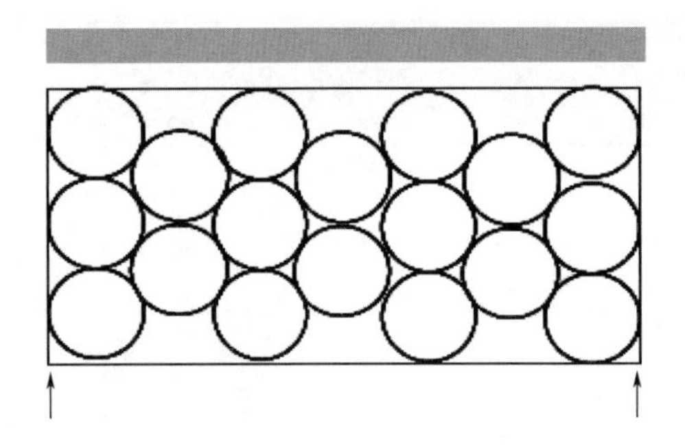
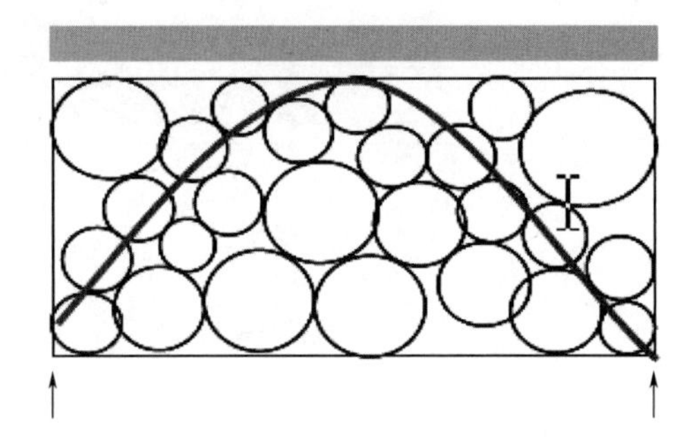

图2-19　受力优化对比

## 2.2.1　结构优化算法

### 2.2.1.1　遗传算法优化

这些基于当代科学、技术与美学结合的设计方法都可以用来探索建筑美学基础上的建筑结构学研究。从早期的图解静力学强调建筑师应该了解结构，并通过空间的处理手法梳理建筑与结构之间的关系。但是随着建筑功能复杂性的提升，体育建筑与结构形式、材料的选择更为复杂，由于其大空间特点而需要建筑与结构更紧密的联系以得到更为新颖的建筑形态。因此体育建筑设计需要了解更多与结构有关的知识，传统的设计方法中图解静力学对建筑师的意义在于了解结构受力，在当代结构设计逐渐被弱化，在建筑方案设计阶段引入对体育建筑形式与空间的研究来说十分必要。所谓结构优化，是通过数学规划理论和力学分析方法相结合，利用计算机为工具，自动地改进和优化受各种约束条件限制的承载结构设计方法。对比于传统的结构设计方法，设计人员根据经验和判断提出设计方案，然后根据力学理论对方案进行分析比较，过程中建筑师很少参与，这也导致了建筑师无法对基于结构形式的建筑形态进行创新。20世纪90年代开始，日本的工程师半谷裕彦教授第一次实现了将高迪时代就开始使用的逆吊实验法数值化。之后，他提出了建筑形态创构的概念，针对不同的设计方案应寻找适合项目本身的多种优化形式。随着科技发展，拓扑优化算法是当前新颖高效的结构优化算法，该算法是基于结构受力的科学规律，在外力组合作用下对BIM模型进行内力流动分布的处理，而产生合理的受力结构，形成自然但又科学、合理的有机形式，可以说是“计算出来的自然”。

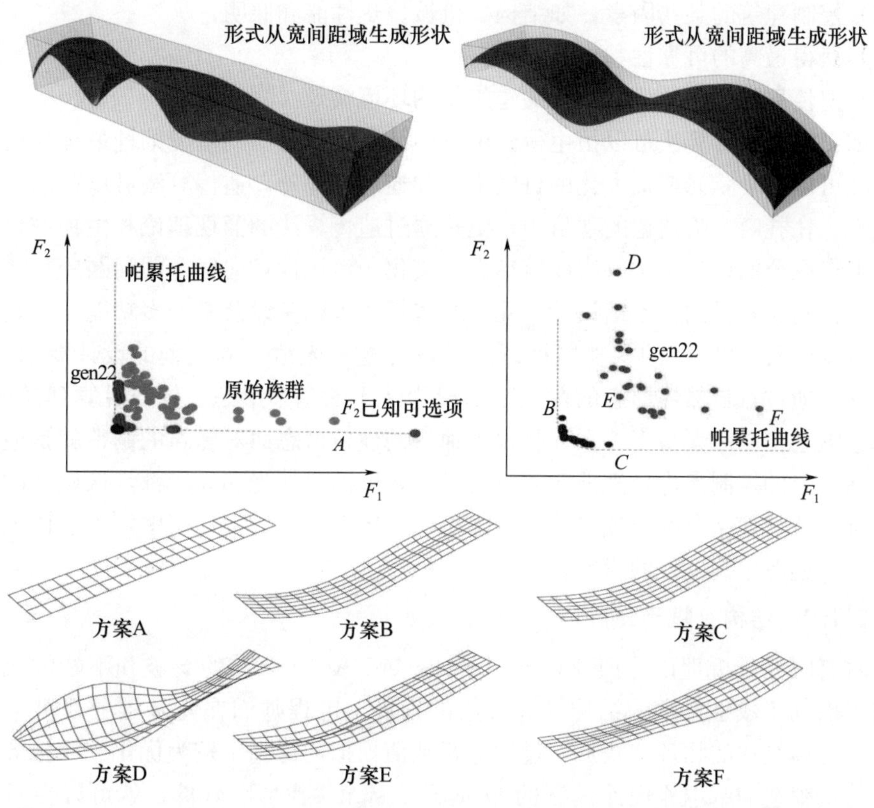


图 2-20 通过帕累托最优算得到的壳体形态同时满足强度及壳体曲率平滑双层特性

利用新技术、新软件的拓扑优化技术不仅可以看作是基于模式基础上的一种新颖的设计语言，相对于目前传统的工业化建造方法，还是一种实用工具，它可以将建筑设计流程与结构设计密切结合。日本工程师佐佐木睦郎（Mutsuro Sasaki）认为，优化成就了新的结构类型，即构件从一个连续的整体中设计出来，摒弃了传统的子分类系统，如梁、板和柱。其作为概念结构设计工具，在项目初始阶段、项目设计和工程阶段进行拓扑优化，具有巨大潜力。目前在大跨建筑结构优化可依靠遗传算法进行结构优化。遗传算法解决从一组解中寻找一个最优选项，按照遗传规律寻找演化生成的最优近似解。过程中，首先组成一组候选方案，依据制订的规则进行验算，根据验算结果保留一定的解，之后再制订规则进行验算直到出现最优解。随之衍生出的基于遗传算法的迭代关系分析和基于多目标优化的遗传算法都是基于进化过程的一种自适应全局优化概率搜索算法，例如图2-20利用帕累托最优得到最优的壳体形态。即使一定的决策并不能直接作为最终的设计结果，但其所衍生出的结果是可以被用来二次深化以作为最终设计的答案。

基于优化设计，建筑师可以放弃直接控制结构形式，而是将数据生成结构形态，例如在利用 Unikabeton 优化项目，可通过仿真驱动基于生物结构系统形态优化及最小质量生成最佳性能的结构设计方法。如大空间就可以通过结构优化，得到既满足模式数控铣削加工的制作要求，同时又可减少结构自重及满足顶部采光减少能耗。遗传算法就可以解决优化和提取信息，特别是信息多且建设项目复杂度高的建筑类型。遗传算法作为优化工具和构建生成工具，大多数情况下可以使用：

（1）控制建筑的某些因素，如结构、机械、热性能和照明；

（2）获得最高的可靠性和成本最低；

（3）遗传算法允许生成标准相关建筑物的环境绩效。

例如：通过遗传算法可以衍生得到最优的结果，或是得到基于某种最优材料或建筑物的形状可以减少眩光或最大化的自然采光和通风。此外，遗传算法可以帮助计算生成节能建筑。在扎哈·哈迪德的项目中，更是通过遗传算法的涌现理论和生物进化论的研究，与形态融合的设计手法解决建筑形态与文化、地域性意向融合的问题。

例如在阿布扎比的美术馆设计，此建筑包括 4 个剧院以及 1 个多功能厅，其中有歌剧厅、音乐厅及 6300 座的多功能厅；内部设计基于光滑、流线型的设计要求。因此，生物的形态通过对自然界形态的优化变形成为建筑的基本形态，同时计算建筑的能耗，因此基于上述控制因素得出一系列扎根于地形的建筑形态而对建筑的调整就是通过编写建筑在基地上的控制条件，光滑的表皮及最大限度的自然光和通风都是该设计的控制要素。这种与地域性结合的能耗设计方法亦可用于体育场馆的设计当中，不仅体现体育场馆的文脉性还考虑到能耗的影响。

#### 2.2.1.2 结构有限元分析

随着有限元分析理论（FEA，Finite Element Analysis）的突破和不断的成熟，更是推进了借助于数字技术的结构计算方法的发展。工程师们在此基础上改进了研究方法，并对壳体结构的物理“找形”过程进行数值模拟，得到了较为优化的模拟效果。如利用动力松弛法为基本原理而编制的 DOME design“找形”软件，就可以在可视化的基础状态中模拟索网结构的悬挂过程。

在“结构形态创构”理论和有限元分析法的基础上，日本结构师佐佐木睦郎继承了高迪、奥托、海因茨·伊斯勒等人的“找形”实践，结合数字技术发展了主要针对覆盖结构的感度解析法（Sensitivity Analysis Method）和主要针对支撑结构的 ESO 扩张法（Evolutionary Structure Optimization Method）。他开创了数字技术“找形”的新方法：利用数字模型代替传统的物理模型，与多位建筑师配合发展了更为自由复杂和多变的结构形式。实现了结构和建筑更好地结合。

感度解析法作为基于有限元分析发展来的结构模拟方式，期望达到覆盖空间内壳体内部弯矩最小的结构优化目的。在此前提下，在运算中输入壳体的基本形状、材料及强度等初设条件，之后计算机开始计算，建筑形态在计算机环境下自主生长和演化来得到最优结果。佐佐木睦郎和伊东丰雄（Toyo Ito）联合设计的日本福冈中央公园市民中心以及“冥想之森”是利用感度解析法实现壳体优化的典型实例（图 2-21）。

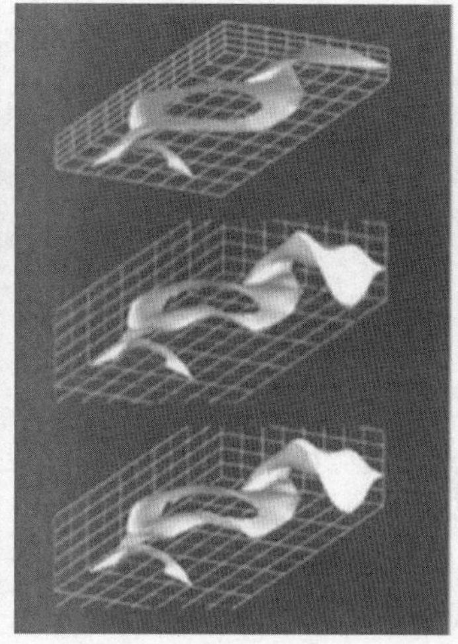
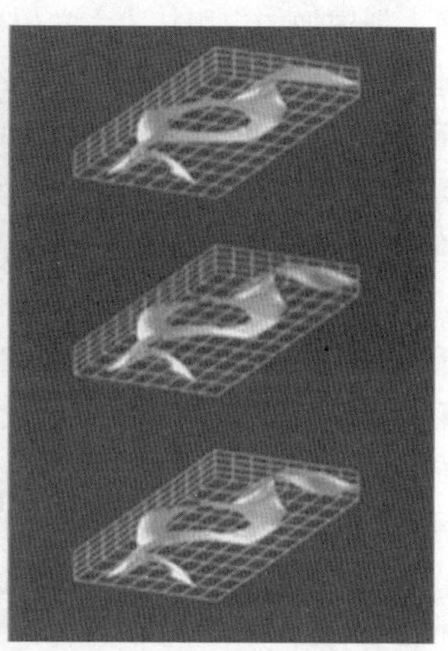

图 2-21 日本福冈中央公园市民中心鸟瞰及利用感度解析法进行曲面优化

ESO 渐进结构优化法——目前常见的结构分析采用有限元分析方法，利用数学近似方法对真实的物理系统进行模拟，其主要是依靠分析简单问题代替复杂问题再求解的过程。这类方法主要解决各类结构的尺寸、形状以及拓扑优化，渐进结构优化法是通过将无效或低效材料的一步步去除，使得结构逐渐趋于优化的结果。

## 2.2.2 结构找形

正是基于对图解静力学的研究和发展，结构设计正在向更轻、更高效、更经济的方向发展。同时，随着计算机技术的发展，计算机辅助设计以及建模软件种类的增加，逐渐生成了一种新的建筑语言模式将建筑与结构、形态相结合。而对于生成的复杂建筑形态——一种高效同时又保持优美的复杂建筑形态，需要借助更多的计算机辅助设计的方法以及工具。对于这种复杂的建筑形态，形态与结构的关系相互依存。

### 2.2.2.1 基于推力网格分析法

RhinoVAULT 为 Rhino 提供了直观、交互式的索膜结构设计功能。目前在苏黎世联邦理工学院，BLOCK 研究小组正在支持 RhinoVAULT 的发展，以及在麻省理工学院进行的砌体研究当中，都在基于推力网格分析（Thrust Network Analysis，简称 TNA）的方法进行结构形式研究。

例如使用 RhinoVAULT 工具分析曲面形态的结构特性，利用推力网格分析法分析形态的受力情况，同时控制力的分布以达到结构的最优形式。这种将结构模拟与可视化相结合的设计方法在越来越多的应用，基于计算机辅助设计的工具，使得形式与力的表达方式更为直观。同时设计工具的改良与进步，让建筑师在设计阶段专注于建筑形态的塑造，以更为高效、合理的结构形式反映建筑与结构紧密结合的本质。这种受力分析关系建立在研究受压情况基础上的形式表皮的结构承载能力，基于一个异型、曲面的结合形态通过对受力网格及静力学的分析，提供一种更为直观的分析方法及分析工具用于结构形态的生成。

斯图加特应用技术大学的 BLOCK 研究组进行的基于 RhinoVAULT 的研究，直观地创建和探索发现单纯的受压结构。使用交互平台，提供了一个直观、快速的方法，采用图解静力学的优势得到一个可行性高、可扩展完善的信息化模型。研究的目标是基于美学条件下得到的形状，也应是在满足基本结构原则的基础之上。其形态网格生成的逻辑是基于沃罗诺依图表（Voronoi Diagram）体系形成结构框架然后再利用 Rhino-VAULT 进行结构优化（图 2-22）。这种受压结构形式研究主要是基于砌筑模式，由于其建造方式的简单易行，在进行大空间临时建筑的建造方面也具有极大的优势。甚至可以想象，未来的体育场设计，基于可持续性的研究与分析将罩棚的设计制订为可临时搭建的模式，节约材料成本及造价的同时也增加了更多可变的可能性。试想下，可基于体育场的多元化用途更改罩棚的倾斜角度及局部的开洞方式等，不同气候和季节的适应性，确保遮阳与通风，降低建筑对环境的影响，真正做到与环境保持同步的可持续性。

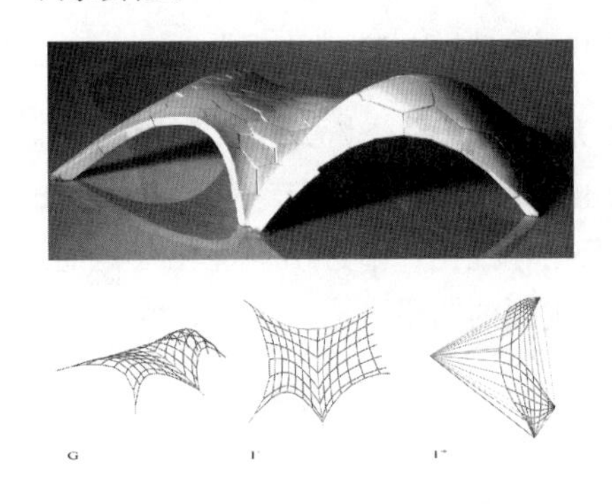
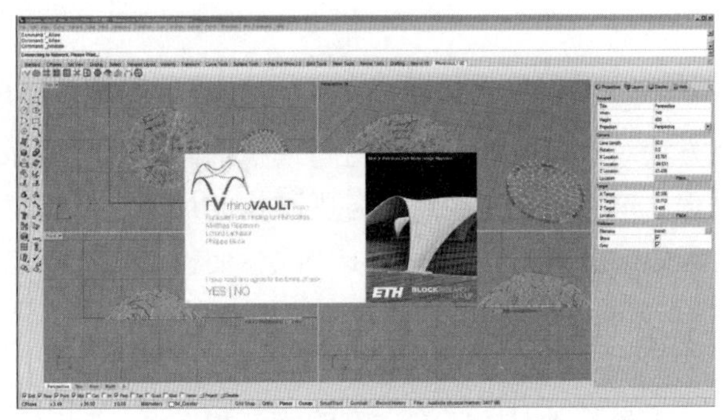


图 2-22　基于 RhinoVAULT 的推力网格分析

但是，这些软件是基于建筑结构一体化发展趋势而被普及，由于其多数优化工具并没有规范的限定设置，只能进行方案研究，面对国内具体的规范要求还需要更多的研究和深入的探讨。研究结构形式与力之间的关系还包括对结构材料的探索和研究，突破传统结构形式及材料才能得到更为高效、可持续的建筑结构。

#### 2.2.2.2　结构找形

建筑可以利用针对结构的优化设计分析工具进行优化设计。此类软件包括 MEDE、德国 EASY 公司开发的 CADISI（适用于概念设计阶段）和 EASY（适用于施工图设计阶段）、Forten3000、TensoCAD 以及 RhinoMembrane 等。利用现今的“找形”软件，建筑结构可以实现可视化及数据化的形式设计。伊甸园（Ecorium）工程由英国格雷姆肖建筑事务所（Grimshaw）的纽约办事处负责，（这个项目的构思是从“牛轭湖”的形状获得灵感）正是利用此类软件“找形”的实例（图 2-23）。

国内的盘锦体育场基于 BIM 的找形，依靠 Rhino 与 Revit 之间的转换及结合有限元分析软件 ANSYS 编写的 APDL 语言实现（图 2-24）。其具体操作模式如下：

（1）建立索膜结构原型；

（2）编制数据结构程序（数据接口程序转换将是打通所有 BIM 软件的关键），处理后的数据导入 RhinoScript 中直接生成模型；

（3）导入到BIM模型中进行结构深化设计。

一般情况下，这个工作由建筑和结构工程师共同完成，在Rhino中利用RhinoScript找形由建筑师操作，而利用有限元分析部分可由结构工程师协作完成。这需要BIM技术配合的同时也需要提高建筑师与各工种之间的协同设计能力。

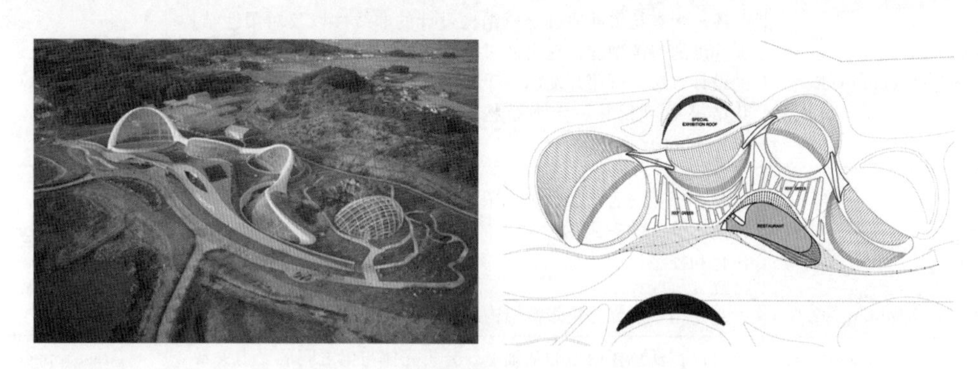

图2-23　格雷姆肖设计的伊甸园工程

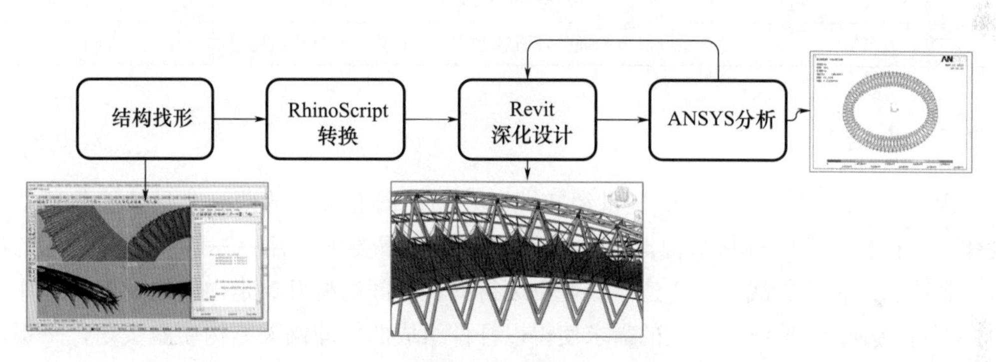


图2-24　盘锦体育场膜结构找形分析

#### 2.2.2.3　结构优化工具

由于空间结构是将材料科学、结构力学分析与理论和技术融为一体的高技术学科。因此，大跨空间结构，主要包括薄壳、空间网架、张拉及混合结构，需要在设计模拟阶段分材料、结构形式进行综合模拟分析。首先需要基于各类结构形式模拟与建筑形态融合的设计工具辅助完成基本的建筑与结构建模，之后依据一定的评价标准建立基础数据进行选择。下列软件是目前常用于结构分析及优化的设计模拟工具，基于BIM结合下列优化设计工具可以在方案阶段通过对结构形式与空间关系的优化生成具有自身空间特点的建筑形态（表2-3）。尤其针对大跨体育场馆，BIM技术在结构分析与转换中的作用体现在将分析结果可直接反应到建筑模型当中。同时由于空间形体复杂、样式多样，需要进行节点设计及修改的工作都成为体育建筑结构设计的技术难点。依托BIM技术可简化分析过程，同时基于可视化模拟和动态分析的辅助设计分析工具实现信息共享、交互的快捷和及时性。

**表 2-3 结构优化设计工具**

| 软件名称 | 概述 | 平台 |
| --- | --- | --- |
| RhinoToVault™ | 是基于 Rhino5 基础上的插件，是解决与 Autodesk Vault Basic2014 软件模型交付。这个插件主要是用来验证概念模型 | Rhino |
| 千足虫（millipede) | 潘·米查拉多斯通过分析结构设计的非线性以及对柔性结构关注度的持续增加，提出通过数字工具实现结构材料柔性分布的设计方法，进而开发出了千足虫插件。千足虫可实现拓扑优化结果的可视化，作为结构分析与优化的插件，被应用于 Grasshopper 当中 | Grasshopper |
| 袋鼠工具<br>(Kangaroo Physics) | 是一个互动的，参数化有限元程序。它可以让你在任意荷载作用下分析的三维的梁和壳的结构响应，主要作为形态建立、优化和控制方法 | Grasshopper |
| RhinoMembrane v2.0 | 主要用于研究分析张拉结构的受力关系 | Rhino |
| karamba | 可以在任意作用力的基础上，分析壳体与梁之间的受力关系 | Grasshopper |
| BIM geomgym IFC | 模型随着 FIC 的能力生成和转变为 ArchiCAD，Revit，Bently，Tekla 和其他 BIM 软件 | Rhino |
| DynamoSAP | 基于 Dynamo 的插件，直接在 Revit 的基础上分析结构形式 | Dynamo |

## 2.2.3 小结

现代空间结构的发展，从 20 世纪初期兴建的钢筋混凝土的薄壳兼具功能与美学结合体，其材料的发展对其结构形式的发展起到至关重要的作用——钢筋与混凝土的结合。到第二次世界大战后期，建筑产业百废待兴，空间结构开始走向蓬勃发展的康庄大道。而对轻型、快速结构形式的需求使得以杆件组成的空间网架结构崭露头角，平板网架、曲面网架最为常见。之后的张拉膜几何钢索承重，以复合的建筑织物来承受结构受力。就结构自重而言，从砖石穹顶的 6400kg/m$^2$ 到只要 10kg/m$^2$ 的膜结构，说明轻成为结构发展进步的一部分。除了轻之外，形成更为有机、与建筑紧密结合的空间结构成为结构发展的动力之一。

自由而有机空间结构形态逐渐在体育建筑中使用，同时新的结构形式及结构组织方式也在研发和创新当中。空间网架结构及壳体结构由于其搭建和可工业化加工的特性更是工业社会下的首选。

壳体结构的复兴，基于 BIM 技术的结构优化与找形的意义在于利用分析工具创造出既有客制化特性又满足工业化生成要求的结构形式及结构构件。BIM 模型、创新的结构概念同结构形式化分析软件的结合创造出更为高效、可适应性的轻型结构形式。通过现代设计手法和先进的 BIM 技术，结构优化设计工具的增加，从研究中分析建筑结构及结构优化方法，基于遗传算法、有限元分析的设计分析手法、量化设计的过程、完善建筑与结构的关系。打破传统建筑师无法参与结构设计的传统，借助参数化、数控工具等基于形态分析的结构设计方法都可以在方案设计阶段对复杂建筑形式的探索起到合理的支撑作用。

# 2.3 基于BIM的物理性能设计

基于计算机的建筑性能化模拟是对建筑的物理环境中所隐含的大量BIM数据：光照、辐射、热舒适性、气流、声衰减等现象的模拟，可以被认为是多学科设计应用。它假设了所有动态因素的边界条件，同时又是在多种常见分析方法基础之上，其目的是采用一种更为理性化的思考方式去分析日趋复杂的建筑类型及设计方法。计算机模拟技术目前是世界上最具有实效性的研究方法，它可以将所有的事物进行模拟，从虚拟游戏世界到模拟经济环境及工程问题等等。但是模拟并不是直接得到结果的方法，最有争议的是如何更好地利用模拟的结果及数据解决现实世界的具体问题。

建筑的性能化模拟产生于20世纪70年代，研究达到巅峰状态是80年代，之后就进入长期的迷茫时期（图2-25）。现在通过国际建筑性能化模拟协会（International Builidng Performance Simulation Association）的发展与壮大，人们又开始关注到建筑性能化模拟的意义。建筑性能化模拟的意义，是在虚拟世界中了解建筑建造的真实情况和全过程。基于BIM技术，让模拟优化设计变得简单易行。建筑的物理信息收集变得更为简单，那么，基于建筑的物理环境中所隐含的大量数据：光照、辐射、热舒适性、气流、声衰减等都可以在基于BIM技术中形成参数并作为控制建筑性能的准则，因此，优化就是从几何形态设计中，改进、优化建筑本体。这些内容与建筑的可持续研究以及后期的运营维护等内容还有着直接和间接的关系。原有的设计中无法进行全方位、多角度的模拟，但是基于BIM技术下的各种应用软件和分析工具可以将建筑的物理信息肢解，得到更为全面的性能分析与评价。通过本章内容的分析与研究可能还不足以涵盖设计相关的所有内容，未来基于更多的规则与分析的内容的模拟都成为建筑设计的相关因素，人的行为、环境的影响及计算机技术的发展都将会产生更多新的设计理论。

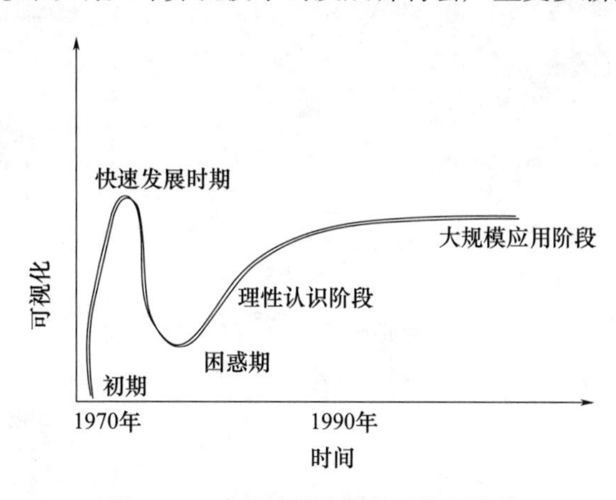


图2-25 建筑性能化模拟的发展趋势

## 2.3.1 场馆的表皮模拟

### 2.3.1.1 内容定义

从理论上来说，表皮和结构的关系最早来自森佩尔（Gottfied Semper）1851年出版的《建筑四要素》中。提倡建筑应创造纯净的空间与结构关系，表皮应与结构脱离，反对装饰。建筑应遵循工业化社会的技术生产过程，在工厂中被装配并且认为附加的表皮装饰是虚伪而没有必要的。但是卢普腾（Ellen Lupton）在2002年出版的《皮肤》认为皮肤具有自我修复和自我代替的“自主性”。至此，表皮的“自主性”又被引出，建筑表皮以表皮得到自治的自主性，并在技术发展的支持下成为可能，在将其抽象形式与结构结合后，建筑即得到完全有表皮自主的形式逻辑。这里提到建筑表皮与结构的分分合合与理论研究的关系，但是理论与当下技术的革新不无关系。体育建筑体现了表皮与结构分离与整合的过程，其结果都是为了得到新的结构形式及建筑形态。在更细分的层面上看，从内容意义上，表皮本身具有视觉传播的特性，其所体现的视觉信息、性能本体、与环境关系的互动等特点。

1. 视觉信息定义

表皮的设计与整体概念设计构思息息相关，或是由地域、文化等特殊的设计概念等，常用的设计手法借此控制体育建筑的主要形态。将文化元素与表皮、幕墙结合的方式是将现代设计与地域性结合的尝试，在穿孔板洞的大小及形态的选择上追求设计的统一，之后再深入研究表皮的性能、吸声、遮阳等。

例如通过像素化的设计处理手法，将地域文化特征以像素化处理后的抽象提取，加入到表皮机理的设计当中。像素化的生成方法是应用Illustrator及其插件Phantasm CS Studio生成矢量化的穿孔板团，然后将其转入模型的表皮当中，其可以任意调节位图，根据灰度不同生成不同图案并控制单元图案的大小、形状和排列方式，最终可在数控机床上实现设计到建造的一体化过程（图2-26）。

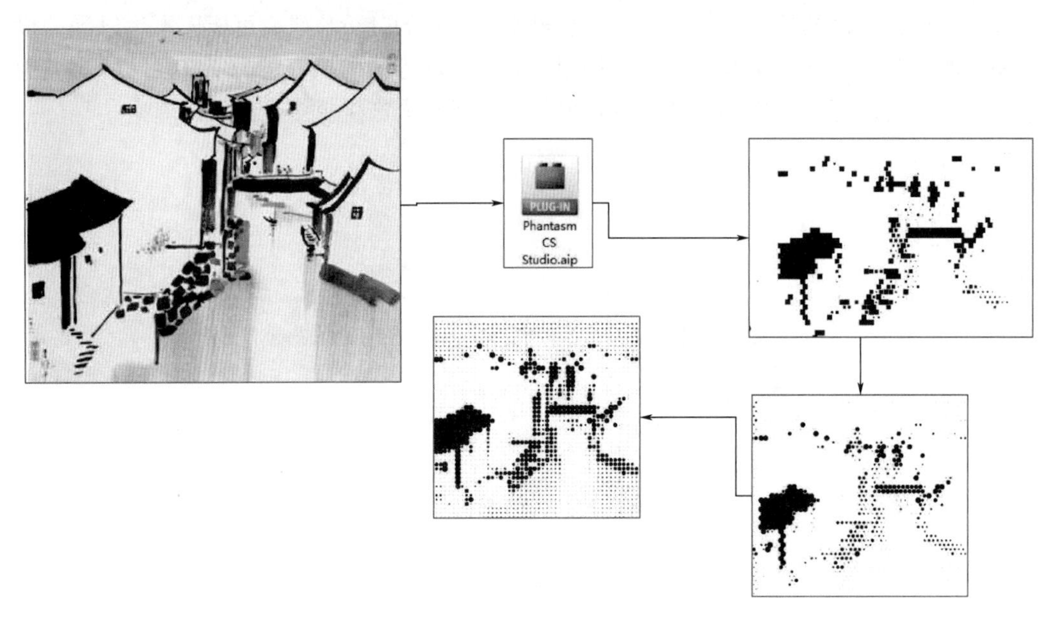


图2-26　利用像素生成表皮

2. 性能定义

建筑物理性能与表皮的选择关系密切，表皮的性能是评价建筑是否达到可持续的重要指标之一。体育建筑设计的性能化设计，主要体现在建筑形体设计与表皮设计两个方面。由于当前体育建筑多采用复杂多变的几何形态，或非欧几何。因此表皮的性能化分析借助当今的技术能更好地将性能化信息反馈给设计人员。

基于BIM技术下，利用BIM软件以及相关参数设计软件如Rhinoceros等建立一系列对建筑性能可定量的计算方法，能够自动反馈给设计人员，实现建筑表皮优化设计。建筑表皮选择与建筑的形体、体形系数及各参数变量中与技术相关的通风面积、地域文化相关的表意及美学意义下的建筑表现等有联动的效果（图2-27）。表皮还与性能、材料、建筑的朝向、声学对建筑体积的要求存在潜在关联。表皮形式的选择，以及表皮材质都与建筑能耗表现息息相关。例如，采用透光膜利于采光，但不利于节能。所以透光膜的颜色选择以及面积大小、位置都关乎建筑形象以及能耗。以黑龙江省黑瞎子植物园为例，在夏季或是过渡季节中，利用Ecotect分析使用ETFE膜进行通风与表皮开启数量、角度之间的关系（图2-28）。

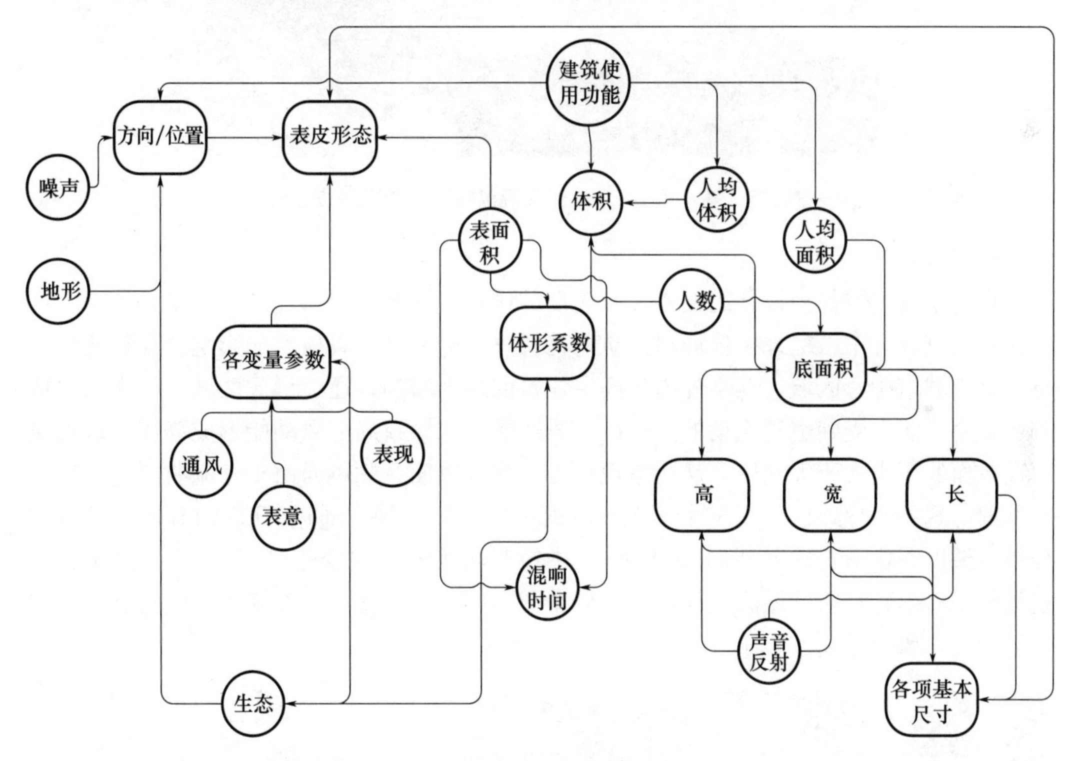


图2-27 大跨建筑表皮形态矛盾系统

虽然，在对表皮进行模拟、分析的过程中不能忽略任何潜在因素对建筑表皮的影响和制约，但是也需要在形式与表皮、性能之间寻找一种平衡。在方案设计阶段进行深入的表皮模拟避免了以往工程中膜结构等专业公司在设计阶段只提供常规的通用节点，大部分的节点构造都是在施工安装过程中发现再临时增补的现象，这种边施工边设计的恶性循环对于设计总承包单位而言很难保证最终交付成果的品质，对业主而言也不利于项目质量、进度和造价的控制，后期还会衍生诸如协调管理成本增加、推诿扯皮等次生问题。黑瞎子岛植物园项目还有一个优势就是幕墙、钢结构、膜结构在方案设计阶段已经介入，因此在后期深化施工过程中以及后期的二次加工中都使用到了建筑设计阶段的BIM 模型，确保了 BIM 模型信息从设计上游到下游流转。通过这个案例发现表皮模拟虽然在方案初期阶段增加了一定的工作量，但是从建筑的全生命周期来看还是有更多的益处。

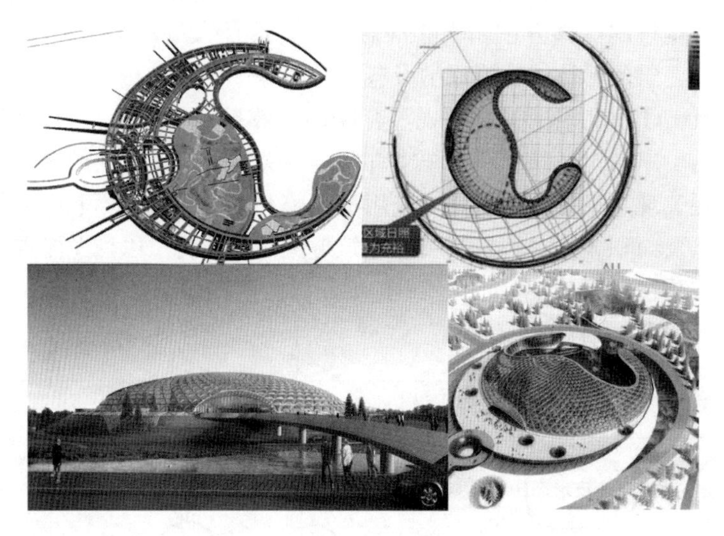

图 2-28　基于 Ecotect 优化分析黑瞎子植物园表皮设计

3. 环境要素定义

环境本身可以作为设计的要素控制表皮的设计。例如在严寒地区，特别是寒冷地区的体育场馆设计中，室外风环境对建筑能耗及室内舒适度有着极大的影响。如若建筑本身是处于城市中心区域，其室外由于高层建筑的逐渐增加，还会形成区域内较大的风压差：在迎风面上受到空气流动的阻碍后，风速降低，导致局部风动能形成静压，进而场馆迎风面的压力大于大气压，从而呈现正压；在背风面、侧风面由于气流曲绕过程形成空气稀薄现象，导致该处气压小于大气压而形成负压区域。通过 CFD 的分析软件将其分析结果以图像形式导入到 Grasshopper 中控制场馆的表皮变化（图 2-29）。这个逻辑过程相对简单，目前的做法是利用风压分布图形成图像灰度，灰度接近 0 的时候，表皮开洞越大，风压越大。

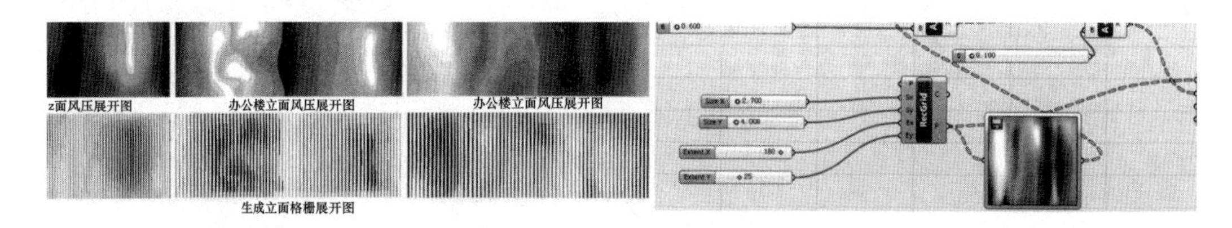


图 2-29　风压分析转换到表皮格栅

在纽约 290 Mulberry Street 项目当中，表皮设计利用设计工具控制表皮面板制作数据设计作为控制要点，由于对当地法律法规的诠释以及对石造建筑（Puck Building）的回应（图 2-30）采用符合其风格的石材表皮设计。由于当地规范要求建筑每平方英尺的面积内突出红线的面积不得大于10平方英尺[①]，挑出长度小于10英寸，利用分析软件将表皮的突出值控制在红线的平均值内，可以确保满足建筑规范的要求。同样在体育建筑当中，表皮的设计已经成为体育场馆设计中十分重要的内容，如果可以结合上述案例内容可以帮助更好地完成表皮设计。

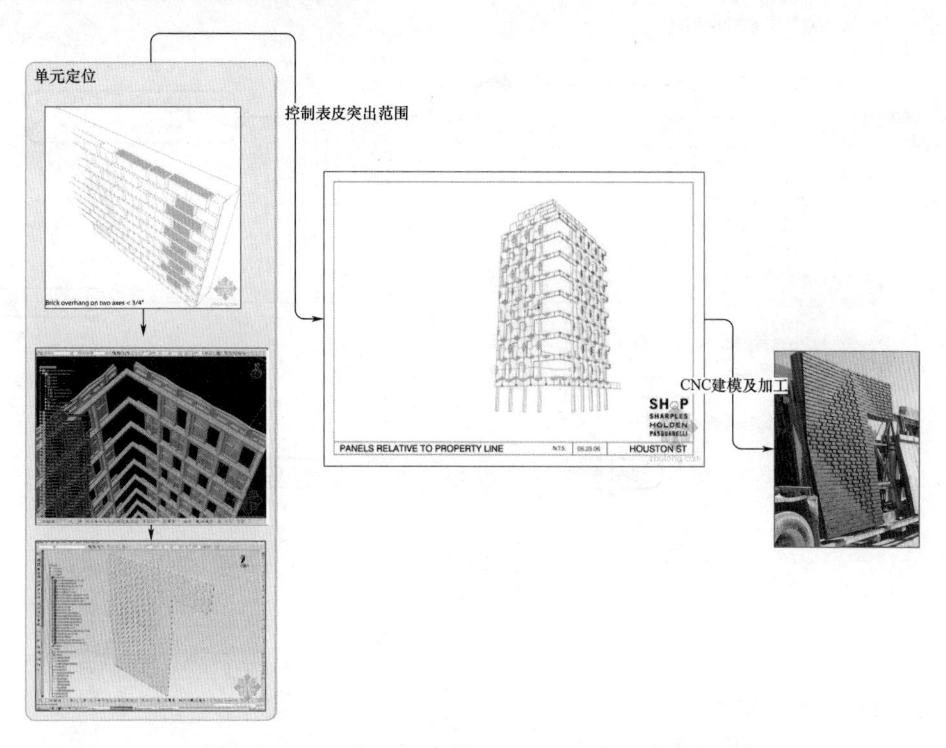


图2-30 基于环境规范要素定义下的表皮设计过程

4. 建造要素定义

表皮设计与结构形式可以有机地融为一体，表皮设计从设计开始不仅要考虑开窗通风、还需要对划分大小、划分方式进行细化。在方案设计阶段将建造的信息带入到方案设计过程中，以便方案阶段的内容可实施性更强。但是这需要多方案的积累与收集，将表皮与建造信息的内容分类别整合。

在表皮设计的关键阶段，一体化设计中提到表皮设计最好在方案初期与幕墙顾问共享数据和参数模型，同时研究各种外表面系统的可行性。首先，建筑师对将要建立的模型定下基本的规则，能够控制体育场外表皮的几何形态，同时结构工程师需要控制结构的桁架部分以及平面的结构分割线与结构单体在垂直向的交接。因此，两个设计团队面对同一个模型进行调整。加强在设计方案修改过程中生成的各种模型之间的联系。简化结构分析所需要的处理时间、缩短信息反馈的周期。例如在AVIVA体育场的设计中，Buro Happold公司根据项目需求研发了一个新的应用程序将GC和一个结构软件整合在一起。利用Excel和GC之间的数据交互方式进而创造了复杂的表皮开放式百叶窗的样式。而此样式规则的确定就是依据空调机组对通风的需求。便于后期幕墙公司与屋面板

① 1英尺≈0.3米，1英寸≈2.54厘米。

材加工工厂对模型的重新定位。为了控制建筑的通风确定幕墙开启的数量以及角度，在设计中利用 Excel 表格。这是最简明且方便看出设计中有特殊要求的幕墙需求的图示化表达方式，将 Excel 表格与表皮立面对应，真实而精确地再现每一块幕墙的信息（图 2-31）。

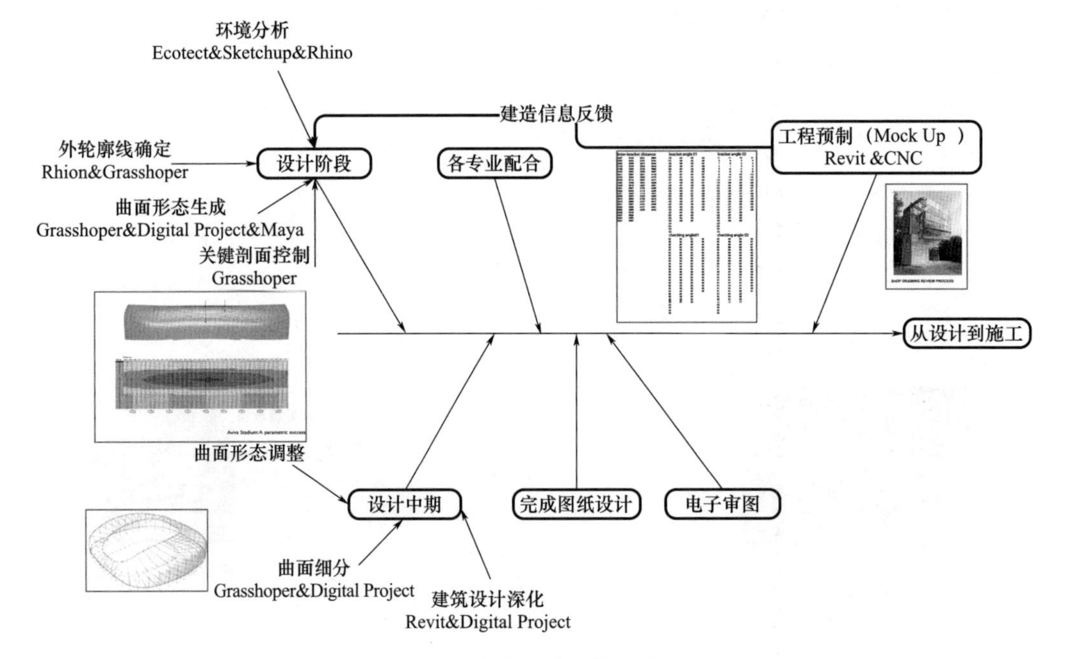


图 2-31　表皮设计一体化流程

### 2.3.1.2　生成模式

1. 基于 Revit 利用 Excel 表格进行表皮设计

由于体育建筑的尺度相对较大，建筑表皮设计中对表皮的细化以及细化方式的设计方法，在 BIM 技术下的可视化、数据化的基础上相对传统方法要简单、明确。Revit 作为支撑 BIM 的主要工具就是依靠其数据化、可视化编辑工具。借助 Grasshopper 以及 Excel 能够更好地将建立建筑表皮的模式和过程以图示的形式展现出来。依托 Excel 的数据统计以及修改特点，CAD 技术中心和 Whitefeet 合作开发了 Revit Excel Link 插件（图 2-32）作为将建筑师的思维过程视觉化的设计工具。

利用这个插件可以将幕墙的每块板进行编码。然后通过调整 Excel 表格中的数据改变幕墙板块的信息，例如每块板的角度、颜色以及材质，重新导入到 Revit 当中生成需要的幕墙形式。

2. 基于 Revit 的图像转换幕墙插件

在表皮设计中，体育建筑已经开始利用表皮分割与颜色来表现不同的含义。例如，巴萨俱乐部足球场的设计，采用了多彩的马赛克瓷砖镶嵌到结构网架当中形成强烈的视觉冲击效果，反映出建筑文化与材料和结构形式的有机结合。体现表皮视觉化的设计方法，虽然在 Rhino 中借助 Grasshopper 就有所体现，但是在 BIM 的软件整合下，可以利用 Bitmap to Panel 插件直接将其在 Revit 中进行调整（图 2-33）。

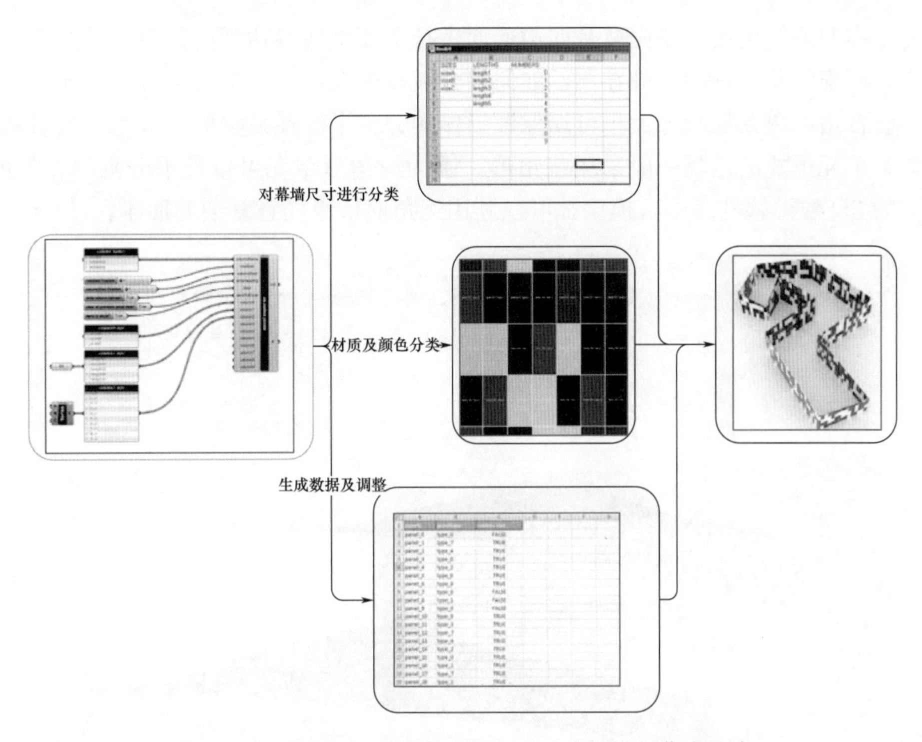


图 2-32　基于 Revit 技术上利用 Excel 表格进行幕墙设计

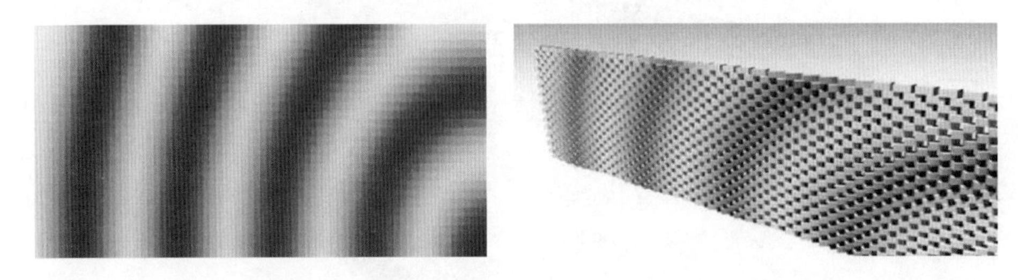

图 2-33　利用 Bitmap to Panel 插件生成意向图像

3. 基于 Grasshopper 和 CFD 的表皮设计

通过 Fluent 以及 Grasshopper 软件得到体育场馆周边环境界面一定范围内气流流场变化，将此参数作为控制表皮变化的原则（图 2-34）。还可基于其他脚本模拟风场环境，亦或是将风场环境作为生成体育场馆表皮的机理。

4. 利用建造数据控制表皮

哈尔滨工业大学的张文龙利用 Grasshopper 梳理了体育馆表皮与结构设计之间的关系。其在表皮与整体造型之间的逻辑关系基础上建立了算法模型。将体育馆表皮细部数据信息与结构数据及幕墙公司所提供的信息综合建立限定表皮设计的规则，其原则是基于真实的建造信息即幕墙信息包括蜂窝铝板高度，然后结合项目的格栅高度、幕墙面积及结构顶高度建立划分规则（图 2-35）。通常情况下，体育建筑多采用空间曲面的表皮，依据建筑工业化以及价值工程的要求，在满足建筑表皮幕墙设计要求的前提下应尽量控制建筑幕墙嵌板的种类和数量。依据目前常用的 Grasshopper 可以将体育建筑表皮进行展开，通过对表皮的扁平化以及细分设计得到更加优化的幕墙设计。首先扁平化就是将空间的三维曲面转化成三角面或是四边形面进行重新组合以达到近似平滑的曲面空间表皮形态。而扁平化设计的关键在于：如何划分表皮单元，主要是设计表皮单元的形状以及大小。合适的单元形状和大小可以保证形体的完整平滑并减少构件单元的数量从而降低成本。单元形式的选择一般采用三角形，因为三角形单元可以近乎分割所有的曲面，在所有的3D建模软件当中，模型都可以利用三角面形成任意复杂的形体。

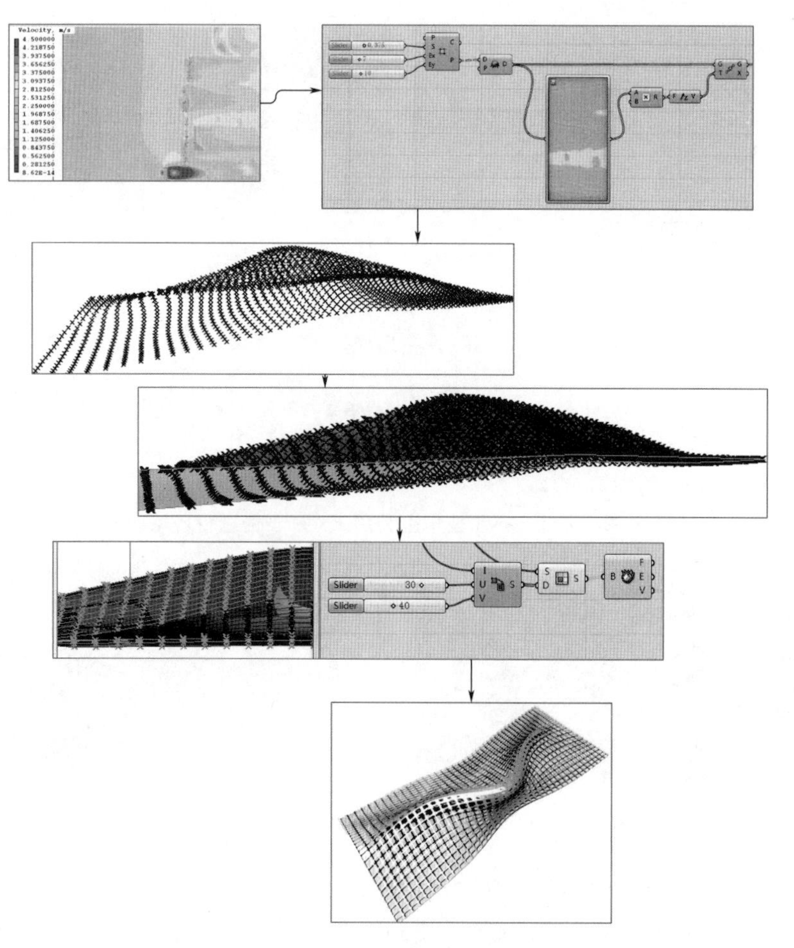


图2-34　基于周边风场环境生成体育场表皮

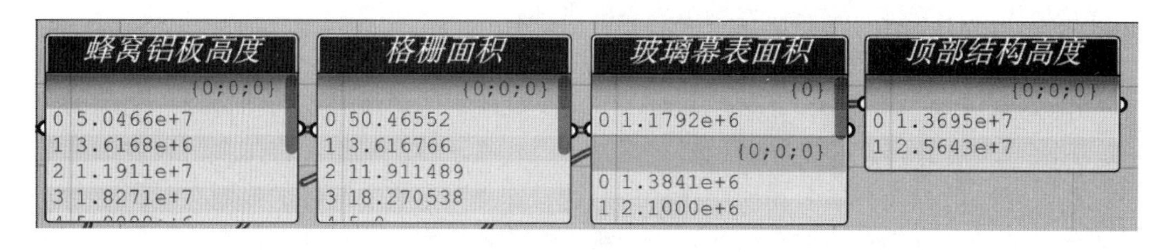


图2-35　体育馆表皮相关参数提取

例如，扎哈·哈迪德在广州大剧院的立面设计中采用了三角面作为其处理曲面表皮的几何形体单元。而在弗兰克·盖里的设计当中，如布拉格尼德兰大厦（National Nederlanden Builing）的玻璃幕墙就采用了平行四边形分割的处理手法。无论单元划分的方式如何，类似单元的统一性越高，效果越纯粹，成本也就相对低廉。以伦敦2012奥运会游泳馆设计为例，扎哈·哈迪德事务所在2005年完成方案稿提交，但由于游泳馆体型庞大，预算超资被要求修改。但是扎哈的事务所还是利用其对形态的把控和BIM技术完成了对伦敦奥运游泳馆的模型及表皮的网格细分到标准尺寸，最终得到的结果是大约2%的定制化，其余表皮幕墙铝板都可以量产（图2-36）。

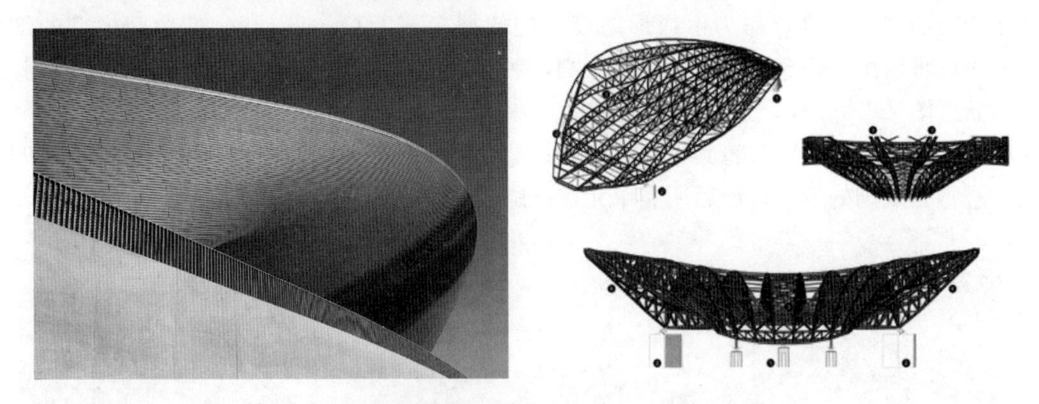

图2-36 伦敦游泳馆的幕墙划分与结构细化

5. 基于大空间网格结构的建构模式

通过Rhino曲面优化结合Kangaroo插件得到大空间曲面网格结构的优化研究，可以帮助建筑师在方案阶段简单快速地搭建结构模型。首先通过对nurbs曲面进行优化处理，在对分面数可控的基础上对其网格面进行优化。通过建立曲面，将其在Grasshopper中转换成网格，之后运用Kangaroo的3个运算器模拟拉伸、拍平及面吸引3个动作，最后将其连接在主运算器中。通过优化后，将每个曲面的单元摊平在点阵上，将曲面平面化（图2-37）。在实际建设过程中通过对其构件编码，便于厂家直接加工，细化成单元模块。

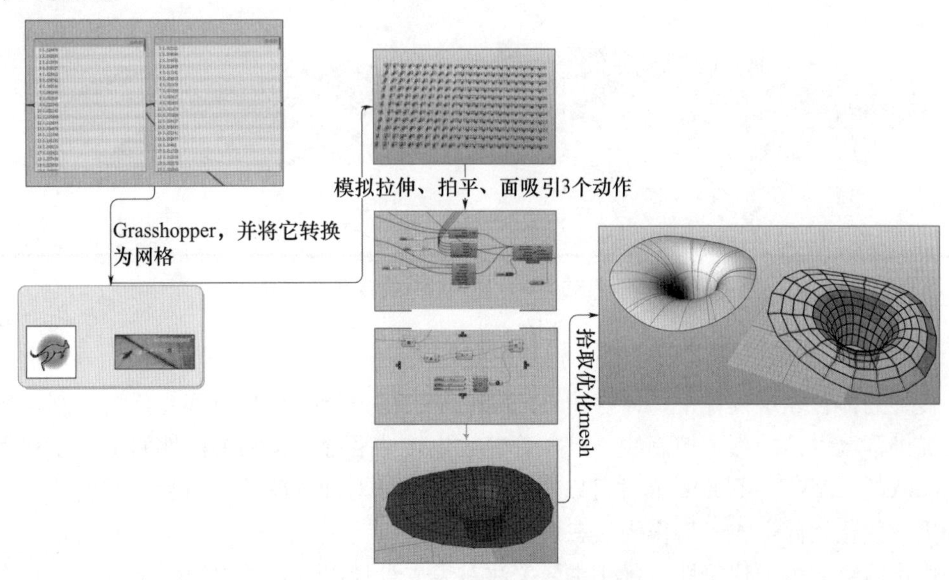


图2-37 曲面屋顶搭建模型

6. 表分割方式优化

在体育场设计阶段，其所使用的软件平台包括 Grasshopper 和 Rhino。由于东方体育中心的设计时间在 2008 年左右，当时 BIM 的相关软件平台还没有达到成熟的阶段。因此，东方体育中心在设计上也仅仅就信息化模型层面完成了模型的信息数据控制，即将模型构件的信息以图纸或是模型数据的方式输出（图 2-38）。在此项目中，建筑师将每个曲面的边界定位点作为生成形态设计的依据。基于 Grasshopper 的曲面模型的细分，可以将给定的任意自由曲面进行分割，然后再将其拆分成基本的三角形单元或是其他形状（图 2-39）。这个过程中涉及到的控制参数主要是：将自由曲面进行线性划分，在确保曲面流畅度的同时将其平面化分割；然后细化的平面进一步划分成四边形，对四边形进行有规则的编号；最后所有单元按照序号布置在同一个参考平面上。

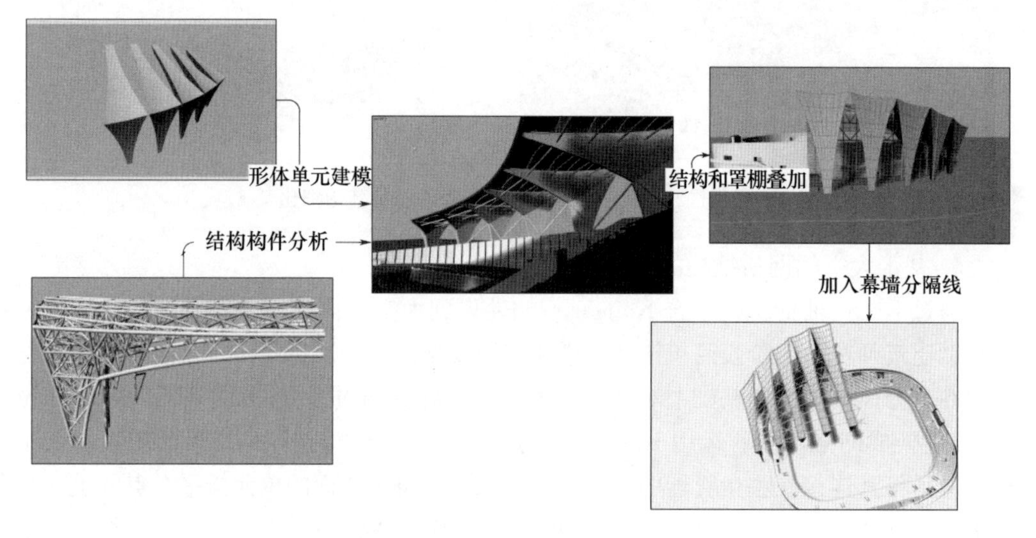


图 2-38　东方体育中心 Rhino 模型

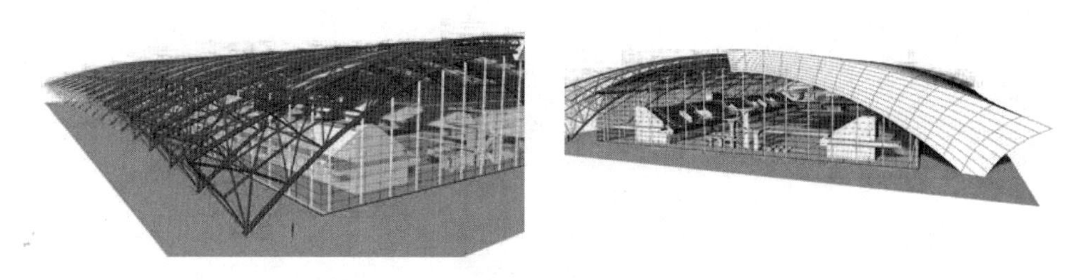

图 2-39　通过 Rhino 对体育馆表皮幕墙细分

### 2.3.1.3　小结

传统的体育建筑设计中，体育建筑的罩棚及表皮设计一直是由幕墙公司控制，建筑师只提供幕墙设计的参考控制线，但随着参数化软件平台以及相关插件的扩张，利用基于 Rhino 的 PANEL TOOL 插件可以实现在模型初期对曲面细化的过程。并将边界定位点利用参数化软件生成表格作为形态设计的依据。

优化内容：由于建筑性能优化主要关注在表皮设计以及功能组织两个方面，表皮设计方面注重表皮的节能、表皮的材质以及幕墙的深化设计对建筑的立面的影响。而幕墙的开启方式以及角度可以通过进行表皮性能优化研究而得到更合理的设置方式。在功能组织方面将幕墙与内部功能设计中相关的参数联系在一起，使功能参数决定最终的表皮形态设计。

## 2.3.2　场馆的声学模拟

### 2.3.2.1　声学与几何形态的关系

体育馆作为封闭的体育建筑空间，声学设计与建筑设计之间的联系随着建筑全生命周期设计的提出，也变得越来越紧密。在建筑方案设计初期应考虑到室内的声环境对建筑设计的影响因素。因此，住房城乡建设部近年先后颁布了《体育场馆声学设计及测量规程》（JGJ/T 131—2012）和《体育建筑设计规范》（JGJ 31—2003）两个文件，其中有关声学设计的指标及要求有以下几点：

（1）体育馆建筑声学条件应以保证语言清晰为主。

（2）不得产生明显的声聚焦、回声、颤动回声等音质缺陷。

目前，国内的体育馆的体量都相对较大，因而普遍存在声场不均匀、不达标的问题。问题出在两方面：一方面是建筑本身对体育馆声学要求主要体现在容积的影响，容积与建筑整体形象有关，场馆容积越大，体育馆内混响时间越长；二是室内进行装修时影响内部声环境（表2-4）。无论哪个方面形成的影响都会导致需要进行二次设计及内部装修，增加吸声材料会影响建筑成本造价。

**表2-4　场馆最小尺寸要求**

| | 观众席容量 | 使用要求 | 最小尺寸 |
|---|---|---|---|
| 特大型 | 10000座以上 | 可设置田径赛道或球类比赛 | 根据要求确定 |
| 大型 | 6000～10000座 | 可进行冰球比赛或搭设体操台 | 70m×40m |
| 中型 | 3000～6000座 | 可进行手球比赛 | 44m×24m |
| 小型 | 3000座以下 | 可进行篮球比赛 | 38m×20m |

1. 体育馆形态与声学关系

既然场馆平面及容积对声环境设计有影响，应在平面及场馆的形态设计中增加对其体育馆平面形态与声环境之间关系的模拟优化的内容。体育馆的平面形式主要包括矩形、圆形及椭圆形、多边形三种。从竖直高度上分为向上凸、向下凹及水平3种空间类型。

（1）矩形平面

矩形平面适用于中小型体育场馆。矩形平面的优点在于视线和声音能够直达，同时施工建造相对简单。此外，矩形平面两侧墙的覆盖面积较大，有利于提供充足的侧向反射声同时提升厅堂的音质和效果。但是在宽度大于30m的空间会导致声音延时。

（2）圆形平面及椭圆形平面

圆形及椭圆形平面保证视线质量良好，但会损失一定数量的座席，比较适用于规模较大的大中型体育馆设计。缺点是由于弧形墙面容易造成沿墙四周反射传递，导致前排观众缺乏声反射。

(3) 多边形

平面灵活、简洁，适用于大中型体育馆。

(4) 上凸型屋顶

上凸型屋顶直接导致体育馆容积增加，造成混响时间增大。同时上凸屋顶会导致声聚焦的风险，以及屋顶与地面形成多重回声。

(5) 下凹型屋顶

下凹型屋顶多利用悬索结构，造型轻盈的同时减少了比赛大厅的容积，对声学设计有利。同时，大厅内的回声会均匀反射到观众席的各个区域。

(6) 水平屋顶

水平屋顶多采用桁架和网架结构。虽然在建筑容积上没有对比赛场地造成影响，但屋盖结构大多暴露在外，也会导致体育馆容积增加。从基础的形态分析可以发现，采用下凹式的屋顶形式结合矩形或多边形场地平面是最适用于中小型体育馆，可以获得较好的声学环境。

2. 体育场形态与声学关系

对于体育场这类封闭空间，声学的考虑主要在罩棚的设计上。由于罩棚开口犹如一个吸声系数为1的吸声顶棚，因此要求座席设计选择吸声量小的材质，同时看台后墙及罩棚的形状和出挑深度都对场内的声场有决定性作用，因此在形态设计中应予以考虑。对于所有的声学设计来说，基于几何声学回避声学设计缺陷是建筑在设计中应考虑的问题，而不仅关注建筑的造型及形态寓意而且应基于更为科学、合理的模拟优化设计，得到近乎产品设计标准的当代体育建筑。

#### 2.3.2.2 声学优化设计

当代体育馆除满足体育赛事之外，还应满足进行多样化的文娱活动以及会议等需求。尤其对于功能混合的体育场馆，进行声学优化设计以满足体育竞技以及演唱会等文艺演出功能的需求，避免出现混响时间过长，无法达到多功能使用的要求。从功能上来看，BIM技术辅助声学优化设计可以帮助评估空间声场。首先建立计算机模型，得到不同比赛厅内的混响时间，一般认为比赛厅内80%以上的座席有观众即是满场，50%以上则认为是半场。因此依据混响计算公式及Ecotect进行计算，通过空间统计分析认为反射时间只和体积和材质参数有关，因此利用几何声学来避免出现声学瑕疵(图2-40)。例如，杭州奥体中心主体育场利用BIM技术，对体育场模型进行了声环境模拟分析，通过模拟体育场内的声环境，证明其座席区域的声压分布均匀，通过模拟体育场在83Hz、125Hz、250Hz频带观众座席去声压级差分布，证明设计无声场缺陷。

此外，由于复合型体育馆属于多功能使用，常见的复合功能以观演为主，可通过对声学的设计分析之后，再借助遗传优化方式进行方案的选择。基于新的设计优化方式可能得到多个结果，然后供甲方与设计师共同选择最优的结果。目前有学者研究基于遗传优化方法的混凝土壳体结构的声学研究(TM Echenagucia，2014)。复杂的几何形态的屋顶对声环境的影响更为复杂，也可利用计算机辅助设计的技术将帕累托最优(Pareto Dominace)方法用于对结果的选取和分析。由于相关的性能标准之间存在直接竞争，则寻找最优项就成为通过研究权值来确定最佳折中方案的过程，而不一定是寻找单一的最优解。

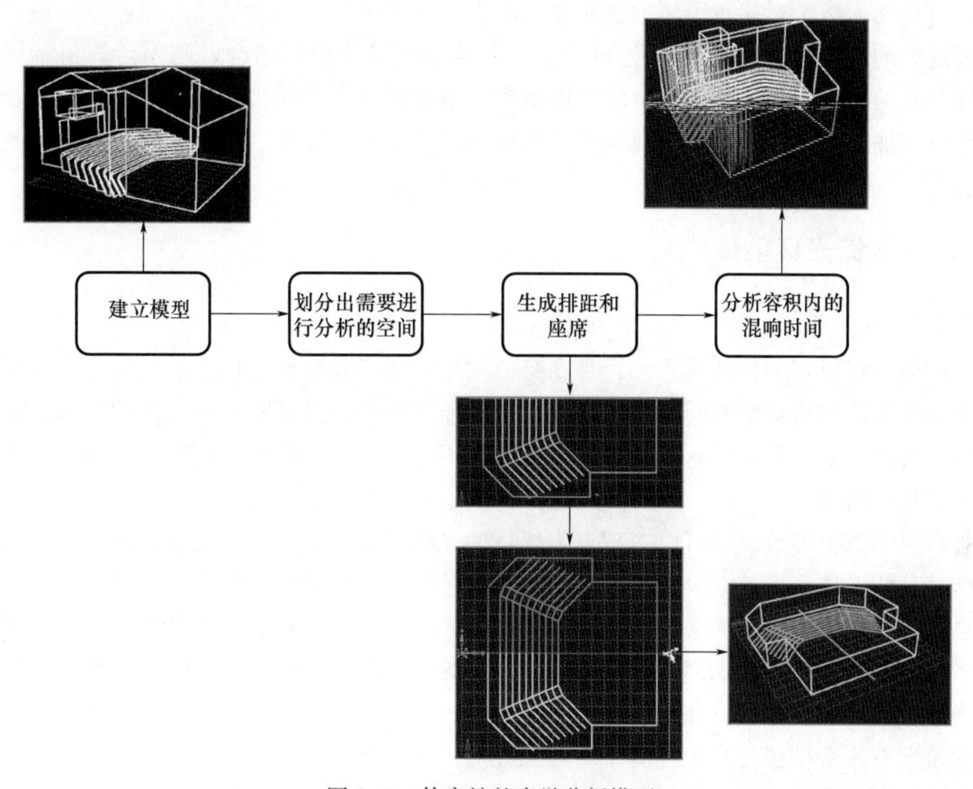


图 2-40　体育馆的声学分析模型

### 2.3.2.3　小结

从设计的角度，德国的超级体育馆建设公司（Suprastadio）在 2015 年“智慧城市，创新生活”中国主题论坛活动中发表的《德国体育场馆建设的革命》中提到声音对塑造体育场馆氛围的重要性，观众的融入度成为当代体育建筑设计的中心，满足观众的视觉、听觉的体验才是一座优秀的体育建筑应该做到的事情。在设计的过程中就应该考虑到嘈杂的体育场馆中需要形成一定程度的声反射以增强观看比赛的气氛，但又需要避免出现声聚焦的缺陷，这需要对场馆罩棚及形态进行多次分析对比。在体育场设计中尤其注意上部看台的声场，因为下层看台比较容易获得与场地内的互动，上层看台由于视觉距离无法获得更好的参与感，但通过对看台形状的设计及增加看台层次可加强声反射，确保听觉上能够获得良好的互动关系（图 2-41）。

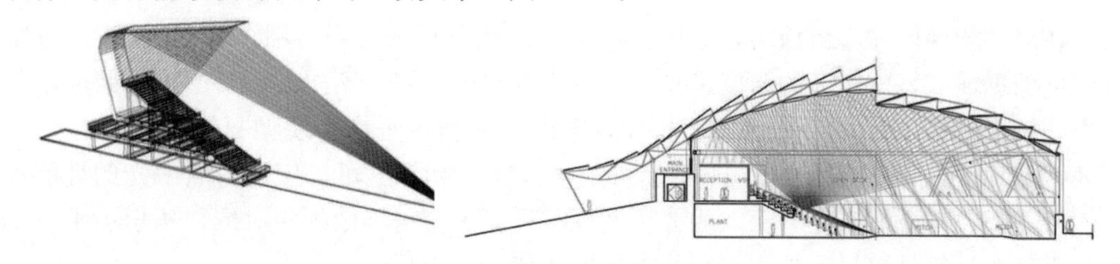

图 2-41　屋盖部分声线模拟分析

声环境模拟的意义，应是在几何声学的基础上使声环境模拟成为建筑形态的控制要素，而不再是二次装修的一部分。基于赛宾公式可以发现，混响时间与建筑体积成正比，可见几何声学对建筑形体的控制作用是直接而简单的。因此很容易弥补传统设计方法所缺失的部分，将BIM设计分析工具Ecotect与BIM模型结合，利用计算机辅助技术以及新的设计分析评价体系，就可以对设计结果进行有效优化以选取最优的方案，使其像精细加工的产品经过一道道质量检测成为真正精良、优秀、可被多次检测的“建筑机器”。

## 2.3.3 场馆光环境模拟

### 2.3.3.1 采光分析

如何获得更好的自然采光一直是高跨空间建筑的研究重点。自然采光与导光管的结合使用解决了体育场馆照明不足、消耗大量电能的问题，进而实现可持续的目标。但是如何将自然采光与导光管有效结合、补给光照不足的区域，需要对场馆的开窗形式及开窗方式进行研究。

通过形态上的改良就可以实现更为优良的光照环境也有利于实现体育场馆的被动式节能。目前在体育场馆的设计中多采用引入自然光，为公共区域提供良好照明基础，利用自然光代替人工照明的节能做法。采用自然光照明需要注意防眩光设计，所以在进行自然采光分析过程中，BIM模型分析就需要体现内部的细节，因为其对光照度及折射都会产生影响。在方案设计阶段的自然采光分析中，模型可不涉及建筑材质选择，仅通过建筑形态改变抵挡如眩光等由于自然采光而产生的问题。如GMP设计的上海东方体育中心综合体育馆，就对比赛区进行了自然采光照度分析，条形窗的形式确保了照度的均匀。但是在实际的设计研究中，方案设计一般采用多方案对比，如何在不同的模型中选择自然采光条件更好的模型就需要在方案阶段进行采光优化分析（图2-42）。

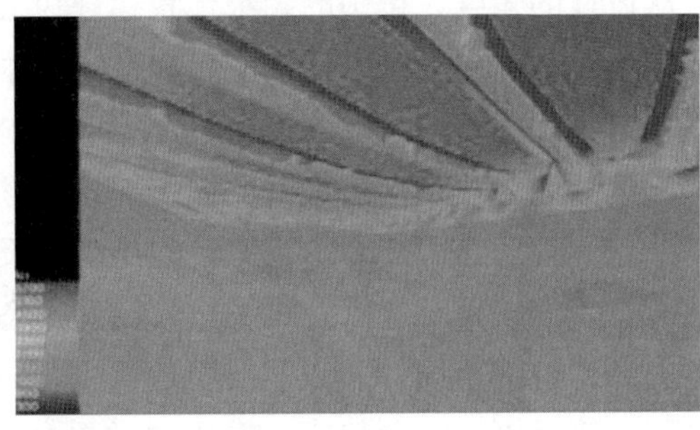

图2-42　综合体育馆比赛区自然采光照度分布

在对广州地区体育馆跌落式矩形自然采光优化分析中发现（图2-43），通过对方案的照度数据研究，方案3的照度最差，方案1的照度最好。不同的场馆形体对照度本身的影响就可以在Ecotect中通过简单的形体建模得到，而这个模型只需要建立在达到LOD1或LOD2的模型标准即可，也就是在方案设计初期就可以探讨自然采光的性能优化设计。通过对方案1更为深入的分析发现，采光天窗与场地的相对位置从短边平行到长边平行，计算结果显示长边平行的布局形式优于短边平行。

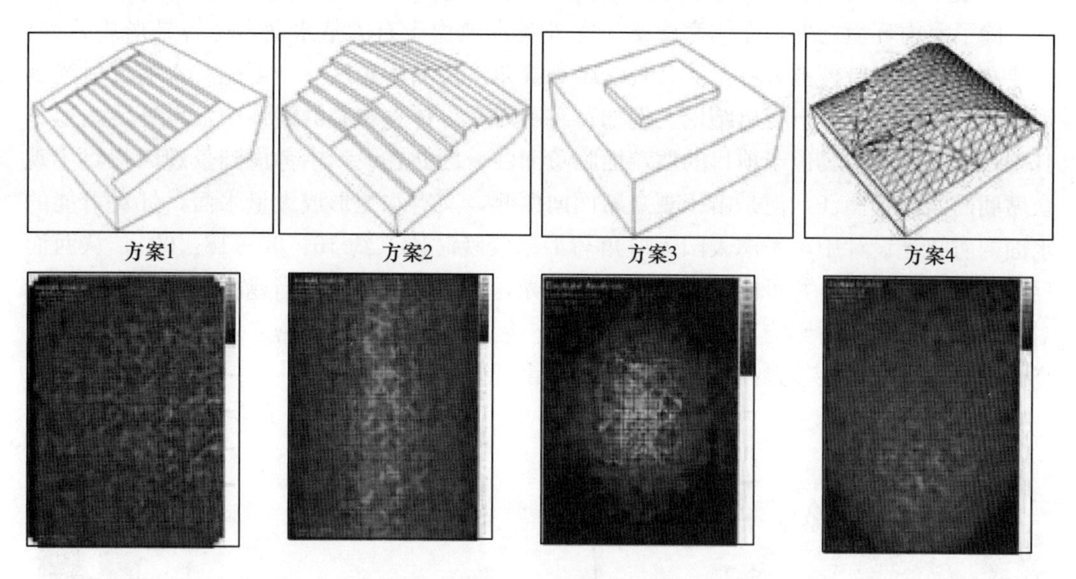


图 2-43　广州地区体育馆跌落式矩形自然采光优化分析

#### 2.3.3.2　光环境优化

进行光环境系统评价是光环境优化的方向。多数设计在单项及子项设计中缺少此类评价模式。首先，在深入设计阶段，需根据模型的实际情况准确建模，考虑某些特定时间所产生的阳光直射情况，及出现采光不均匀问题提出切实的解决方案如改变天窗玻璃材质、增加遮阳设施等。

通过 Ecotect 可将材料的真实性能带入到模型分析当中，得到更为精确的结果。但是一般在设计阶段，多通过对建筑几何形态的研究分析确保建筑开窗方式合理、光照环境良好。自然采光的照明方式，在体育馆中的缺陷主要体现在自然采光照度不均、照度不稳定、天然光入射角度随时间变换等，这些问题还需要进行自然采光与人工光结合的设计评价。

利用 Ecotect 对体育馆的自然采光进行分析，例如选取某体育馆建筑面积 13000m$^2$，座席 3000 座。此体育馆为满足基本竞技活动及体育建筑活动要求的综合型体育馆。通过对体育馆模型的分析，选取条形天窗作为采光基本的宽度，定义为 1800mm，改变其宽度取 4 组数据，通过模型分析对比发现，条形天窗的数量越多可明显提高采光系数最小值 $C_{min}$，基于对模型的分析发现，在一定程度上增加条形天窗的数量对提高体育馆类高大空间的建筑采光有一定作用，因此在方案选择上可根据模拟结果进行有倾向性的选择（表 2-5）。

**表 2-5　模拟数据**

| 编号 | 数量 | 间距（mm） | $C_{min}$ | $C_{max}$ | $C_{av}$ | 均匀度 $U_1$ | 均匀度 $U_2$ |
|---|---|---|---|---|---|---|---|
| 1 | 4 | 13200 | 4.72 | 12.58 | 7.33 | 0.37 | 0.65 |
| 2 | 5 | 10800 | 6.72 | 15.11 | 9.43 | 0.45 | 0.71 |
| 3 | 6 | 8850 | 8.04 | 17.03 | 11.27 | 0.47 | 0.72 |
| 4 | 7 | 7500 | 9.80 | 19.67 | 13.05 | 0.50 | 0.75 |

除了室内环境之外，在体育建筑中室外跳水池由于有大量水面，也容易形成眩光，需要在设计中进行模拟分析，对其观众席观赛角度及太阳角度——可能有水池反射光到观众席的时间进行分析得出结论。例如，在上海东方体育中心的设计中，室外跳水池是其中一个主场馆，其位于项目的西端面临黄浦江，因此在设计中考虑到景观因素将主观众席朝向西向黄浦江。但是由于观众席面向西侧，又有水池形成大量水面，针对可能的水面的防眩光设计中，考虑太阳入射角与下午较晚时段（约16：00—18：00）；从西面反映到室外水池上，并可能为观众席产生眩光，因此需要采用适当遮挡，但遮挡有可能对观众视觉产生不适影响（图2-44）。因此，主要的解决方法是在室外游泳池外围种植高大绿化树木作为实体遮挡，将功能与景观设计要素结合。

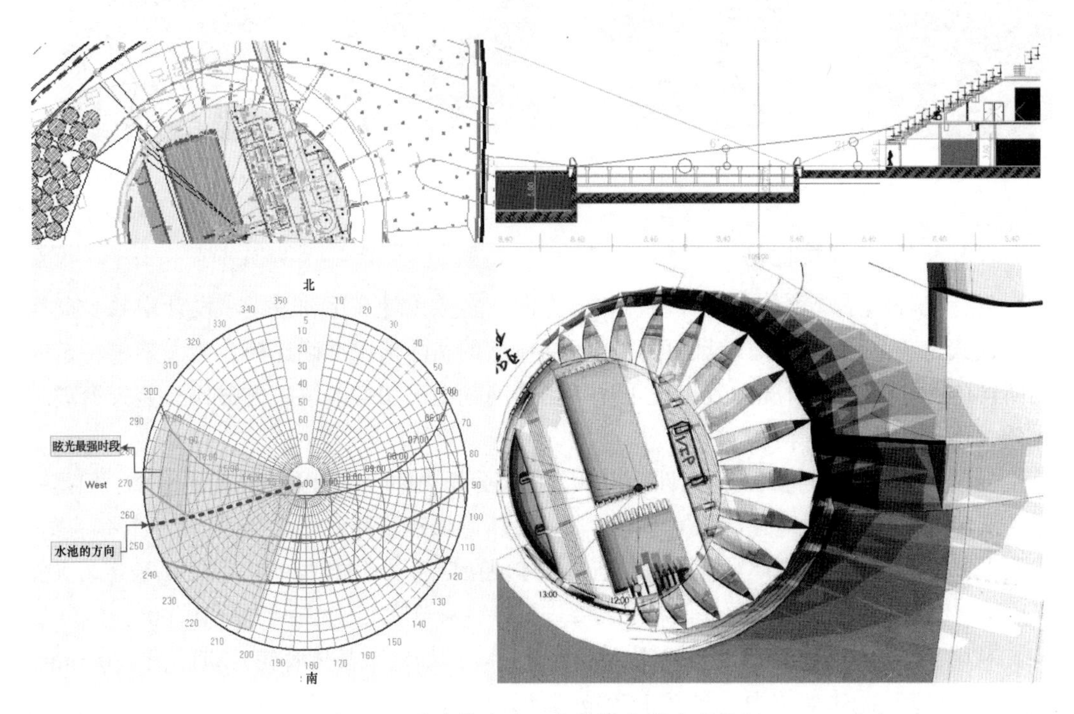


图2-44　东方体育中心室外跳水池眩光分析

### 2.3.3.3　小结

BIM技术结合光环境模拟，依托BIM模拟分析软件如Ecotect等，将采光照明软件Radiance植入到Ecotect中，实现基于BIM的性能化设计。简化分析的过程与步骤，将模拟设计及评价扩大到建筑设计、方案分析对比阶段，意图通过可视化的途径及可兼容的BIM模型将更多的物理信息数据分析纳入到更为广泛的建筑方案设计分析控制要素当中。基于分析数据基础上的模型都可以被划分到BIM模型当中。而依托这些优化模型进行的设计首先需要的就是模型信息的流转，而这就需要更为标准化的模型输出格式例如IFC等。也正是由于BIM技术的发展，BIM模型应用于多学科方面的分析开始增多，这对于大型、公共型体育建筑项目今后的建设及设计方法的深入研究都具有普遍意义。但也不能过分依靠软件而不了解软件背后的运算逻辑及生成模型分析图的语境和语义，盲目地应用设计工具将导致过分依赖软件，技术永远是辅助设计，作为建筑设计分析的组成要素而不能取代设计本身。例如，对于采光设计分析来说，中小型体育馆或校园内的体育场馆由于多以体育健身活动为主，因此能够采用自然光将节约能源也对自然通风有益，但对于举办大型体育赛事的场馆，由于对照度、风速等有严格控制，过多的自然采光反而影响了比赛进而造成了隐形的资源浪费。

## 2.3.4 空气动力学模拟设计

Computational Fluid Dynamics，即计算流体动力学，简称CFD。CFD兴起于20世纪60年代，利用计算机进行分析及描述流体流动和传热现象并通过可视化模拟技术将其呈现。其作为新兴的研究领域涉及到传热学、热力学、计算机图形处理等技术，是目前极具创造力的学科之一。CFD可提供快速、准确而灵活的液体流动及热仿真工具，以帮助在制造流程前预测产品性能、优化设计并验证产品行为。

随着CFD技术的逐渐成熟，CFD技术从航空、航天、动力、水利领域扩展到化工、冶金、建筑及环境等相关领域中。近年来，CFD模拟多用于替代风洞试验，作为结构专业在进行风荷载体形性系数校核及修正方面使用。我国的荷载规范中要求体育场的场馆需要进行模型风洞试验来确定风荷载，然而由于在设计阶段体育场馆的形状经常进行调整，风洞试验一般在工程初步设计基本完成后才进行，但这会造成设计过于保守或出现未能估计到潜在危险等问题。因此我国逐渐将CFD技术介入到结构分析及建筑设计分析领域，使用创新的设计分析工具，可以轻松地探索并比较不同的设计方案，更深入地理解设计中可能出现的问题。同时伴随着Autodesk Simulation CFD的推广，BIM模型可以在同一平台下使用的便捷性打开了CFD进驻建筑设计领域的大门。

### 2.3.4.1 CFD对体育场罩棚设计的影响

1. 罩棚形态边界分析

通常体育场都会设计罩棚，体育场设计中由于场地类型一般是集中在球场或外围跑道内部球场两种形式，所以对体育场的设计来说重要的是场地的外轮廓形态。如何确定罩棚的围合边界，可借助CFD模拟分析。

借助CFD的分析软件研究以下3种体育场馆类型的提取之后，简化归纳为以下图形：A半包围座席、B四面开敞座席、C四面封闭座席及D环绕式座席4种座席模式，同时在A、B、C、D四种模式下再细分罩棚倾斜角度为向下倾斜13°、水平出挑仰角13°等3种，总计12种类型。然后将模型置于同种基地环境当中，简化场馆模型之后经过对场地风环境模拟发现，在风速10m/s、雨点直径分别为0.5mm、1mm、2mm、5mm的湍流风场环境下，可以发现不同倾斜屋顶形状下雨水倒灌到场地内座椅的范围各不相同（图2-45）。

2. 罩棚对内场风环境的改变

基于上述模型类型分析平挑棚、上扬挑棚、下沉挑棚三种形式。通过Tecplot软件分析发现平挑棚体育场内部风速普遍偏大。而采用上扬和下沉式风速都小于平挑式，同时由于下沉式有效遮挡雨水落入观众席。综合考虑应采用下沉式罩棚设计。

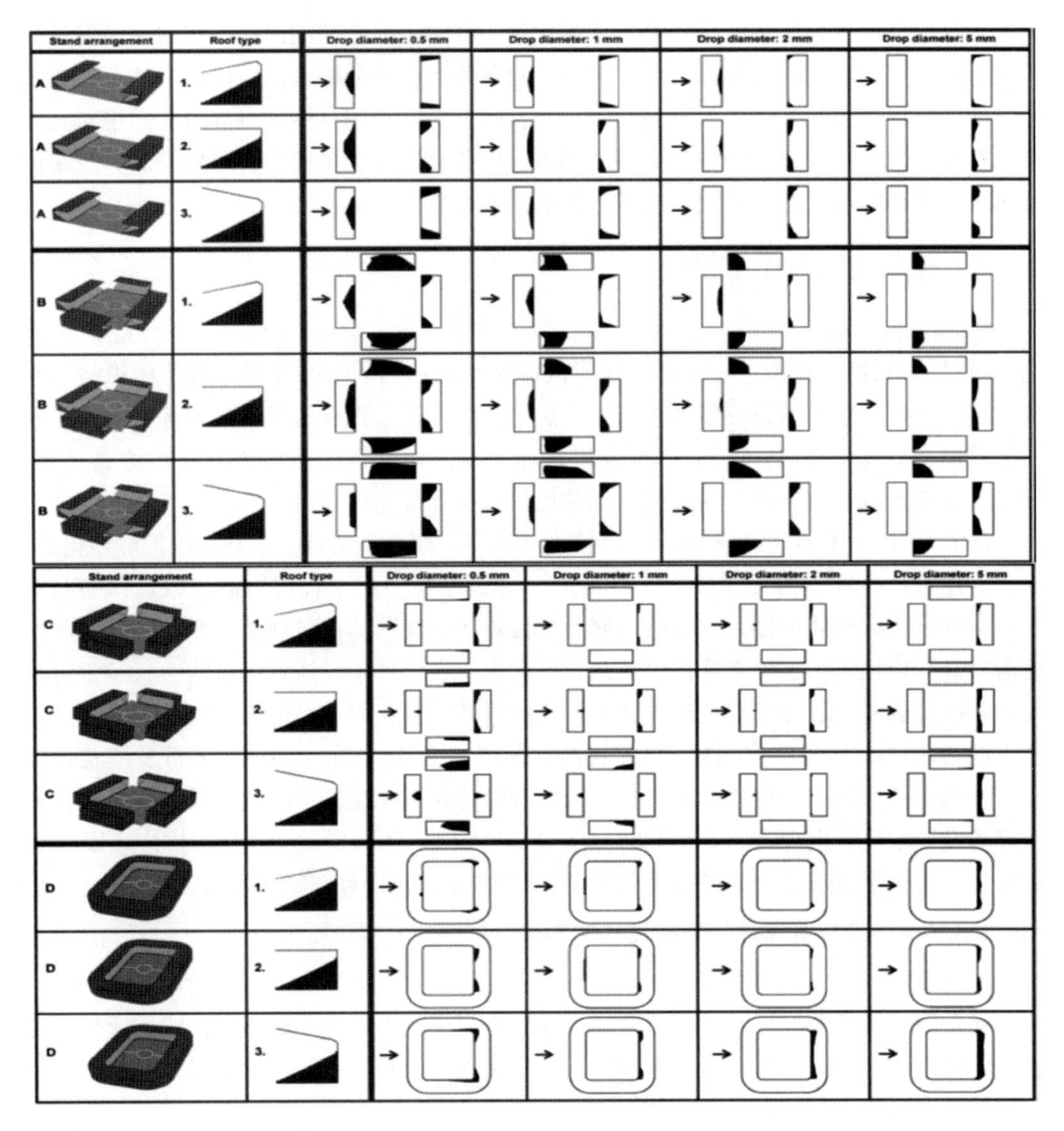


图 2-45　基于 CFD 对体育场类型设计分析

3. 罩棚的表皮设计与舒适度

为了确保体育场馆内的自然通风与观看比赛的舒适度，还可以通过建立 BIM 模型同时利用 CFD 对典型的夏季条件下观众区域和比赛区域的自然通风效果进行评估，对热安全性与舒适度两种不同的评价指标进行分析，最终调整体育场馆表皮的疏密，调整自然通风与表皮设计之间的关系。

以国家体育场设计为例，其在设计阶段通过观众的热安全性和热舒适度两方面对设计进行评价并给出调整与优化的建议，如调整观众席上方的 PTFE 膜吊顶板块之间的缝隙宽度以便得到更合理的自然通风效果满足热舒适度要求（图 2-46）。

4. 利用 CFD 模拟罩棚结构

在体育场看台顶部与罩棚连接处设计中，开缝体型与不开缝体型都是体育场设计的常用形态。目前的场馆设计由于追求一体化的目标，除了罩棚结构上缘铺设必须的屋面板外，在下缘也设置了内吊顶并延伸至看台，或者罩棚结构在体育场外部周圈落地。通过对模型进行CFD模拟发现，对于无看台的模型，罩棚的上表面迎风面的风压为正，而对于罩棚上表面不开缝体型和开缝体型来说其分布差别并不大，都为负压，可见开缝体型与不开缝体型对罩棚上表面风压的影响几乎没有（图2-47）。也就是说，在进行体育场方案设计时，可不考虑深化设计阶段结构开缝对风环境的影响。

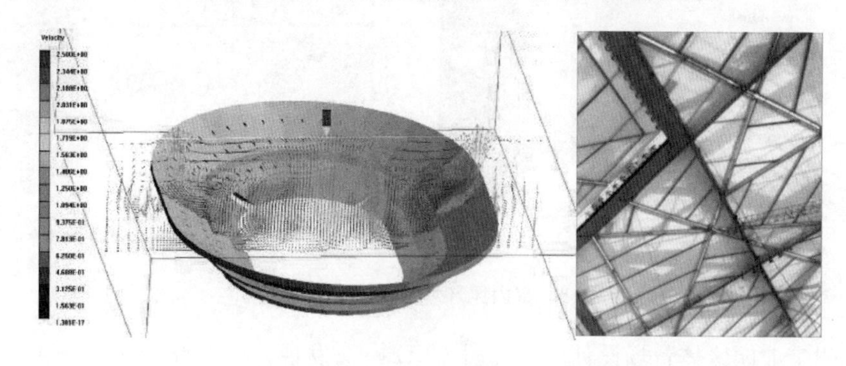

图2-46　国家体育场CFD模拟模型

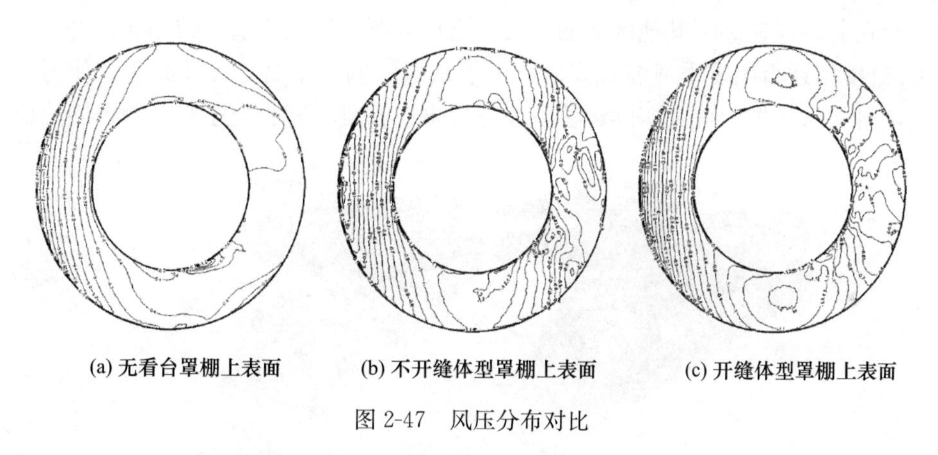


图2-47　风压分布对比

#### 2.3.4.2　CFD对体育场馆功能设计反馈机制

体育馆为提高赛后运营能力，在场馆设计初期应考虑到不同功能下的使用情况。否则，由于没有对复合功能进行合理而有效的科学分析，将会导致场馆在功能转换时出现瑕疵设计。

例如对代代木体育馆在进行赛后评估的过程中，使用了CFD模拟手段，主要在游泳馆以及音乐厅使用模式下研究室内热环境和舒适度问题：清水建设公司（Shimizu Corporation）通过计算机模型的分析发现，在游泳池模式下，靠近底层的气流呈逆时针流动，2层楼座上空则呈顺时针流动，这样的空气流场使冷热空气很好地进行热交换，进而形成室内温差不超过1℃的较为均匀的温度分布；而在音乐会模式下，不同的空调送风和排风口的组合使得室内温度分布与前一模式完全不同，温度分布也远不及前者均匀。通过这个研究发现，如若在设计初期对建筑形体进行模拟，可针对方案进行调整，获得改善舒适度的方案。

在深圳湾体育中心的设计中，考虑其场馆后期作为羽毛球、乒乓球比赛所使用的可能性，由于羽毛球要求 9m 高内的风速不大于 0.2m/s、乒乓球场地 3m 高内风速不大于 0.2m/s，因此经过分析得到座椅送风系统的具体风速及风口控制标准。同时经过 CFD 验证计算场地气流是否完全符合比赛要求（图 2-48）。CFD 技术还应用在深圳湾体育场的自然通风计算当中，通过模拟自然通风状态下的屋顶高度设计及开口尺寸的控制是否合理。

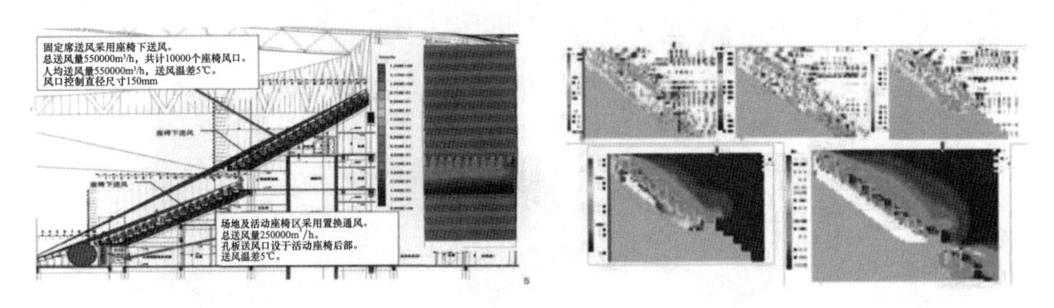


图 2-48　室内风环境对场地环境的分析

在苏州工业园区体育场设计中，通过 CFD 模拟发现，由于此地区冬季主导风向为北风，北侧开口的气流导致北侧观众席出现风速较大现象（图 2-49）。此外比赛区域内也同样存在北侧风速高于其他区域的现象。通过分析，得出应适当减小北侧开口。通过进行 CFD 模拟还得出夏季气温升高后，由于东西两侧几乎处于无风状态，使得这部分区域的热量无法扩散因此在实际运营阶段，提出应在夏季减少使用东侧看台的建议。

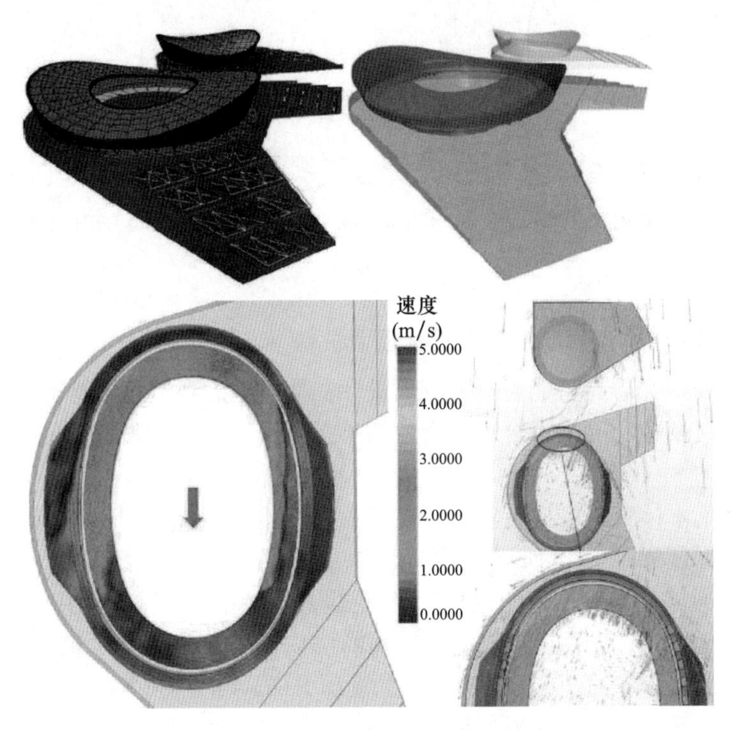


图 2-49　苏州工业园区体育场 CFD 模拟

利用这些数值作为边界条件进行更深入的场馆围护结构优化及热舒适分析，为场馆的装饰材料选择提供最基本设计要求参数。并利用春秋两季平均表面温度及表面辐射量值作为边界条件，模拟场馆外围环境的风压分析，准确评估不同体育场馆通风效果，并根据建筑物所在地不同季节的天气资料，如主导风向及平均风速，针对各个季节的气候特点进行模拟分析，由此确定体育场馆合理的通风开口位置。

#### 2.3.4.3 小结

CFD作为新兴的优化分析方式，将流体力学与模拟仿真相结合，其在大型、复杂形态的建筑设计中有着更为广阔的使用前景。但是其涉及到的内容更为复杂，使用到更多计算机算法及流体力学的知识，在实际应用层面上有一定的难度，但这并不影响对CFD研究的探索。简单总结下CFD技术应用在体育建筑设计中的优点：

（1）节约时间。可以通过计算机快速的计算能力与超大的存储技术，建立虚拟的流场模型并进行流体的动力学仿真，从而节省了风洞试验从设计到建造到测试的漫长时间，且避免了物理结构变动费时的缺点。借助CFD技术，可以利用BIM模型在虚拟环境下进行设计而节约成本以及时间。

（2）节省金钱。CFD唯一的投入成本就是计算机设备的购买、维护以及仿真的相关费用，无须像风洞那样进行物理设施的购买与安装，所以CFD技术投入的费用十分低。

（3）操作安全。由于通过CFD技术，不需要人与物身处危险环境，所以CFD技术相对风洞试验就很安全。

（4）目前的体育建筑多采用复杂的建筑形体，所以复杂形体的表皮幕墙设计需要风洞试验的配合以及如何选择修改建筑形体以达到建筑与结构以及幕墙的优化设计。

目前CFD使用在场馆设计中面临的问题是如何证明这种模拟的真实有效性。由于CFD技术的计算结果的精度往往取决于对复杂流场仿真前置处理时的边界条件、物性参数等的定义是否真正与实际的一致，以及计算方法与后置处理是否准确等方面。

未来基于CFD的研究可以专注在微气候、湍流对体育竞技活动的影响，在设计中通过几何形态的调整来避免此类现象。通过研究对比发现，由于境外事务所接触此类软件较早，已经在方案设计分析中应用多种辅助分析技术，但是我国对此的研究还没有扩展到方案设计阶段，尤其与建筑物理等相关的内容分析在我国的建筑方案设计甚至是教学中还有一定缺失。

## 2.4 基于BIM的场馆性能化设计

由于体育建筑内作为容纳多类型体育赛事的训练以及比赛场地的时候，观演的人数众多，在考虑公共安全层面上涉及到了体育建筑的内部人流疏散、人员疏散安全等相关的设计要求。虽然体育建筑的人流疏散有明确的规范要求，但是近年来体育建筑的复合化功能种类的增加，建筑内部容纳的人数增加导致建筑的功能布局以及疏散方式的复杂度提升。传统的规范已经很难满足现阶段对体育建筑设计的需求，大多数体育场馆都需要进行消防评审即性能化测试。BIM技术的优势就在于其基于模型对建筑的性能进行评价，大型公共体育建筑不只需进行物理性能相关的性能化评价之外还需对公共安全性进行相关的性能评价。主要涉及到疏散和防火两大方面。在深化设计及与施工配合阶段，需要设计的内容更加深入和细致。优秀的建筑设计并不仅仅停留在纸面，而需要脚踏实地，而建造阶段就是真正“落地”的时刻。对于设计周期长的大型、复杂性项目，需要在设计的各个阶段深入考虑到可能出现的问题予以设计，确保从方案设计到节点设计的精确。随着多样化的机械和电子设施加入到建筑当中，如何将各种空调、机械与建筑形态及空间布局有更加合理而美观的结合也成为当代建筑设计的重点和难点。原有的设计模式下，对机电的设计仅停留在机电专业的配合而没有上升到设计阶段，但是基于 BIM 技术及 BIM 模型的全生命周期设计当中，机电设计也变得重要，其在可视化模拟阶段由于更多的机电厂家已经将为设备模型携带物理及重要数据信息，因此在设计阶段或是深化设计配合阶段结合 BIM 模型都应予以考虑。

### 2.4.1 疏散模拟

体育建筑中的疏散设计主要针对密集人流的分散、转移的过程。体育场馆的人流特征具有人群密度高、单向流动性以及发生时间集中的特点，尤其是比赛散场的时候情况最为明显。例如，在 1988 年尼泊尔加德满都国家体育场突降冰雹，疏散失控导致了踩踏事件最终造成了巨大的人员伤亡；同样的事情在 2006 年又一次发生在也门西部的伊卜体育场。数据表明，大多的疏散事故都是由于突发意外而引起人员恐慌发生推搡、踩踏。因此，哈尔滨工业大学的梅季魁教授提出开展建筑设计研究中应考虑体育场馆的疏散设计，并提出“及时、安全、边界、效益”的八字方针。但是实现这个目标是需要更多的研究与模拟技术的配合。随着科技进步，性能化模拟疏散技术逐渐开始在体育建筑等大型、公共型建筑中使用。

性能化疏散模拟技术，是模拟人在正常状况下的活动及在紧急状况下快速撤离的过程。其具有对疏散仿真和运动时间计算的能力，在可视化技术下使得 STEPS 软件可以直观了解人群的运动信息进而对设计进行优化。如英国的 CRISP、EXODUS、STEPS、SIMULEX 及美国的 ELVAC、EVACET4、EXIT89、HAZARDI，澳大利亚的 EGRESSPRO、FIREWIND，加拿大的 FIERA system 和日本的 EVACS 等都是目前国际上在使用的性能化疏散模拟软件。

场馆性能化分析的步骤是：首选在场馆中利用 STEPS 软件进行疏散模拟，利用 FDS 软件进行火灾模拟。STEPS 软件专用于人员密集场所的疏散模拟，输入人员的性别、体积和行走速度（图 2-50）。

图 2-50　人员疏散模型

目前，基于BIM技术的体育场馆的疏散优化设计分析过程：首先，通过运用逃生软件分析建筑的BIM模型，通过设定逃生路径以及确定疏散人数分析研究获得疏散时间以及疏散轨迹，便于建筑师对设计的功能平面进行针对性的调整和优化设计。主要的人员疏散模拟模型有三大类：优化法、模拟法以及风险评估法。

（1）优化模型。假定人员依据最优化的方式进行疏散，同时忽略周边人员以及非相关避难行为。

（2）模拟模型。尽量真实地模拟周边环境以及人流疏散行为和行动以达到接近真实避难路径的效果。

（3）风险评估模型。主要通过多次验算，通过改变防火分区以及相关消防措施的方法对所产生的风险进行有效的评估。

基于BIM模型的分析过程，首选将简化的设计模型导入到疏散分析的软件当中，记住模型设置逃生路径以及逃生出口，通过调整人数和疏散口的位置进行三维的疏散模拟（图2-51）。

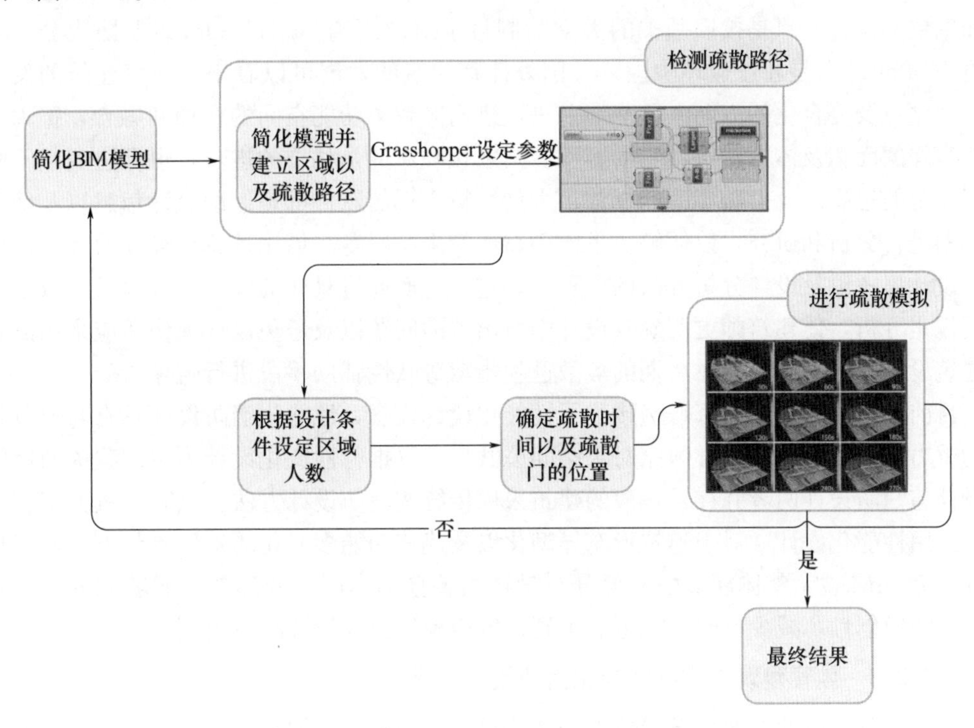


图2-51 基于BIM模型基础上的疏散模拟流程

## 2.4.2 性能化防火设计

### 2.4.2.1 采用性能化防火设计的原因

由于时代的发展、技术和材料的进步以及多种施工工艺的应用，都对建筑物的防火提出了新的设计要求。因此，性能化的防火设计也开始得到人们的关注。体育建筑的性能化设计源于“performance-based design”，是基于综合安全性能分析和评估而产生，解决原有建筑设计防火疏散规范中所遇到的特定问题，主要用于建立在火灾科学和消防安全工程学基础上。体育建筑性能化设计是新的建筑防火设计方法。

体育场馆作为高跨空间及应急避难场所，利用BIM模型进行灾害分析模拟，可以在灾害发生前模拟可能发生的过程，分析灾害原因，制订避免灾害发生的措施，以及灾害发生后人员疏散及救援的应急预案。通过BIM技术与设施运营自动化系统相结合，使得BIM模型在运维阶段可以及时呈现建筑物内出现紧急情况的位置，甚至制订合理到达紧急情况的最适合路线，指导救援人员作出正确的现场处置，提升应急行动的成效。因此，在设计阶段就应进行全方位、多角度的性能化消防及防火设计模拟。

我国的体育建筑设计规范最新版依旧是2003年编制，但随着国家经济的发展以及大型赛事的增多，体育建筑逐渐呈现出复杂化以及复合化的趋势，建筑的性能化设计成为面对新型体育场馆设计的重要组成部分。虽然性能化设计需要应用大量的模型信息以及其他相关数据，但从普遍意义上来说，其依旧可作为BIM技术中信息化模型的一部分。其主要的信息用于对建筑功能以及消防分析。性能化设计在一定程度上也是在推进了建筑设计的发展，由于体育建筑原来并没有针对其跨度和高度以及消防疏散设计有明确而细致的设计，只是按照基本的大空间制订了疏散距离不超过30m以及防火分区不超过5000m$^2$。但是通过梳理中国以及国外体育建筑的发展可以看出，体育建筑的发展在专业化以及复合化的方向大踏步地前进，进而导致了功能空间的叠加和融合，扩大了功能房间的面积及体育建筑本身的容积。与之相呼应的是科技的进步，也促进我们不断挑战常规的思想以及打破禁锢的枷锁，大量分析模拟的软件都是借助统计信息以及信息化模型进行分析和研究，以便解决思维创新所带来的问题。借用计算机辅助设计软件就是对设计思考以及设计分析方法的一种梳理过程。而通过具体的计算方法以及疏散过程的可视化分析，使建筑师更明确其设计中所出现的问题以及避免设计硬伤所应采用的具体建筑设计手段而不是依靠后期的疏散逃生指示等软性辅助手段进行疏导。

目前，欧美等西方国家普遍接受了性能化设计概念，性能化消防设计具有与规范相等的效力，所以美英等西方国家对大空间公共建筑以推行性能化设计为主。我国的性能化设计与消防设计两者并存，一般的建筑采用传统的消防设计方法。只有在重大工程当中才采用性能化设计。对于建筑形态异型化以及建筑功能多元化的发展趋势下，性能化设计作为BIM技术整体环节中一部分与设计相关且必不可少的环节，能够充分展示建筑设计的原创性，减少对建筑规范的生硬理解而确保建筑设计的自由度。

#### 2.4.2.2 体育建筑大空间性能化消防设计的重点

在防火分区设计方面，设置防火分区的目的是控制火灾的最大规模，降低由于火灾面积增大而带来的财产损失和人员伤亡，合理地划分防火分区面积，节约成本的同时充分利用设施的效能。因此基于BIM技术利用人员模拟疏散软件处理火灾烟气分析、控制火灾规模等可视化模拟分析处理使得消防措施达到可接受的安全水平。这也凸显了BIM技术结合性能化设计在体育建筑中的应用性越来越强。

在人员疏散问题方面，基于《体育场馆安全设计指南》，建议体育场馆每个安全出口的疏散时间控制在8min之内，确保人员不会出现焦虑、紧张的情绪，但是我国相关法规规定每个疏散口的疏散时间为3～4min。同时规范中要求疏散距离一般不超过50m，这个距离在实际项目中经常遇到问题。以国家游泳中心为例其长度超过177m，导致疏散距离一般在90m以上，按照传统的规范要求并不满足疏散要求。因此在基于性能化消防设计要求基础上，ARUP公司为国家游泳中心制订的性能化消防设计中通过对场地空间模拟，分析烟气对人员疏散的影响，同时就行为模型分析软件对人员疏散的动态过程及局部拥挤现象设计疏散通道提供更多信息支持（图2-52），确保游泳馆疏散的安全性是在可控范围之内。

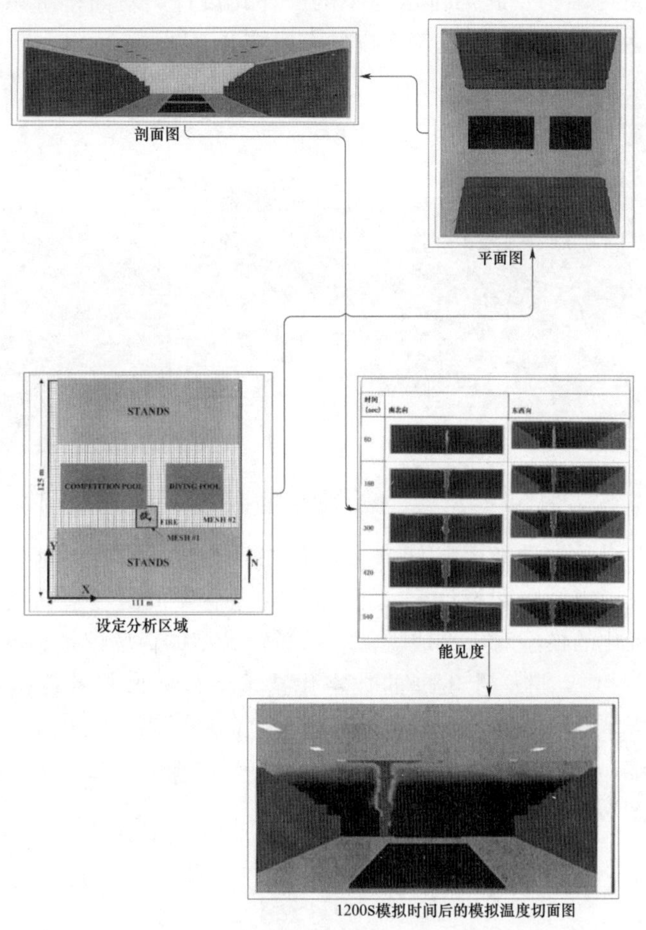


图2-52　ARUP对国家游泳中心进行消防设计模拟分析

#### 2.4.2.3　BIM模型对性能化设计的重要性

BIM模型的优势在于根据建筑信息及材质确定模型，因此在进行性能化消防分析可直接提取参数信息，如密度、传导率、热阻及导热系数等。

通过BIM模型转换为火灾模拟的三维视图，将数据信息归类导入，设置材质的相关参数。从火灾发生到建筑内烟气中$CO_2$的体积分数、温度、能见度等方面衡量人体承受的最大极限。BIM模型的信息流转渠道的开通，解决既往需要单独在第三方软件里重复建模、设置参数的状况。避免由于重复建模、建模人员对设计意图把握等问题，而阻碍性能化消防设计的推广和实施。在设计深化阶段，充分考虑到各种灾害发生及蔓延的基本规律，控制烟气蔓延的渠道，能够确保在人员密集场地的公共安全性，尤其对今后大型公共建筑火灾性能化分析设计具有资料收集及指导意义。

## 2.4.3 深化设计模拟

### 2.4.3.1 管线深化

屋面排水与形态——“鸟巢”作为我国具有代表意义的体育场，其屋面排水利用 BIM 技术实现建筑与结构及屋面排水体系的一体化设计，屋面排水系统与建筑、结构专业协同设计，达到排水系统与建筑表皮的有机结合（图 2-53）。

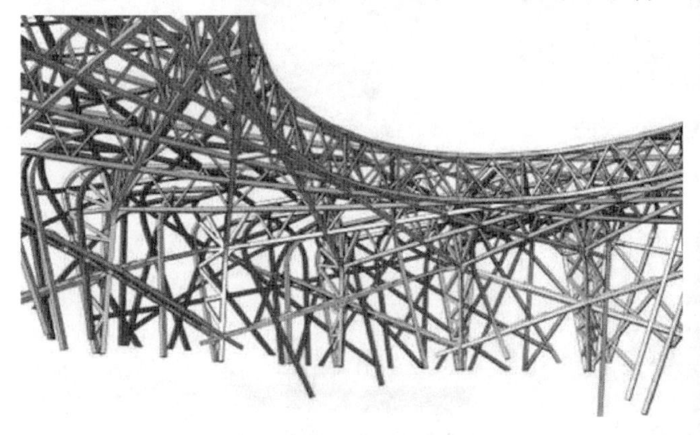

图 2-53 “鸟巢”的雨水管模型与实景

早在“鸟巢”设计中已采用 BIM 技术，但由于当时还没有对基于三维模型、数字信息化、可视化模拟以及协同设计定义下的 BIM 概念，但是在“鸟巢”设计的阶段就已经认为这种可视化的模型对于完成类似“鸟巢”大型体育场馆是必不可少的方法。在 Aviva 体育场的设计中，进一步发展的数字化技术使得模型与计算机可视化结合在一起，更直观地分析体育场罩棚表皮的角度与排水之间的关系。通过 Excel 与模型罩棚板材的模型信息链接，分析每一块覆盖板的排水角度，确保所有排水方向的同时保证排水角度不小于 5°（图 2-54）。

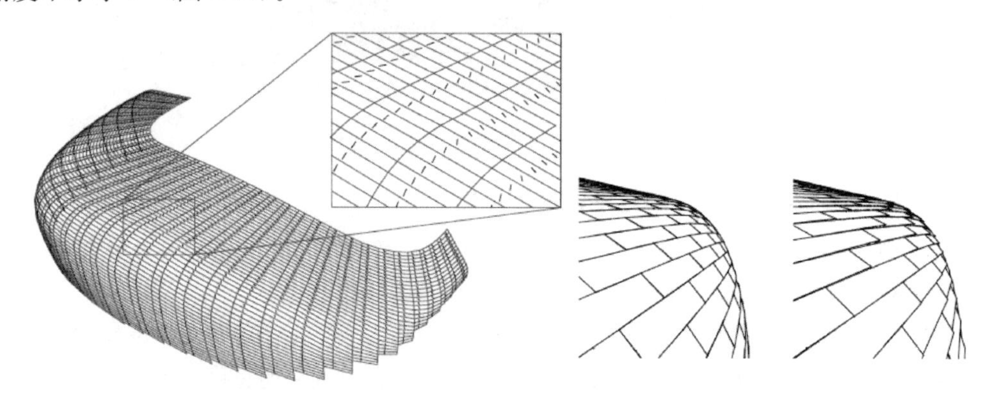

图 2-54 Aviva 体育场分析雨水走向与罩棚表划分关系

### 2.4.3.2 设备深化

此外，建筑设备专业也可以在初步设计阶段就介入 BIM 技术，在方案设计阶段介入 BIM 技术的好处是，可以真正起到优化方案设计的作用。目前，常见的方式是在施工图后期介入BIM技术，建立建筑信息模型，这个时间节点介入BIM技术只能起到深化设计的作用，但对于设计优化的意义不大。设备设计与模拟优化设计分离将会影响模拟分析的准确性。因此应在模拟分析的初期，建立合理的BIM模型，将其严格划分区域与不同模拟阶段应达到的模型深度进行细化。由于体育场馆的形式复杂且呈现出多样化的建筑形态，因此其空调机送回风口的布局方式都发生改变，不能按照常规模式进行设置。针对体育场馆的室内环境舒适度分析需要借助CFD模拟，在其模拟过程中需要对空调设备及送回风布置设置相关参数，通过模拟室内温度、速度场等优化空调设计。例如可利用Revit与Simulation CFD的结合分析，其优势在于兼容格式转换，数据信息传递具有良好性，因此在Revit中建立的BIM模型结合空调与通风专业即可进行准确的气流分布模拟。

### 2.4.4 能耗模拟

能耗模拟的意义不仅在于评价建筑的节能性，还在于评价建筑的价值与运营成本。对于体育建筑来说，室外体育场对能耗模拟的需求并不大，但由于体育馆为高大空间，通常情况下属于耗能较大的空间且其能耗对体育活动及运营的成本有直接影响，因此在基于BIM技术下对能耗的模拟分析需求逐渐增多。能耗模拟分析主要有两种形式，传统的模式是对建筑材料及其他相关数据的分析，基于BIM及性能化分析技术软件可以在方案模型分析阶段对建筑形态进行简单的数据模拟分析。

在上海东方体育中心的设计中就借助模型对建筑的能耗进行分析（图2-55），但由于我国没有详细的公共建筑的分类，在能耗模拟中仅参照《公共建筑节能设计标准》（GB 50189—2015）的标准进行模拟（以当时为准，该标准于2015年进行更新）。通过对东方体育中心建立基本的能耗模型之后根据上海的气象数据进行模拟分析，模型分析工具通过eQUEST软件进行模拟，DOE－2.2计算核心基于模拟环境。虽然东方体育中心设计没有提出BIM技术的概念，但其实际的设计、施工中还是利用了诸多与BIM技术相关的内容。除了气象信息外还采集了上海的能源价格、围护结构的基本参数作为

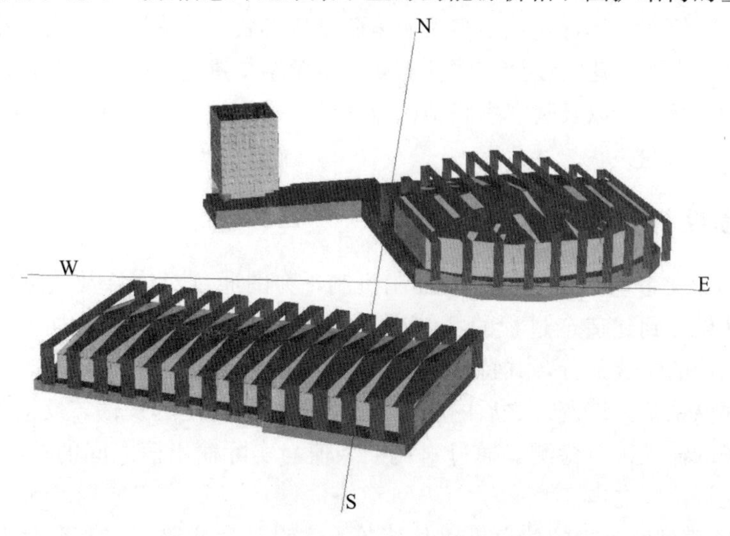


图2-55 东方体育中心能耗模拟模型

对照信息，建立公共建筑节能设计标准基准模型与之进行对比分析。经过对模型的分析后采用了高性能玻璃材料、高性能墙体保温材料，同时提高气密性借助节能照明及对自然光照明的控制在建筑材料及自然采光方面提升建筑的性能。此外，在被动节能方面采用新风与排风热回收及高效主机、高效风机提高能耗的使用效率。综合节能建筑与基准建筑相比，可节省能耗 22.6%（表 2-6）。

**表 2-6　基准建筑和综合节能建筑的年能耗**

| | 基准建筑 | 综合节能建筑 |
|---|---|---|
| 年用电量（kW・h） | 24025196 | 17499160 |
| 年用气（MBTU） | 38242 | 40272 |
| 节能率 | | 22.6% |

除了在材料及自然光照控制等方面分析建筑性能外，在方案阶段可对不同设计构思进行简单的建筑形态建模，如上文中提到在被动节能设计方面选择最优方案，为理性的分析方案的优缺点进行客观评价，为最终的建筑方案选择提供有力的数据支撑。除了 eQUEST 软件之外，Ecotect 也是目前常用的性能化模拟工具，以及其他与性能化设计相关的软件，如 Phoenic（Parabolic Hyperbolic or Elliptic Numerical Integration Code Series）是英国的 CHAM 公司研发的模拟传热、流动、反应及燃烧过程的 CFD 软件，其还可以作为影响室内健康评价的辅助分析软件。

## 2.5　基于 BIM 的 MDO 设计方法

BIM 技术的发展带来更多跨学科的信息与知识，这也引申出一种新的设计方法。MDO 是为解决复杂工程中系统设计而产生的方法，建立在多学科优化方法的软件框架之上。有 MDO 衍生出的性能化设计，优化设计方法原是一种进行复杂工程系统和子系统的设计方法学，探索学科之间相互影响的综合方法以解决不同学科设计中所遇到的冲突与耦合现象。例如，体育建筑中多采用索膜结构形式，但索膜结构会产生一种流固耦合现象，在结构设计与建筑设计当中就需要对索膜结构进行 CFD 分析以及风洞试验等，并对索膜结构进行找形以及建立索膜结构流体计算模型需要建筑师共同介入分析建筑形体与结构形式之间的关联。

### 2.5.1　反馈控制机制

BIM 的信息化带动的是多元化的控制机制，力图通过对信息及数据的完整控制过程深化建筑从设计到建造全过程的精细度，让建筑的全过程得到更加严密的把控。反馈，作为控制论的组成部分，其特点是将事物中的某一系统信息送出后，又将结果以信息的方式送回原系统，以调节之后的动作，这一过程被称之为反馈。反馈控制系统的全过程即对系统的输入进行检测，通过对比期望值与实际输出值之间的差异，如此反复，直到控制在允许范围之内。

由于 BIM 模型所携带的信息可以从建筑方案设计生成阶段一直延伸到深化设计当

中。例如迭代设计对原有的幕墙曲面BIM模型实现了持续的改进优化，目标一小步、实现一小步进行迭代循环，迭代的目标是为了及时处理问题、降低成本。扎哈设计团队从方案设计开始一直驻场到项目竣工，一直使用这种设计方法，在过程中不断地对建筑形体进行调整，BIM模型可以通过程序即时、快速地提取数据，评估造价。在体育专项建筑的设计中，通过建立体育建筑设计的目标和发展方向，例如以满足实用性及人数要求是设计的关键，并将其作为参数控制原则，那么在借用参数化设计控制软件时，只有满足规范及人数要求的方案进入下一阶段的方案调整确定功能及美学要求，如若不满足直接返回第一步重新开始验算，反馈控制机制可以提高方案的选择效率（图2-56）。

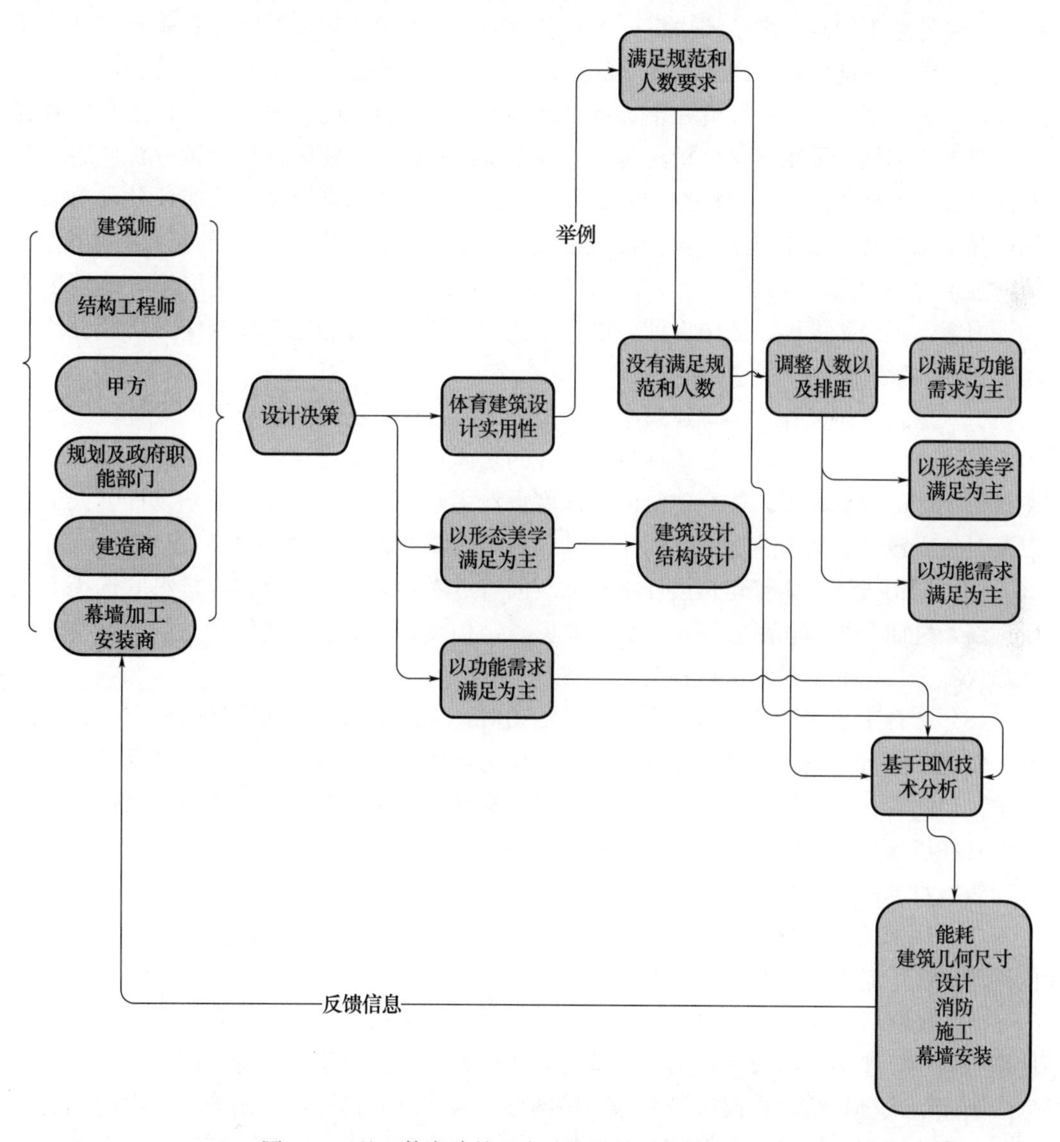


图2-56 基于体育建筑基本功能设计的反馈决策逻辑

基于体育建筑的参数化信息模型是反馈机制的核心内容，反馈方包括建筑师、结构工程师、甲方、规划及政府职能部门、建造商及幕墙加工安装商等。建立反馈控制机制是在设计的各阶段利用参数化信息模型，借助BIM技术对模型进行分析，针对体育建筑重点关注的建筑几何尺寸、座席以及设计要求、能耗、消防性能化设计、施工、幕墙设计及安装多方面分析，并将反馈结果发送给反馈方，汇总反馈意见后，再进行模型等优化模拟工作。

### 2.5.2 多层次分析法

分析各种矛盾的解决过程，得到解决问题的难易程度并对此进行权重评价，以便根据权重大小决定设计要求的思考顺序，并依据不同的情况建立权重评价因子，以便查询模型与设计要求的复合度。解决设计矛盾各方的权重设定，需要结合各专业专家打分评定权重系数，目前已对大跨建筑表皮的实体要素即表皮形态、表皮开洞以及表皮材料建立权重评价体系。由于设计流程很难将众多影响因素以直观的方式表达，且涉及内容更为广泛无法定性，采用层次分析法将定性与定量结合适合对建筑设计决策分析使用。下面依据价值工程的分析法：根据价值工程对项目的分析比选可通过对功能评分及功能系数计算获得。具体操作方法是首先确定建筑功能。例如由于体育建筑的特点：大空间，结构复杂，多功能，涉及声、光、通风等设备与建筑的结合。因此，选取体育建筑主要设计内容：观众席设计、结构设计、体育工艺、设备设计与能耗五部分作为功能设计关注的主要因素。

(1) 建筑本体设计。体育建筑中最为关键的就是比赛场地及观众席的设计。这部分内容是体育建筑的中心，比赛场地更多关注的是体育工艺的设计内容，因此观众席才是建筑师设计的重点之一。体育建筑的观众席设计主要关注视线设计、声学设计、人工光以及自然光设计、消防疏散的性能化设计这四个主要方面。

(2) 结构设计。体育建筑设计本身的空间特点需要对结构以及结构材料的选择上有所创新，进而与结构和形态的研究更为紧密。结构设计与结构形式创新与结构材料选择和当代施工技术的水平都息息相关。

(3) 体育工艺与设备。体育竞技以及活动对设施的要求、设施精度的要求在逐步提升，常规的体育建筑设计是将体育工艺设计作为单独的设计内容并不参与到常规的设计当中。但随着一体化设计以及信息技术水平的提升，越来越多的体育建筑已将体育工艺与设计在建筑设计过程中进行统一规划。这不仅提高了后期的施工质量，而且对控制体育建筑本身的品质更尤为关键。

(4) 后期的运营维护设计。后期运维对建筑本体的要求反过来指导方案设计，思考的因素越多、越全面，对建筑后期使用中的影响越小。

(5) 能耗计算。体育建筑的能耗一直是设计评价中忽略的影响因素，但在实际运行使用过程中，主动式与被动式结合的节能方式才是提升体育建筑自身价值的关键。

利用层次分析法，根据所研究的问题的形式和达成的目标，再细分各层次内部的若干层次聚集组合，形成一个多层次的分析结构模型。然后用求解判断矩阵特征向量的办法，求得每一层次的各元素对上一层次某元素的优先权重，最后再以加权和的方法分配总目标的最终权重，结果的最大值即为最优方案（图2-57）。总指标包括建筑设计、结构部分、体育工艺与设备及后期运营维护设计，因素层可根据设计的侧重点不同细分。

如建筑设计包括环境、能耗、功能布局三个因素层；选择业主、设计人员、运营商对功能的重要度权重打分，三者的权重可定义为50%、30%、20%（具体权重还需进行详细研究），方案评分采用满分100分由专家打分，再获得各方案的加权分，最后依据算出各方案的功能系数。之后，依据BIM模型生成成本，通过成本系数（造价/面积）与功能系数之比得到价值系数，由此得到价值系数最大值为最优解。

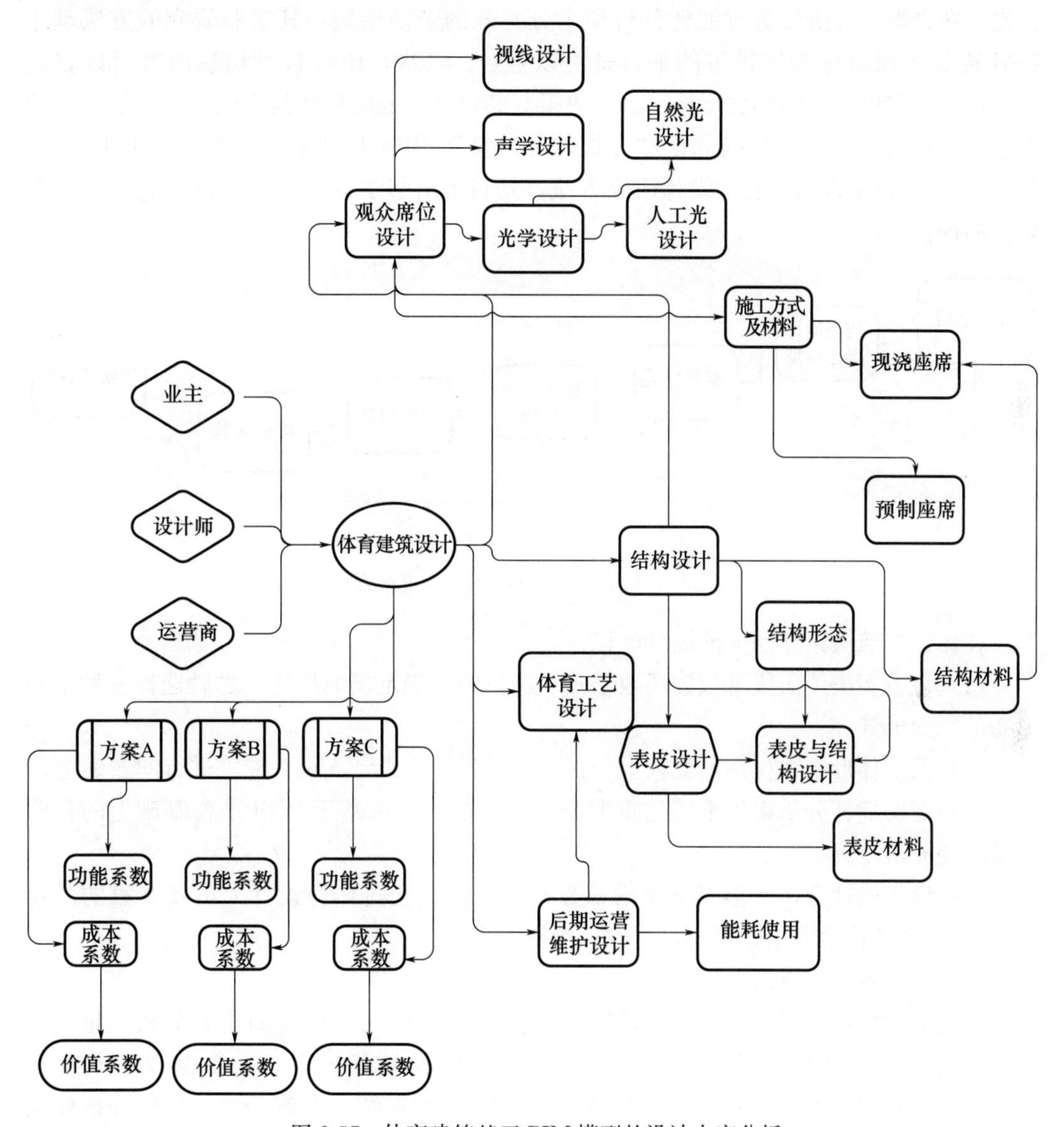


图2-57 体育建筑基于BIM模型的设计内容分析

## 2.5.3 多目标决策法

进行多目标决策时，根据事前确定的评价标准，从一组非劣解中，通过“辨优”和“权衡”找出一个令人满意的解。借用多目标决策法中的化多为少法：将多目标问题化成只有1个或2个目标的问题，然后用简单的决策方法求解，最常用的是线性加权和法。体育建筑最优条件分析——当决策对象具有多个评价目标时，从若干可行方案（解）中，选择一个满意方案（解）的决策方法。

美国南加州大学建筑学院的 Shih-Hsin Eve Lin 基于 MDO 设计方法结合建筑性能模拟和反馈机制——Evolutionary Energy Performance Feedback for Design（简称 EEP-FD）。首先利用建模软件生成模型，之后利用能耗分析工具进行数据分析（图 2-58）。首先，在方案设计阶段进行能耗分析是十分有效的节能措施，其实验研究的方法基于 BIM 技术及 BIM 模型所携带的平台是可以整合；其次，BIM 模型信息内容可以自定义；最后，借助遗传学的优化算法进行决策。其设计流程的目标是求最优的性能化设计结果为设计目标，利用精确的模型分析软件（基于 BIM 基础上）作为设计决策工具。其基于 BIM 技术提出的新的设计研究方法，是目前对多学科设计的讨论研究得到比较量化的评估方法。

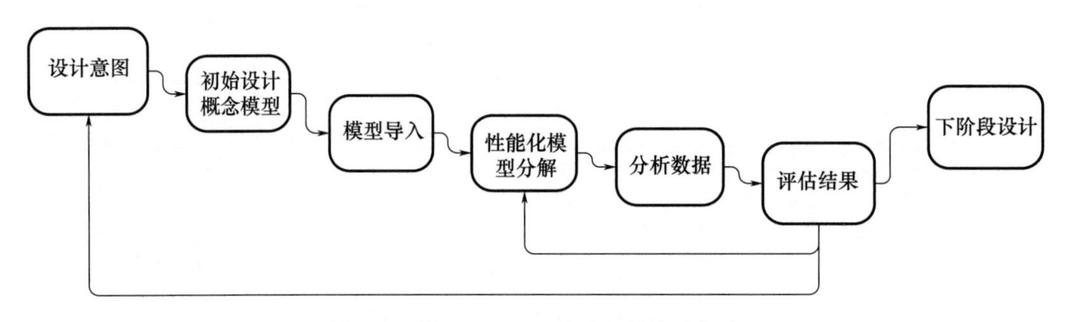


图 2-58　基于 EEPFD 基础上的决策方法

在体育建筑决策体系下的设计流程：

(1) 在方案决策阶段可根据场地形式和项目内容确定场地尺寸，之后选择三种不同形态的平面形式。

(2) 设定体形系数权重，此权重分析可通过对体育设计人员、专家进行问卷确定。

(3) 借助能耗分析得出不同建筑形态的基础能耗，可基于 BIM 平台基础上的任意一款能耗分析工具。

(4) 设定能耗分析及形式美学的权重，方法依据通过体育设计人员及专家的问卷（此形式美学的内容复杂，可再设置次一级权重指标）。

(5) 综合各方案得出最优解。

如图案例中通过对能耗、体形系数、形态美学以及造价四项指标进行分析确定权重后，对其四项内容进行细化后，利用已知的 BIM 模型分析得到的数据设定其参数（图 2-59）。同时可通过对基于 BIM 模型的能耗、体形系数、形态美学、造价分析评定权重重新进行判断。继而选定初期方案再进行下一步深入的分析，之后可再通过建立 BIM 模型得到分析数据重新按照以下子项进行分析能耗、体形系数、形态美学及造价的具体要求设置权重。在设计的方案过程，虽然不能将其数值完全的精细化，但是作为一种选择的参照标准可以将理性设计与非理性的部分加以整合。

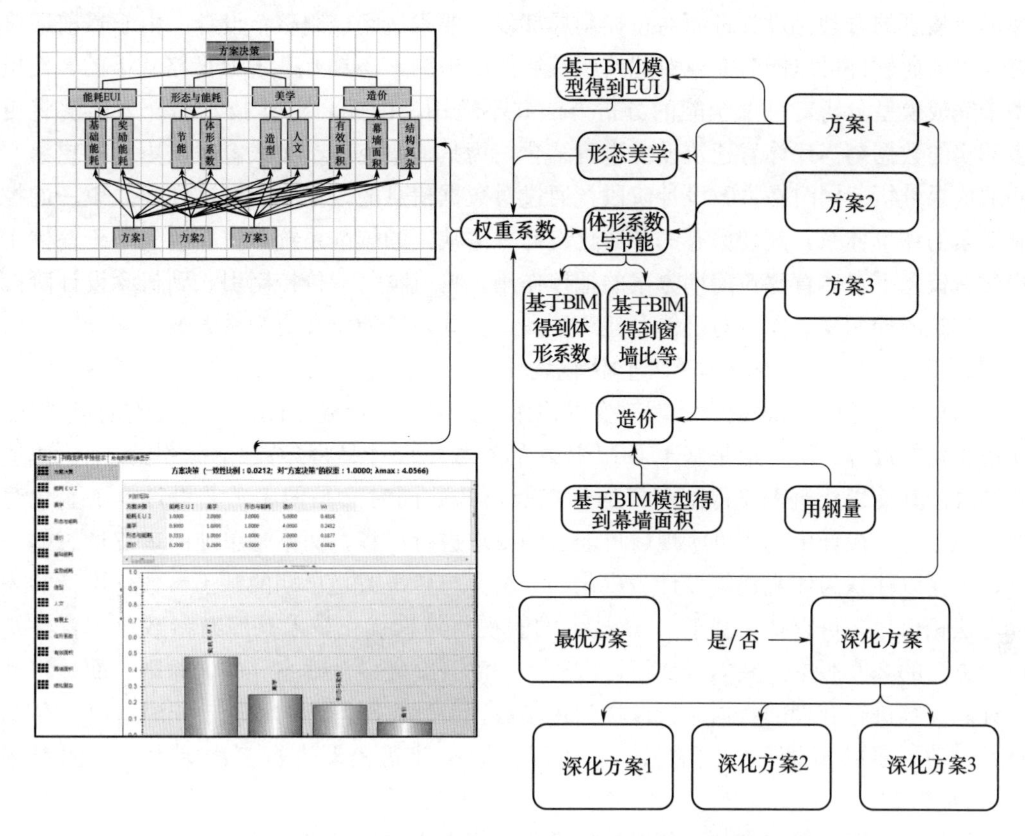


图 2-59 基于 EEPFD 方法基础上的体育建筑决策流程分析

## 2.6 总 结

在建筑设计中建立一个统一的评价体系是不太可能的事情，建筑设计不只关注形式。如何对建筑师作品的合理性分析，以及建筑技术的可行性评价，如何评价建筑的优缺点并将其量化，成为当代建筑设计中所关注的一个新的课题。建立在 BIM 平台下的软件可以帮助建筑师们在获得建筑体量模型的同时，在不同设计深度下利用对应的工程数据，虽然不够详尽，还是可以在成本估算和收益分析方面具有科学估算的效用，对项目进行科学的经济评价帮助我们在方案比对中提供更加直观的数据依据。基于数据建立的评价标准相对以往的感性评价增强了科学性。

1. 基于 BIM 技术的方案设计阶段

方案设计中的 BIM 技术应用更多是基于参数化及算法设计所生成的体育建筑。其目标是形成更为多样、创新的建筑形态，并通过有效的设计方法和设计工具将更多的相关因素以空间形态来展现设计的内容。通过更多的数据控制，以更为科学的方式去设计或制造生产一个性能更为优良的产品的心态去完成当代的体育建筑设计。坚持原有的直觉和创新的意识是实现优秀设计的基础，通过基于分析数据和性能评价工具的设计，可以使设计更加站得住脚。在体育建筑形态生成阶段，利用参数化设计方法将数据信息传递形成概念的合理化设计进而通过控制局部设计要素达到控制整个设计。由于目前还没有一个商业软件可以同时完成对建筑所有性能的检测，还具有基于 IFC 格式下的转换模型来完成模型分析，一个全能的分析方法并不适用。因此，BIM 技术的介入能够将更多翔实的数据与当代体育建筑设计进行结合，为其他研究者、实践者提供更大的想象空间的成果分析。同时在方案设计阶段，通过对数据信息的改变和控制达到建立单一的控制要素的评价体系，改变原有的参数化设计方法缺失的校准系统，进而达到基于整体工程建造概念下对体育建筑前期方案的把控作用。将成本与造价控制引入到概念设计阶段提升建筑的控制度，尤其对于体育建筑等大型公共建筑的意义更为重大。

2. 基于 BIM 技术的表皮和结构优化设计

基于 BIM 技术的表皮设计，改变以往认为数字化、参数化设计只是虚幻的形式化、非逻辑化的设计方法，但是基于 BIM 技术的参数化设计是将参数、算法与数字化建造相结合。其使得建筑表皮得到多样的形态及形式的同时又是便于工艺设计、工业化建造。因此，在设计中基于可实现、可加工的要求进行设计，而不是单纯的表皮形态的设计；改变以往认为体育建筑设计表皮化的看法。与传统或是早期的基于参数化设计的表皮方法相比较，可以认为基于 BIM 技术的表皮与结构优化技术是原有参数化体育建筑设计方法的 2.0 版本。其本身从设计方法上并没有突破设计师主导的大原则，而是将其设计的内容进行合理的数据分析以达到将参数化设计方法落地的目标。同时，由于 BIM 技术带动更多的相关开放式的接口，可以对同一建筑模型进行多次更为详尽的数据分析。

当然，对于一般或小型公共建筑来说，可能表皮与结构优化设计并不重要，但是在大跨、体育建筑设计方面，结构与表皮设计成为建筑设计的主导因素。因此，此项内容的研究与分析对于体育建筑设计本身的帮助要优于其他类型的建筑。

3. 基于 BIM 技术的模拟设计

将体育建筑作为建筑产业化的产品，如何得到性能最佳的建筑形态、可持续性的优秀设计及最优价值的建筑？在基于 BIM 技术及模型和计算机技术快速发展的基础上就需要在设计的环节中增加更多模拟测试。首先，体育建筑主要设计内容不仅包括看台设计、场地设计还有物理信息所包括的声、光、热以及其他机电、体育工艺设计，甚至是与建筑法律、法规相关的消防设计专项内容。对这些内容的模拟的意义在于，提供在方案设计与深化过程中探索最优解的可能。此外，模拟可以将建筑在全生命周期可能产生的问题和影响提前暴露，在设计过程中予以解决从而减少后期运营管理阶段再改建所带来的麻烦。

4. BIM 软件工具在设计中的意义

在设计发展的过程中，节点、细部设计包含了更多技术上的信息。所有的建筑必须符合结构、环境、消防及机电的要求。但是无论建筑设计的各个方面，都需要在设计初期得到更为准确的设计要求以便提高整体设计结果。而不是在设计后期，耗费更多的精力进入到无休止的修改当中。虽然早在 30 年前，在 BIM 出现之前，就有了基于结构计算的分析模型及分析方法。从这点上来看，貌似 BIM 对建筑结构设计并没有太大的作用。原因在于结构分析基础上的信息很难反馈到建筑设计上，其设计分析工具的非系统性是阻碍建筑与结构设计融合。但是在BIM技术的发展带动下，例如Revit Structure和Bentley Structures两个BIM的软件工具可以让结构、梁、板、柱的信息可以被结构工程师使用，同时建筑师可以基于相关的数据。简单的信息交互带来的影响并不仅仅是模型的通用，设计的便捷提高了专业之间的协同与交流，因此在基于BIM技术下的当代建筑设计将软件的研发及设计工具与计算机技术的整合成为辅助分析设计的新方向。

5. 基于BIM的MDO设计方法

结合BIM技术及模型构建有效的系统分析模型，将价值工程、可持续、绿色、环保和建筑所携带的社会人文因素纳入到系统模型当中指导设计。通过反馈控制机制、多层次分析法、多目标决策法等科学的分析研究方法，将建筑性能评价各要素、建筑系统之间的相互作用关系，及其他方面如人对环境的感知和心理感受纳入到评价体系，构建人与环境、体育设施之间的互动和影响是未来建筑设计优良的新的评判标准。本章列举了反馈控制、多层次分析以及多目标决策三种基于BIM技术的分析方法。在实际操作层面上，基于层次分析权重的要素关联度等分析，可以帮助确定设计重点；建筑设计本不可能达到最完美的境界，在方案取舍的过程应有一定的指导原则而不应再进行盲目的选择。基于价值工程体系的建筑方案设计选取评价原则逐渐成为方案选取的主要模式，而价值本身的含义也在拓展，在不同建设项目中其侧重点也略有不同。

对比于原有的价值工程体系多用于建筑施工图阶段或施工阶段，BIM技术本身在方案设计阶段可将建筑作为系统的设计和分析，利用这个操作分析来衡量物理数据的起伏变化产生的不同影响。在方案设计阶段，BIM技术主要体现在对参数化设计工具的使用及数据交互性的问题上，基于BIM技术的发展，让更多的学科交融，也促进建筑设计得到了优化和改善。

因此，原有的基于MDO的设计方法可能并不适用于概念方案设计阶段，由于数据和信息无法兼容且无法将更多的内容作为概念设计的控制要素；但借助BIM技术的加持，不仅扩展了BIM技术在体育建筑全生命周期的使用，同时确保了数据和信息模型的无缝衔接和更好的信息流转。其未来可以作为对传统建筑设计的再评估，从设计到施工起到承上启下的作用。基于BIM技术本身的再评估体系，重新推翻建筑自上而下的设计方法，而将自下而上与之结合。并不是应用了BIM技术带给我们新的设计方法，设计方法一直是建筑师的脑力活动，借助BIM技术开阔视角，利用新的技术可以提高效率、快速地提升我们的决策能力同时避免更多感性因素对设计结果的非理性判断。

# 3　基于 BIM 技术的绿色体育建筑评价

体育建筑在基于建筑生命周期设计应包括材料生产、规划设计、施工、运营与废弃物回收等过程。绿色建筑不应是单一的“绿色”，应在全生命周期内实现环境友好、可持续。对于体育建筑，实现绿色也应关注其全生命周期阶段，通过科学的整体设计，集成绿色、自然通风采光等高新技术实现真正的绿色、可持续的设计。由于绿色体育建筑本身能就体现其对体育建筑全生命周期设计方法的思考，因此研究基于对 BIM 技术在体育建筑全生命周期的应用，探讨其实现体育建筑全生命周期下的当代体育建筑的措施。

## 3.1　绿色建筑与 BIM 技术

20 世纪 60 年代，美籍意大利建筑师保罗·索勒瑞首次将生态与建筑结合称之为“生态建筑”，也就是今天的“绿色建筑”，或者说是当代的可持续建筑。绿色，原是自然界的一种常见颜色，绿色建筑不仅仅是节能的建筑类型还应该被认为是一种与自然的关系更为紧密的建筑类型。

维基百科定义：提高建筑物所使用资源的效率，同时降低建筑对人体健康和环境的影响，从更好的选址、设计、建设、维修以及拆除，为整个完整的绿色建筑生命周期。绿色的概念也扩大到生态、节能、减废、健康的范畴。

我国《能源发展战略行动计划（2014—2020 年）》指出，要实施绿色建筑行动计划，到 2020 年，城镇绿色建筑占新建建筑比例达到 50%。住房城乡建设部科技与产业化发展中心副总工杨西伟表示，绿色建筑已上升为国家战略层面。中国的绿色建筑标准，即《绿色建筑评价标准》（GB/T 50378—2019）正逐渐普及。

除了政策方面的关注外，由于目前我国正在从粗放型经济向集约化经济方向发展，而可持续性、能源、空气污染等问题更是常常占据了新闻头条。绿色建筑的出现顺应了时代的浪潮也符合国家政策的导向。中国的绿色建筑发展需要根据自身的特点，而这些特点与中国的国情以及建筑行业的发展现状是分不开的。因此中国的绿色体育建筑的未来究竟如何实现，绿色体育建筑应该关注哪些问题，BIM 技术与绿色建筑之间的关系都是本章研究的重点。

BIM 技术对可持续设计的作用主要体现在对建筑本身的性能分析和细化的部分。可持续性设计主要关注如何对建筑性能进行优化。BIM 技术恰巧可以作为评定建筑性能的辅助方法，建立在以 BIM 技术软件基础上，利用相关技术手段对建筑在方案阶段进行性能分析，不仅仅节约建造成本以及时间成本更是为构建可持续性社会起到推动作用。

## 3.1.1 绿色建筑发展概述

自1992年巴西里约热内卢联合国环境与发展大会以来，中国政府相继颁布了若干相关纲要、导则和法规，大力推动绿色建筑的发展（图3-1）。2004年9月建设部“全国绿色建筑创新奖”的启动标志着中国的绿色建筑发展进入了全面发展阶段。2005年3月召开的首届国际智能与绿色建筑技术研讨会暨技术与产品展览会（每年一次），公布“全国绿色建筑创新奖”获奖项目及单位，同年发布了建设部《关于推进节能省地型建筑发展的指导意见》。2006年，建设部正式颁布了《绿色建筑评价标准》。2006年3月，国家科技部和建设部签署了“绿色建筑科技行动”合作协议，为绿色建筑技术发展和科技成果绿色建筑产业化奠定基础。2007年8月，建设部又出台了《绿色建筑评价技术细则（试行）》和《绿色建筑评价标识管理办法》，逐步完善适合中国国情的绿色建筑评价体系。2013年1月，国务院办公厅转发了发展和改革委员会、住房城乡建设部制定的《绿色建筑行动方案》（以下简称“《方案》”）指出，要把开展绿色建筑行动作为贯彻落实科学发展观、大力推进生态文明建设的重要内容，把握我国城镇化和新农村建设加快发展的历史机遇，切实推动城乡建设走上绿色、循环、低碳的科学发展轨道，促进经济社会全面、协调、可持续发展。《方案》提出：到2015年末，20%的城镇新建建筑达到绿色建筑标准要求。政府投资的国家机关、学校、医院、博物馆、科技馆、体育馆等建筑，直辖市、计划单列市及省会城市的保障性住房，以及单体建筑面积超过2万m²的机场、车站、宾馆、饭店、商场、写字楼等大型公共建筑，自2014年起全面执行绿色建筑标准。

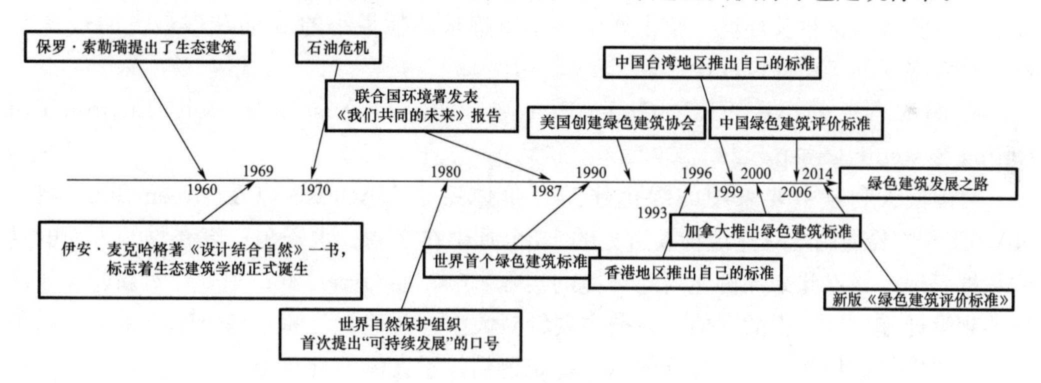


图3-1 绿色建筑发展历程

由于体育建筑的特点，投资大，公共建筑属性的特点而被列入到执行绿色建筑法规的体系当中。所以，当代体育建筑的设计必须从形态设计、地域文脉的设计中转向绿色、生态、可持续标准下，同时结合城市历史文脉的建筑设计当中。

### 3.1.1.1 各国绿色建筑评估体系概述

1. 英国的BREEAM——Building Research Establishment Environmental Assessment Method（1990）

由英国建筑研究所（BRE）提出，全球第一部绿色建筑评估系统，以因地制宜、平衡效益作为评估的主要方针。美国、加拿大以及荷兰、法国、日本等国都是基于BREEAM建立本国的评估体系。在英国本土，所有的公共建筑建设必须基于此规范的基础上。

2. 美国的LEED——Leadership in Energy and Environmental Design（1995）

由美国的绿色建筑委员会（USGBC）制定，主要强调能源与环境之间的关系，并结合市场导向，据此设计出更为绿色、环保可持续的、高效能的建筑。LEED自建立以来，进行了多次的修订和补充，并且针对不同类型的建筑、建筑规模和地理条件，设有各自独立的版本。其目前成为全美各州公认的绿色建筑评估体系，各政府也陆续将LEED认证作为兴建公共建筑的必要条件。LEED也被认为是最完善、最具影响力的评估体系而成为被各国借鉴的范本。

3. 加拿大的GBTool——Green Building Assessment Tool（1998）

绿色建筑挑战（Green Building Challenge）是一个由加拿大自然资源部（Natural Resources Canada）在1996年建立、由13个国家共同参与的国际合作组织。GBTool就是这个跨国组织共同形成的产物，其主要建立在Excel软件基础上，可针对资源效率、环境影响、室内环境质量、服务质量以及经济型和使用管理、社区交通等七个方面，对绿色建筑进行评估。GBTool不但可以提供一个统一而国际化的评估体系，也具有一定的灵活度，不同国家可根据地区的实际情况进行参数的调整。

4. 日本的CASBEE——Comprehensive Assessment System for Building Environmental Efficiency（2002）

CASBEE以日本的《环境基本法》为核心，认为建筑在整个生命周期中，必须尽可能降低其对环境的影响。CASBEE的评估体系中分为$Q$和$L$，$Q$代表质量（Quality）即建筑物的质量，包括室内环境、服务设施以及室外环境；$L$代表环境负荷（Load），即能源、资源与材料及环境。整个评价体系以追求消耗最小的$L$而获得最大的$Q$为目标，具有很强的实用性以及操作性。

5. 澳大利亚的NABERS&Green Star——National Australian Built Environment Rating System&Green Star（2002）

目前澳大利亚主要采用的绿色建筑评价体系是NABERS以及Green Star两种。NABERS主要强调既有建筑物在过去的12个月中在空调、水资源、废弃物等方面的具体数据表现，并以此来评价建筑对环境的实际影响。而Green Star则是针对新建建筑从方案到设计施工全过程的评估。目前主要针对大型办公建筑、商业综合体等采用这两种评估方法进行监督和管理。各国的绿色建筑评估体系大体上具有相似性，都在空调、水资源、能源分析以及建筑对环境的影响几大方面有明确的要求。而正是标准和法规的确立使得追求绿色、可持续性设计成为当代设计的衡量标准之一。

**3.1.1.2　中国的绿色建筑标准**

绿色建筑是指在建筑的全寿命周期内，最大限度地节约资源（节能、节地、节水、节材)、保护环境和减少污染，为人们提供健康、适用高效的使用空间，与自然和谐共生的建筑。绿色建筑的发展需要依赖节能、环保、生态以及可循环等先进的技术手段，当代建筑需要更加信息化、智能化的建造方式去实现绿色建筑。而信息化的基础以及未来智慧城市的发展需要借助BIM、互联网、云计算等先进信息化技术的支撑，以实现建筑的低碳、高效、低排放。可见，绿色建筑的发展需要依靠信息技术作为重要支撑，而面对智慧建造绿色建筑的新挑战，掌握BIM技术、把握产业发展动态才是重中之重。

因此，中国建筑科学研究院副院长林海燕在2014年BIM的座谈会议中表示，BIM技术在绿色建筑的节能中应体现出自己的价值，绿色建筑也应在BIM的发展中克服重重挑战不断升级，在这样的一个过程中不断完善BIM与绿色建筑自身的发展。因此在对绿色建筑的评价体系中，我国的评价体系将建筑按照居住建筑、公共建筑分类。我国的绿色建筑设计流程：项目目标确定—方案设计—项目可研分析—施工图深化—绿色建筑奖项申报—绿色施工展示。

针对绿色建筑评级的内容其主要关注的三个方面是节能、环保以及满足使用需求（表3-1），按照评分标准分为一星、二星、三星三个等级。但是，目前没有我国自主研发的绿色建筑评价软件可以与建筑设计对接，然而设计阶段介入到绿色建筑评价才能将其价值发挥到最大化，而我国的BIM技术发展还落后于欧美国家，没有形成完整的从设计到建造的绿色建筑一体化评价软件辅助设计。

**表3-1　我国绿色建筑评价标准**

| 等级 | 公共建筑　一般项数（共计45项） | | | | | | 优选项数（共14项） |
|---|---|---|---|---|---|---|---|
| | 节地与室外环境共8项 | 节能与能源利用共10项 | 节水与水资源利用共6项 | 节材与材料资源利用共8项 | 室内环境质量共6项 | 运营管理共7项 | |
| ★ | 3 | 4 | 3 | 5 | 3 | 4 | — |
| ★★ | 4 | 6 | 4 | 6 | 4 | 5 | 6 |
| ★★★ | 5 | 8 | 5 | 7 | 5 | 6 | 10 |

#### 3.1.1.3　我国绿色建筑与美国绿色建筑的区别

LEED是美国绿色建筑委员会（The U.S Green Building Council，简称USGBC）所组织的，对美国现有建筑进行生态评估的一套评估体育系，其成立于1993年，是美国唯一的一个在环保以及建筑方面具有代表性的、全性、非营利机构（表3-2）。LEED的主旨是：优越的环境和经济性能；高度运作的资源和能源利用率；健康、舒适的室内工作环境；全生命周期的设计、施工和运行维护管理；整合的设计团队。中国绿色建筑评价标准的主旨是：在建筑全生命周期内，最大限度地节约资源（节能、节地、节水、节材）；保护环境与减少污染为人们提供健康、适用和高效的使用空间，与自然环境和谐共生的建筑。虽然有些内容不太一致，但总体的思想还是关注可持续及能源利用以及对自然环境影响几大主要方面。

**表3-2　LEED的评分内容**

| 项目、指标 | | 得分 |
|---|---|---|
| 可持续建筑场址（14分） | 环境破坏与侵蚀控制（必要项） | 必要 |
| | 场地选择 | 1 |
| | 城市开发 | 1 |
| | 污染地再开发 | 1 |
| | 利用公共交通的替代交通 | 5 |
| | 减少场地与环境的影响 | 2 |

续表

| 项目、指标 | | 得分 |
|---|---|---|
| 水资源利用（5 分） | 节约景观用水 | 2 |
| | 采用创新性废水技术 | 1 |
| | 降低用水量与节水 | 1 |
| 建筑节能与大气（17 分） | 基本建筑系统运行 | 必要 |
| | 能源最低特性 | 必要 |
| | 消除暖通空调设备使用氟利昂 | 必要 |
| | 优化能源特性 | 10 |
| | 再生能源利用 | 3 |
| | 调试与试运行 | 1 |
| | 臭氧耗损 | 1 |
| | 检测与控制 | 1 |
| | 绿色能源利用 | 1 |
| 材料与资源（13 分） | 再生资源收集 | 必要 |
| | 建筑再利用 | 2 |
| | 施工废物管理 | 2 |
| | 资源再利用 | 2 |
| | 使用再生材料 | 2 |
| | 地方（区域）材料 | 2 |
| | 快速再生材料利用 | 1 |
| | 使用可持续认证材料 | 1 |
| 室内环境质量（15 分） | 室内空气质量要求 | 必要 |
| | 控制吸烟 | 必要 |
| | 二氧化碳监控 | 1 |
| | 提供通风效率 | 1 |
| | 建设中室内空气质量管理措施 | 2 |
| | 低排放材料利用 | 4 |
| | 室内化合物和污染源控制 | 1 |
| | 系统可控制性 | 2 |
| | 热舒适性 | 2 |
| | 自然光和视觉环境 | 2 |
| 设计创新计划（5 分） | 设计的创新性 | 4 |
| | LEED 认定的专业创新 | 1 |
| 工程总得分 | | 63 |

仔细分析研究我国与美国的绿色建筑评价体系，还发现中国的绿色建筑评价标准更强调其对环境的影响，而 LEED 还强调了设计师以及设计团队在其中的贡献作用以及建筑自身性能的重要性；所以基于 LEED 标准的推广，美国的建筑设计行业对设计本身的

性能评价标准在逐渐提高，越来越多的设计中都强调性能本身作为设计主导地位的重要性。但是LEED由于过分关注设计阶段的性能评价而缺乏对运营阶段的评价内容而被众人所诟病。因为很多获得LEED建筑项目并没有像他们提出的申请一样运行一些节能设备。但是LEED一直在修改评价标准如发展新建筑、既有建筑、商业建筑室内环境、商业建筑主体及外壳、住宅、学校、零售店及社会开发8个评价分支来满足不同项目类型的具体要求。但我国目前只区分公建和住宅这两类，缺乏对地域性、建筑类型差异性的考虑，且份额里太少，应根据具体类别制定相应的细化标准，同时增加经济效益在评价标准中的重要度。

## 3.1.2　基于BIM的绿色建筑

### 3.1.2.1　当代绿色体育建筑

对绿色建筑的要求从1988年的《民用建筑隔声设计规范》(GBJ 118—1988) 以及《建筑隔声评价标准》(GBJ 121—1988) 开始就将环境对建筑的影响纳入到建筑设计规范当中，当然在当时可能还没有意识到“绿色”这样概念的真正含义，但至少从使用功能以及建筑室内的舒适度、考虑到声音对建筑所带来的影响。而到1995年《民用建筑节能设计标准》(JGJ 26—1995) 的提出，已经将节能作为设计需要考虑、且必须遵守的法则。时间推进到2000年，国家规定各直辖市、沿海地区的大众城市以及人均占有耕地面积不足530m$^2$ 的城市新建住宅禁止使用实心黏土砖，并积极推行新型建筑材料都表明了建筑从高能耗建造向更加绿色、环保的建造方式转变。不仅材料需要绿色、环保、可持续，从建筑本身的运营以及能耗方面进行节能控制才是实现真正的绿色建筑的关键。据住房城乡建设部有关负责人介绍：我国建筑能耗惊人，建造和使用直接、间接消耗的能源已经占到全社会总能耗的46.7%。我国现有建筑中95%达不到节能标准，新增建筑中节能不达标的超过八成，单位建筑面积能耗是发达国家的2～3倍，对社会造成了沉重的能源负担。所以提出绿色、可持续发展不仅对设计以及业主在节约能耗降低成本有积极意义之外，更是对全社会的可持续发展起到推动作用。从2008—2015年获得过国内的绿色建筑等级认证的体育建筑汇总可以发现（表3-3），由于在2014年左右，各省市下发了相应文件规定公共建筑应实施建筑设计规范同时还需满足各地的绿色建筑评价标准。在2014年开始采用大多数体育场馆都达到绿色建筑星级标准，但实际的状况是主要集中在二星。从2008年到2015年，只有两座体育建筑达到了绿色三星的标准。体育建筑多为两星，原因在于三星的建造标准远远高于两星和一星之间的差距，目前政策性没有对其有强制要求，所以基于建造成本等考虑，现有体育建筑只达到一星或两星标准（图3-2）。

**表3-3　2008—2015年获得绿色体育建筑名单**

| 时间 | 年度绿色建筑评价标识项目名称 | 申报公司 | 等级 |
|---|---|---|---|
| 2008 | 华侨城体育中心扩建工程 | 深圳华侨城房地产有限公司 | ★★★ |
| 2011 | 临港体育活动中心 | 上海海港新城房地产有限公司 | ★★ |
| 2011 | 公明文化艺术和体育中心 | 深圳市光明新区城市建设局 | ★ |
| 2011 | 广州国际体育演艺中心 | 广州凯得文化娱乐有限公司 | ★★ |

续表

| 时间 | 年度绿色建筑评价标识项目名称 | 申报公司 | 等级 |
| --- | --- | --- | --- |
| 2013 | 天津民园体育场保护利用提升改造工程 | 天津五大道文化旅游发展有限责任公司、天津建工集团建筑设计有限公司、天津市天友建筑设计股份有限公司 | ★★ |
| 2013 | 西安大兴新区文体中心 | 西安大兴新区文化体育发展有限公司、北京中外建建筑设计有限公司 | ★★ |
| 2013 | 鹤壁市体育馆 | 鹤壁市人民政府投资建设项目代建中心 | ★★ |
| 2013 | 天津市解放南路地区起步区西区社区文体中心建设工程 | 天津城投置地投资发展有限公司、天津市建筑设计院 | ★★★ |
| 2014 | （上海市委党校）新建体育馆 | 中国共产党上海市委员会党校、同济大学建筑设计研究院（集团）有限公司 | ★★ |
| 2014 | 深圳市清华实验学校海外部文体中心 | 深圳航空城（东部）实业有限公司、中国市政工程东北设计研究总院、深圳市骏业建筑科技有限公司 | ★ |
| 2014 | 深圳市盐田区游泳馆 | 盐田区政府投资项目前期工作办公室、深圳市同济人建筑设计有限公司、深圳市筑博建筑技术系统研究有限公司 | ★ |
| 2014 | 邯郸市游泳训练中心 | 邯郸市体育局、河北鸿泰工程项目咨询有限公司 | ★★ |
| 2015 | 即墨蓝色新区体育中心 | 即墨蓝色新区体育中心 | ★ |
| 2015 | 怀仁县体育馆 | 怀仁县住房保障和城乡建设管理局 | ★★ |
| 2015 | 济南市济阳县文体中心 | 济阳县群利投资有限公司、山东省城建设计院 | ★★ |
| 2015 | 宜昌市职教园中心区体育馆 | 宜昌市住房和城乡建设委员会职教园建设项目部、中南建筑设计院股份有限公司 | ★★ |
| 2015 | 梧州市职业教育中心——综合运动馆 | 梧州市富民投资开发有限公司、广西城乡规划设计院 | ★★ |

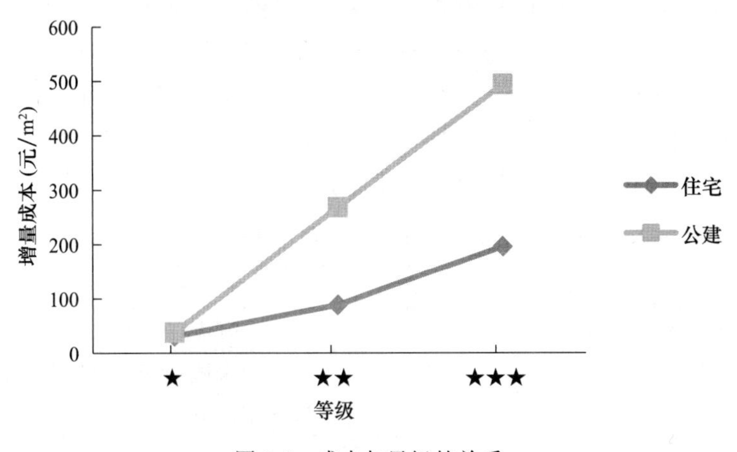


图 3-2　成本与星级的关系

华侨城体育中心作为首批成为绿色三星的绿色建筑，又以其改扩建的特殊性曾备受关注（表3-4）。华侨城体育中心建筑面积5130m²，包括新建体育馆4341m² 和原有体育用品商店及游泳更衣室的改造部分。新建体育场地上2层，地下1层。在设定了绿色体育建筑的目标之后，设计中对自然通风、采光等方面进行了模拟优化设计，使得此项目的能耗水平维持在国家标准《公共建筑节能设计标准》（GB 50189—2015）规定的能耗的72%。使用的多项技术手段（表3-4），并辅以精细化的模拟辅助建筑优化设计，通过对计算机模拟技术确定适宜的自然通风和采光，并将采光和拔风烟囱做了结合的处理手法。之后，在通过对现场实测和后评估过程中，对其使用能耗的状况进行评估，建筑运行能耗为50.35kWh/（m²·a）。同时利用模拟优化分析工具CFD、ECOTECT等对设计进行优化达到最优设计。还通过对场地风环境模拟，确保建筑周边区域风速小于5m/s，有利于夏季和过渡季节的自然通风。

**表3-4　绿色节能技术方案**

| 编号 | 技术方案 | | 优势 |
|---|---|---|---|
| 1 | 多种遮阳方式的应用结合建筑一体化设计 |  | 具有良好的遮阳效果，同时保持景观效果 |
| 2 | 温湿度独立控制系统 |  | 制冷系统可以在新风热回收、蓄能、降低能耗比例 |
| 3 | 空气源热泵＋太阳能 |  | 应用太阳能，太阳能光热建筑一体化利用 |
| 4 | 地下室采光井 | 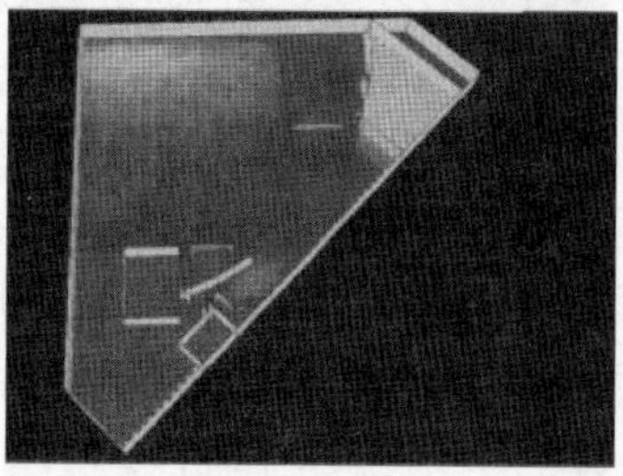 | 利用自然采光 |

续表

| 编号 | 技术方案 | | 优势 |
| --- | --- | --- | --- |
| 5 | 被动式自然通风 | | 屋顶拔风、建筑导风 |
| 6 | 水处理技术 | | 雨水收集、回渗和中水处理 |
| 7 | 旧建筑改造和再利用 | | |

实际上，无论是什么星级的评定标准，绿色建筑设计已经成为可持续体育建筑必不可缺的一部分。BIM技术在2015年实施的新版绿色建筑评价标准中可能作为创新项来加分，也就是说，未来绿色建筑设计将获得更多工程技术界的支持。这也说明BIM技术在绿色体育建筑设计方面将起到更为重要的作用。

#### 3.1.2.2 BIM与绿色建筑之间的关系

BIM技术的重要意义在于它重新整合了建筑设计的流程，其所涉及的建筑项目生命周期管理又恰好是绿色建筑标准中涉及的运营管理的内容，因此基于绿色建筑与BIM技术的结合是真实数据与信息的整合，同时借助绿色设计软件将其数据整合，确保分析结果的准确性。由于绿色建筑本身就是一个跨学科，涉及到设计、环境、运维等内容，具有多学科的综合设计所产生的结果，而BIM技术辅助其更好地实现这一目标。结合建筑设计、建造、施工各个管理过程的设计方法，将建筑的各项物理信息从建筑后期转移到前期的设计分析当中。

由于国际上常用的绿色认证LEED需要有相应项目的分数。因此越来越多的设计师开始研发如何在设计过程中就可以将模型模拟随时从LEED EA credit得到分数，让业主在方案阶段就可以选择适合的方案（图3-3）。目前现有的绿色建筑有关节能设计的软件大多不需要建筑完整的信息化模型，只需要特定的数据，但是在二维AutoCAD平面基础上的设计不够直观、界面不够优化，因此设计效率不高；经过与BIM技术结合的建筑性能化分析软件可以在三维中模拟性能并对建筑节能的结果提出改进意见和评价。避免设计中期发生变更，原建筑节能设计内容只能作废需要重新设计的情况发生。而通过IFC的交互模式，更多的绿色建筑设计分析软件可以得到更好地兼容也促使了BIM与绿色建筑设计的结合。美国绿色建筑委员会、美国机械承包商协会、欧特克

（Autodesk公司）及其他13个行业组织共同完成的《绿色BIM：建筑信息模型如何推动绿色设计与施工》报告中指出：BIM在节能分析中发挥重要作用，美国仅一般的绿色建筑从业人员在50%以上的项目中使用BIM；绿色建筑与BIM成为了美国建设领域的重要趋势，仅一半的非绿色BIM公司将在未来的三年内运营BIM技术到绿色建筑项目中来。如今，越来越多的设计人员、政府部门、业主都开始关注绿色、节能与低碳，利用BIM技术对建筑进行性能分析的工作应尽早开始。在设计前期运用BIM技术在建筑的形态设计、空间及材料选择方面进行分析，让我们告别单一美学的建筑设计而走向一个绿色美学的建筑新时代。

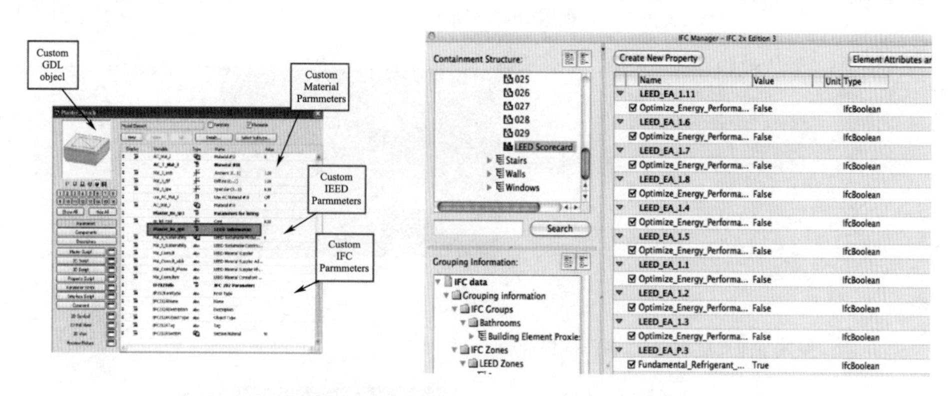


图3-3　BIM模型信息中插入LEED的数据信息

## 3.2　基于BIM的绿色设计措施

### 3.2.1　建筑围护结构的设计措施

围护结构是指为建筑内部空间抵御外界不利影响因素的建筑物及房间各面的围护物或构件。围护结构的绿色设计，对于体育建筑来说，其主要是在表皮设计包括遮阳、开窗形式及材质的选择上分析其绿色设计的可行性。由于地域、气候环境以及材质选择是围护结构绿色节能设计的一部分，BIM模型本身可携带材质信息及通过进行室内自然通风模拟得出天窗的总面积、外窗的开启率以及开口率等内容；因此在不同的地域特征下，在炎热地带涉及遮阳通风，在寒冷地带涉及到保温和日照问题。

#### 3.2.1.1　双层表皮

地域气候，如北方寒冷地区、夏热冬冷地区等自然条件会影响建筑主动节能与建筑造型整合以及被动节能措施的选择研究分析。其次，主动节能措施需要进行大量数据的研究分析，并以此作为科学的理论依据。绿色设计不仅仅是节能计算或是节能材料的选取还需要主动根据地域环境进行更加全方位的分析。案例：2022年足球世界杯体育场——卡塔尔体育场由Arup公司设计，作为世界上首个迷你、零碳排放体育场，采用了全方位的BIM的技术（图3-4）。

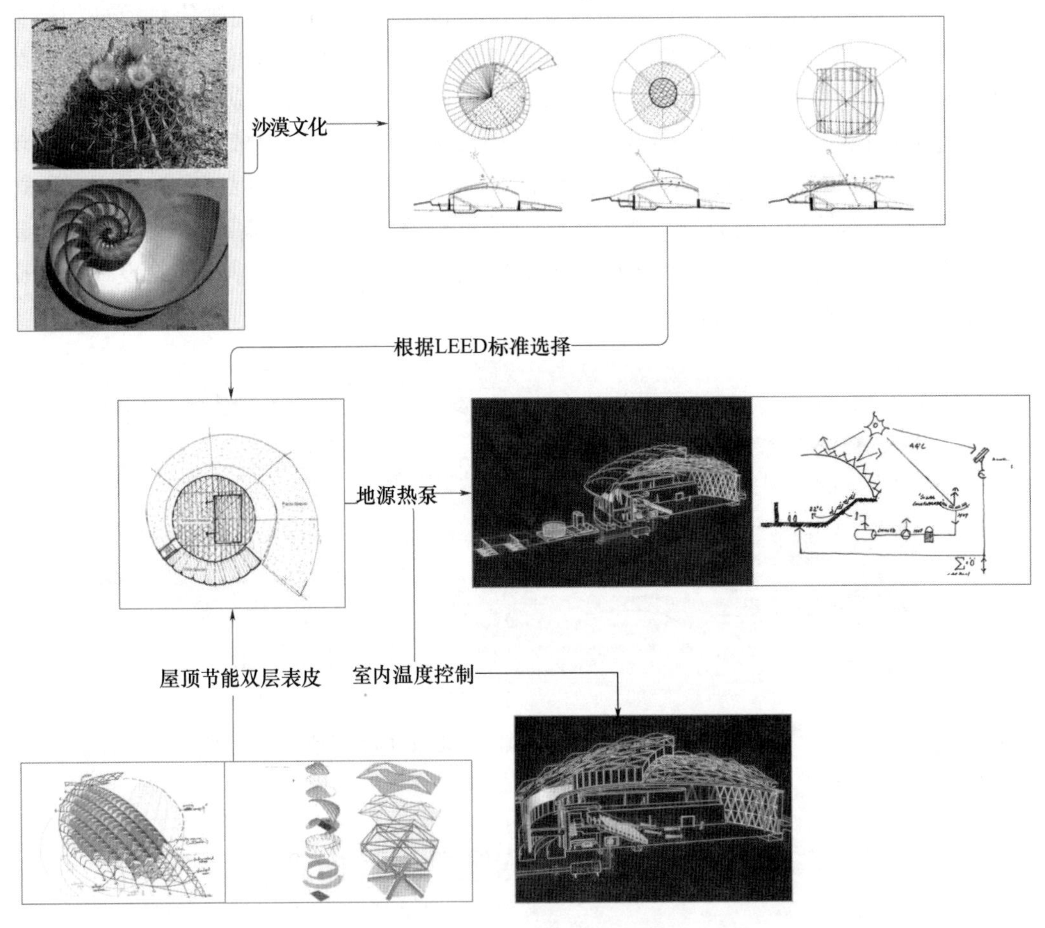


图 3-4　2022 年足球世界杯体育场方案设计分析

世界上首座号称零碳排放的体育场就坐落在卡塔尔，这座体育场是为了 2022 年足球世界杯所兴建。由于卡塔尔当地的温度很高，如何在平均温度达到 45℃的地方进行体育场设计，保证遮阳是首要任务，设计者通过对 3 个方案的 BIM 模型进行分析对比最终选择了三号方案。同时，此体育场最终获得 LEED 金奖认证，其认证过程中有需要对建筑遮阳效果、热舒适度的评分。因此，在方案设计初期寻找当地文脉，建筑形态采用当地的植物及贝壳形状；在决定形态之后根据设计要求完成 3 个方案，并按照 LEED 要求，进行绿色能源及双层表皮设计。在沙漠气候下，双层表皮的作用一是遮阳，二是确保室内能耗不流失。利用 BIM 技术中在方案阶段使用的 Ecotect 进行分析表皮，将信息化数据从表皮的开启方式、遮阳及建造方式等都进行综合考虑。

#### 3.2.1.2　光伏一体化表皮设计

光伏发电是通过光电效应在半导体内将光纤直接转化为电脑的过程。光伏建筑一体化的概念是 1991 年由德国旭格公司首次提出光伏发电与建筑集成化（Building Integrated Photovolitaic，简称 BIPV）的概念。其主要是提倡将建筑外表皮如屋面或立面材料由光伏材料代替，使其成为主要的电力来源。原有的光伏一体化设计出现的困境是，光伏板的维修和更换问题，以及对能源的检测追踪都有一定的难度。尤其是在雨棚、遮阳构件以及栏板构件等安装在建筑外表面，而不是建筑主体结构上都会出现对建筑外表面的支撑部位造成影响。目前相对于普通的多晶硅太阳能板，薄膜发电技术的产品种类也逐渐增多，可适用于多种建筑类型与使用部分的需求。同时其具有弯曲柔性的特点，可与建筑屋顶、玻璃幕墙等结合，还可定制不同厚度中空、Low-e 等满足建筑保温隔热的需求。

在结合 BIM 技术之后，不仅在对进行和准备采用光伏一体化设计的建筑上进行模拟得到应用其所产生的作用，同时对后期运营阶段的光伏板维修和更换进行信息采集和统计的作用。

#### 3.2.1.3 遮阳设施

利用 BIM 中模拟太阳的运动轨迹以及分析图表可以告诉我们太阳对建筑、基地的影响，基于 BIM 软件所生产的图表可以让我们得到关于太阳方位角和纬度等与之相关的详细图示化信息。以便更准确决定遮阳角度、确定遮阳板的厚度及出挑宽度等，达到减少能耗实现绿色节能的目的。通过设置遮阳结合太阳能板，结合 BIM 设计工具 EngeryPlus，进行动态模拟。按照每 5°间隔调整遮阳板倾斜角度并进行对比。之后还可设遮阳板为太阳能板，通过分析不同角度产生的太阳能，决定最适合角度（图 3-5）。

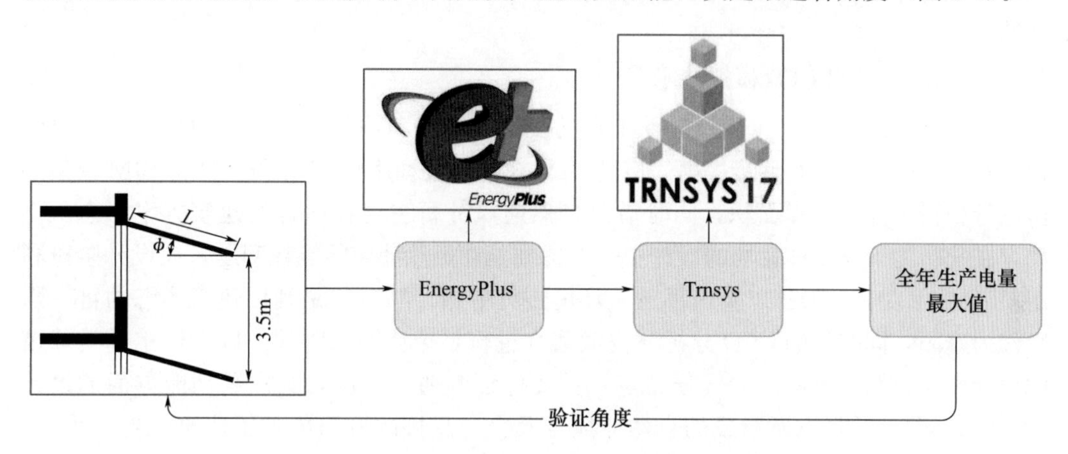


图 3-5　验证遮阳角度及能耗

此外，在对既有体育设施的改造过程中，可通过对建筑模型信息的分析得到遮阳后的改善结果。由于我国在 20 世纪玻璃幕墙盛行的时期，大量公共建筑采用了玻璃幕墙，但由于没有对幕墙有科学合理的分析导致建筑在使用过程中经常出现能耗过大、能耗流失的问题。

### 3.2.2 室内外环境与建筑节能

利用 BIM 技术，可模拟室外风环境、气象等方面对绿色体育建筑设计策略进行辅助分析。例如 CFD 进行室外环境模拟，基于 BIM 模型得到室外环境的微气候与建筑通风之间的关系。可根据通风条件对模型进行调整确保其自然通风效果。通过对室外环境的研究分析，以被动式节能干预手段实现建筑能耗降低的节能技术，在建筑规划设计中通过对建筑朝向的合理布置、遮阳设置、建筑围护结构的保温隔热技术、有利于自然通风的建筑开口设计等实现建筑需要的供暖、空调、通风等能耗的降低。

在没有明确提出绿色体育建筑设计，以及BIM类软件发展初期，体育建筑的性能设计方面借助风洞试验确定体育场馆的通风条件。以重庆工学院体育馆为例，该项目位于该学院花溪校区，北侧有山坡利于形成微气候环境。当地的气候环境是夏季以北风为主导风，通过对周边环境的模拟发现体育馆与北侧的山地形成负压区，借助风洞试验比较发现，建筑的屋顶采用倾斜屋顶更加利于形成正负压气流（图3-6）。

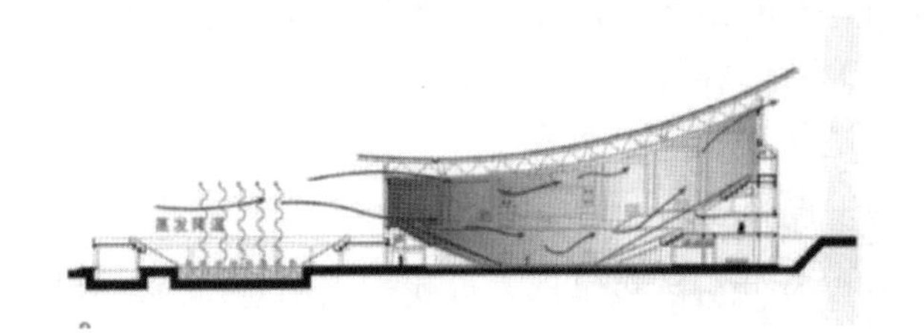

图3-6　重庆工学院体育馆

通过对模型分析，建筑师确定采用北低南高的弧形桁架结构，利用东西两侧的窗户进行通风并人工控制窗户的开闭。在尚未推进BIM技术的时候，建筑师在面对不同气候环境下，体育建筑设计也只能局限在风洞试验以及在设计后期对建筑材料的节能选型。

**3.2.2.1　利用CFD模拟技术**

随着与BIM相关技术以及软件工具的发展，可以利用分析的工具越来越多，对体育建筑的设计标准也在逐步提高。借助BIM模型以及利用CFD相关软件将BIM模型导出进行分析，计算阴影面积，同时借助自然通风分析去寻找适合的建筑方案形态。例如，在扎哈为卡塔尔体育场的设计中，考虑到其在炎热地域的能耗问题，在设计阶段利用CFD技术对建筑形态以及内部通风环境进行分析。其目的是利用建筑形态的自身阴影作为遮阳，同时借助CFD分析寻找最适合进行足球比赛的时间。以卡塔尔乒乓球馆的设计来说，结合卡塔尔的气候特点，首要保证其通风情况，其次是功能方面的设计（图3-7）。其建筑形态所形成的自然通风以及自身悬挑的遮阳覆盖了建筑的首层平面。对于在如此炎热的地区进行体育场馆设计，首要是为观众和运动员提供舒适的环境，所以在体育场馆的性能设计方面，风、热性能设计都需进行严格的检查。

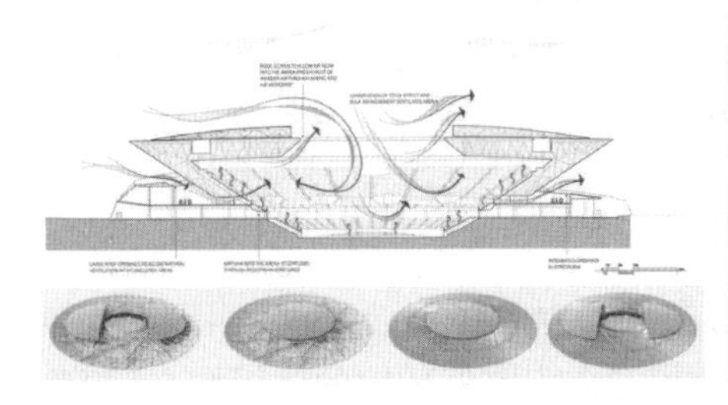

图3-7　卡塔尔乒乓球馆通过对环境分析得到场馆的通风示意图

在寒冷地带，环境与气候对于场馆设计也是尤为重要。例如在黑瞎子植物园的设计中，作为大跨空间结构，建筑风环境对建筑的能耗有一定的影响（图3-8）。黑瞎子岛位于东经134°27′，北纬48°17′，海拔高度81.2m。通过CFD技术模拟计算室外风环境，由于夏季主导风为西南风，据此进一步调整建筑朝向同时结合与底部开窗分析，导入自然风，加强室内自然通风；同时利用CFD模拟还可以发现建筑的部分区域有没有大漩涡及气流死角，避免空气不流通导致的热量堆积。

在设计中通过对大跨度网架的内部温度及植物生存空间采用空气调节技术结合BIM技术模拟建筑环境对其微气候的能耗进行分析；同时结合其采用ETFE膜材料对其顶部的自然通风和采光进行调节。即在造型环境下直接调取当地的气候数据，设定分析计算参数，根据造型等参数生成计算网格，网壳表面每块膜材的物理量能以颜色和数值随建筑造型的调整实时更新反馈，甚至用这些反馈的物理量驱动建筑造型的自生长，因而热带植物区和暖温带植物区就能设置在日照最充足的部位。这样做的好处还体现在，对于单块膜材不会再细分多余的计算网格，系统资源利用率高，可操作性更强。借助BIM团队提供的这种衍生技术，建筑师能从容拿捏感性和理性的平衡点。

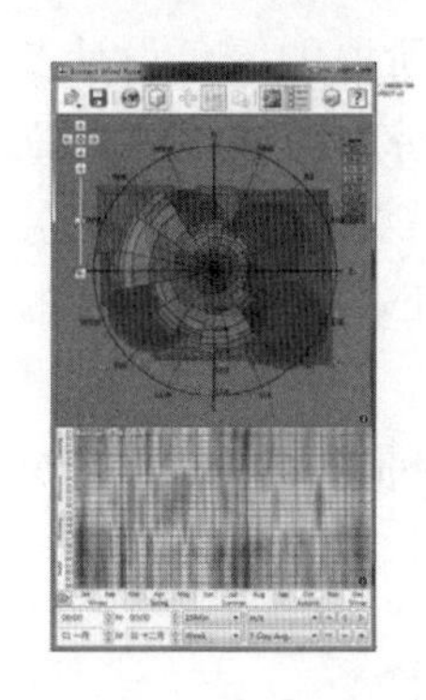
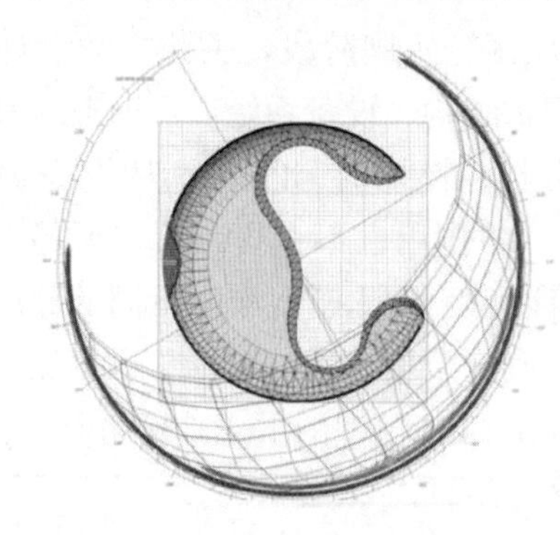

图3-8　黑瞎子植物园CFD模拟

### 3.2.2.2　焓湿图策略分析

建筑气候学设计是促使建筑适应周围环境气候的特点，创造出适宜的微气候环境与气候效益相协调的建筑新科学。

在Ecotect的Weather Tool中提供一项功能强大的焓湿图分析功能，可以根据气象数据在焓湿图中对场馆的主动、被动式设计策略进行分析。其中被动式节能由于与建筑形态关系更为紧密，建筑师在设计中更应该以关注。而体育建筑作为高跨大空间建筑，能耗主要集中在供暖、空调等造价与运营有紧密联系的部分，因此在设计中充分利用此项功能对实现体育建筑的绿色节能设计意义更为显著。通过气象数据可以分析出当地气象特征，通过气候要素与人体舒适度之间的关系可以得出该地区的被动式节能策略。此外，在Weather Tool中还可以自由组合被动式节能方法，对其效果进行模拟检测，选择最为适合的组合模式。例如在通过利用Ecotect的Weather Tool对上海地区的气候进行研究发现，上海地区只有在5月和10月的一段时间满足人体舒适度的要求，而对于上海地区必要有效的被动式策略是高热容材料，即高热容材料与自然通风结合的被动式节能策略。因此，在针对上海地区的体育建筑设计中应尽量增加自然通风同时增强外围护结构的蓄热能力。但是这里需要注意的是，体育建筑内容繁杂，有些竞技项目对风速的要求更为严格，那么在此类建筑设计中可能不适合借用此分析手段。

### 3.2.3 其他方面

体育建筑的通风设计可采用自然通风与机械通风相结合的设计方法，在非比赛时阶段采用自然通风节约能耗，在比赛时阶段采用机械通风尤其对风速有严格要求的比赛如羽毛球等，需要更为精确的模拟优化设计以确保其通风效果不对比赛造成影响。通过机械设备干预手段为建筑提供采暖空调通风等舒适环境控制的建筑设备工程技术，主动式节能技术则指在主动式技术中以优化的设备系统设计、高效的设备选用实现节能的技术。体育建筑作为大空间建筑，对能源的消耗很高。如何在设计中就能够有效降低实际使用能耗，并将节约能耗与设计本身形成有机结合成为节能设计研究的重点。

在采光方面，绿色设计主要考虑自然采光以及光导纤维的使用。利用BIM技术的相关软件，如利用Autodesk Ecotect、IES、STAR CCM加软件分析，将分析结论作为依据进行节能措施选择和设计。

基于BIM的绿色体育建筑设计应区分不同阶段，关注方案设计阶段的绿色设计及深化阶段的内容，在具体阶段针对围护结构、设备系统、照明节能和室外环境四大方面进行模型优化模拟分析。依据定性分析、模拟确定的形态为决策提供更加科学的依据。同时在不同的设计阶段应用BIM技术的作用也不一样，所需要的BIM模型也有差异，这正是BIM标准中需要规定不同设计阶段BIM模型深度不同的原因。一般情况，被动节能设计应在方案设计阶段以及方案确定阶段使用，有助于方案比对和选择，对照BIM标准LOD100，而主动式节能分析应在BIM模型的LOD300进行（图3-9）。

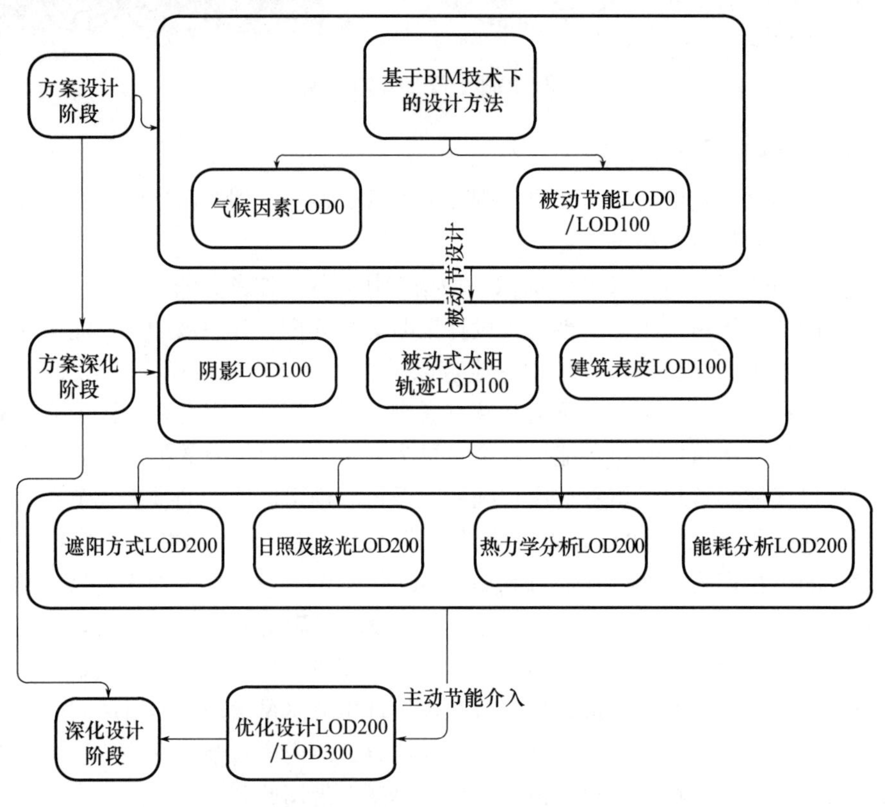


图3-9 体育建筑不同阶段的设计内容及模型深度要求

在建筑最佳朝向选择方面，通过 Weather Tool 可给出全年过热期和过冷期的太阳辐射量，通过对当地气候的了解选择更为适合的建筑朝向。虽然对于体育场来说常规的设计中选取东西向，但是在体育馆及其他体育综合体项目中可以综合判定建筑的最佳朝向。例如，利用 Ecotect 可以得出上海市的最佳朝向，在方案设计中可根据不同地区选择更为适合的朝向（图 3-10）。

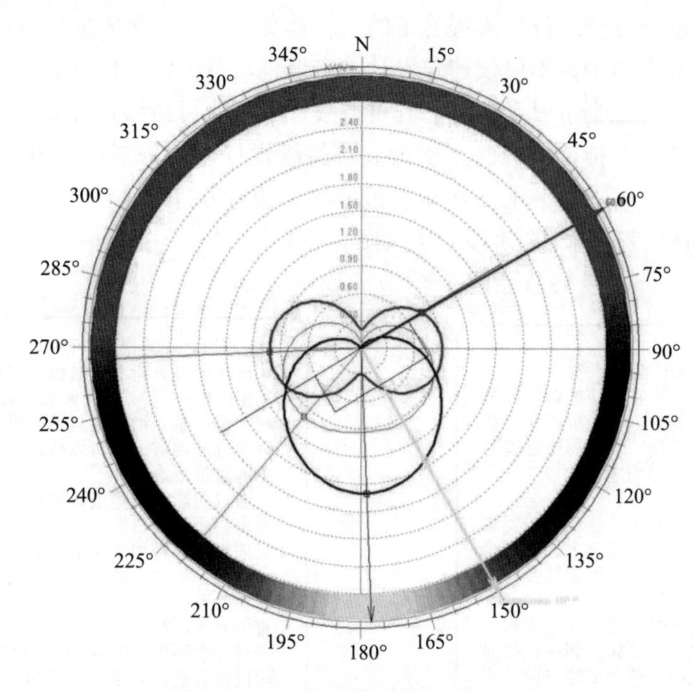


图 3-10　上海地区最佳朝向分析

此外，楼宇设施管理是推进对绿色建筑建成后的能耗实时评估，因为绿色建筑的“绿色”不仅体现在建筑设计阶段，在实际使用及运营阶段，其设计的结果需要通过实际使用得到检测。例如，SOHO 中国在业内首次整合了楼宇信息模型和能源管理系统，为物业管理者提供了对整个建筑全生命周期的管理控制。SOHO 中国结合能源专家咨询服务，优化能源成本，增强楼宇的运维效率；使得物业管理者可以通过大屏幕以及业内首个基于移动应用的能源管理软件，展现能耗、空气质量、环境舒适度数据，实时监控整栋建筑的能耗运行情况。

## 3.3　实现绿色体育建筑的可持续性目标

### 3.3.1　BIM 技术对可持续设计的影响

#### 3.3.1.1　可持续设计的内容

从绿色建筑到可持续设计的发展是自然而然的规律，提倡绿色建筑的目的就是降低建筑对自然环境所造成的影响，而可持续设计也是如此，并将其扩展到更为广泛的概念。可持续设计，是一种以符合经济、社会及生态学三者可持续经营为方针的设计方法。可持续设计的范畴很广，小至日常生活用品，大至建筑设计、城市设计、乃至于地球的物理环境都在其内。关注可持续设计就应该从上述的三个方面进行分析，基于设计本身应结合经济、社会、生态三个方面融为一体的设计方法。

建筑设计本身与经济相关的部分可以从价值工程的定义中寻找。而当代学者提出的性能化建筑设计就是将性能与美学结合一起，并以此建立评判标准，让建筑从感性分析中回归理性。基于可持续设计流程变革的"一体化设计"，就是将可持续设计真正扩展到建筑的全生命周期中，不仅仅建筑设计本身体现可持续性，应在建筑的全过程——从设计、建造、运行三个阶段全面考虑其可持续性。那么可持续设计要从方案设计阶段就开始贯彻可持续的精神，BIM 技术引入到可持续设计中正好对应于其 BIM 模型设计的 5 个阶段。通过对 BIM 信息有 5 个阶段量度的总结与可持续设计进行比对发现其设计流程可完全与 BIM 设计的 5 个阶段对应（图 3-11）。

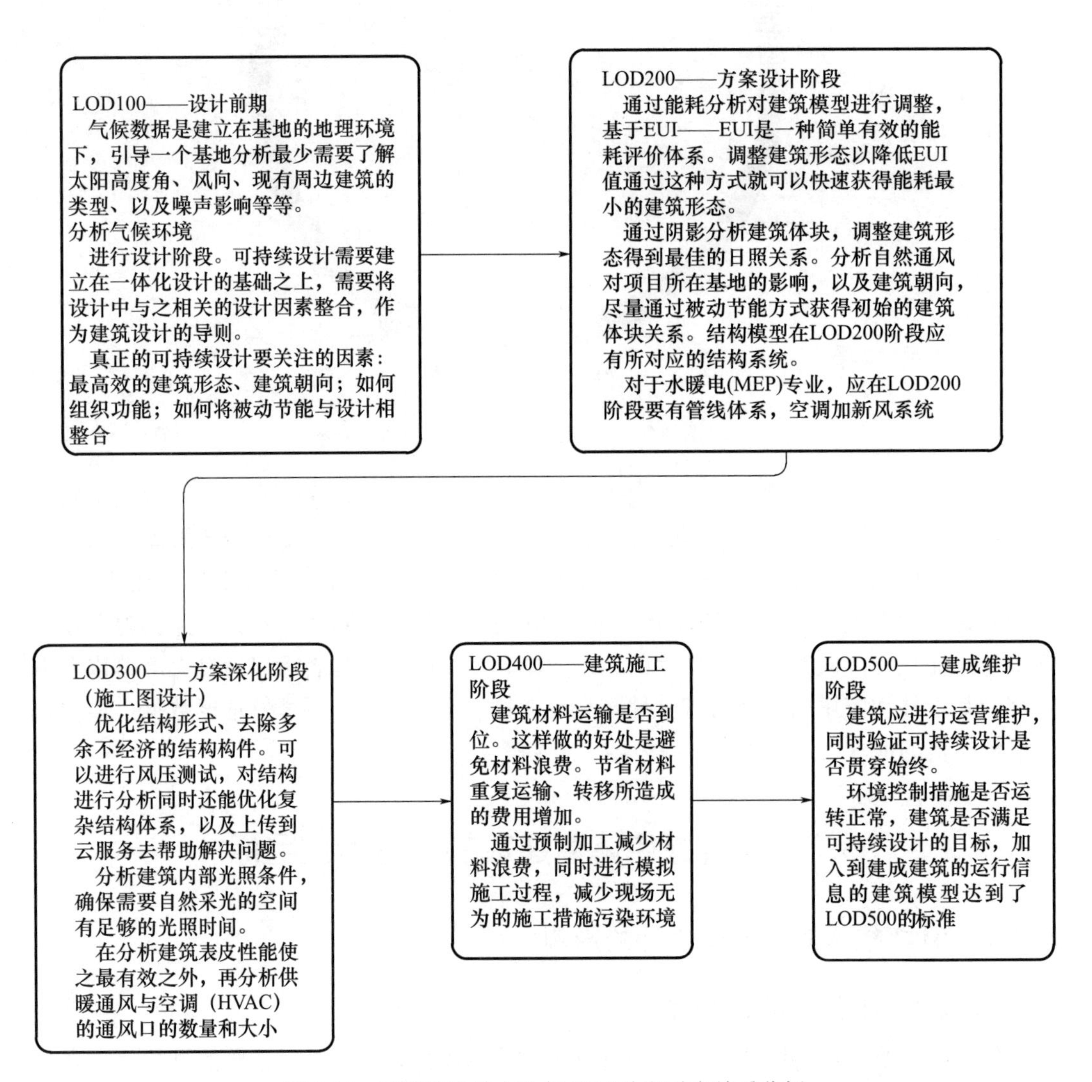


图 3-11　可持续设计方法与 BIM 阶段对应关系分析

对比于传统的设计方法，国内的大多数设计院在进行建筑设计中，基本满足国内的建筑节能标准，而这个“满足标准”是在方案设计结束后，施工图阶段进行分析计算，其目的只是为了满足标准而没有对其效能与建筑以及建筑形式进行深入细致的研究以及计算。在基于BIM技术基础上的绿色建筑以及可持续设计当中，这部分节能分析应贯穿在设计各个阶段以获得最佳、高效的建筑。

（1）可持续设计与社会层面相关的内容，体现在可持续设计从设计方案选择到建造材料选择都应将降低其对社会的影响，例如碳排放量的计算。目前还没有软件检测建筑物的碳排放量，但是碳排放量是绿色建筑设计的一项重要考虑因素。根据产生碳排放的原因如原材料、废弃物等。

（2）在生态环境保护方面的可持续设计就体现在建筑材料及能耗的合理利用。材料选择、材料本身的材质及加工方式等都会对生态环境造成一定的影响，大型公共建筑作为能源消耗的载体其自身能耗及空调设施对环境的影响都是巨大的。因此，合理的楼宇管理包括项目的运维都是确保建筑在实际运营阶段的可持续的延续。通过整合BIM技术及平台，通过对建筑结构、用钢量、机电、能源、光照等信息传递到能耗分析平台，才能做到真正整合未来可持续建筑在经济、社会、生态等方面的效用和价值。

#### 3.3.1.2 BIM在可持续设计中的应用

1. 基于BIM平台的开放式

BIM和可持续、绿色建筑的分析软件进行数据交换主要依靠的是gbXML格式——已被认为是业内高度认可的数据格式。基于主流软件公式ArchiCAD、Bently、Autodesk旗下的设计模型都可转为gbXML文件，之后在分析模拟软件中进行计算，gbXML文件已经被认定是绿色建筑的数据子集。基于Revit基础上的插件Autodesk Green Building Studio（GBS）与Integrated Environmental Solution Revit（IESVE）都是可以在BIM软件工具基础上计算建筑的碳排放情况。

2. BIM与生命周期评估的整合

基于BIM模型及其IFC数据平台，可实现生命周期评价（Life Cycle Assessment，简称LCA）与BIM的整合，利用BIM软件进行LCA的辅助分析，将Revit中的材料信息利用材料提取工具自动输出并进行分类，实现对建筑材料的管理。在生命周期评价（LCA）中整合BIM方法，减少前期建筑模型信息提取、建模、分析的复杂性，满足建筑师与业主的需求。通过BIM与LCA分析方法的整合，可以实现在建筑生命周期管理中对建筑环境影响及建筑可持续性的评价和分析。

3. BIM技术的支撑

在对复杂形态的建筑的可持续设计上，由于复杂形态的建筑无法直接计算表面积以及内部空间的体积，同时在方案设计初期任何形态的调整，按照在可持续设计的方法都需要进行建筑各项性能的分析与测试，利用BIM技术可以快速生成分析结果，并进行多方案比对。其次，对于可持续设计以及绿色建筑评定来说，单纯从报告无法直接获得最准确数据验证，需要对模型进行实际检测。

BIM在可持续设计推动上遇到的阻力，可持续建筑在设计阶段应用BIM技术实践的问题主要体现在建筑设计阶段的节能设计方面，由于政策、法规的问题，BIM模型不能真正实现信息模型的全生命周期流转。以上海为例，目前的节能审查为了保证所申报的数据准确，上海采用了统一的申报软件进行核查，产生的问题是，软件的互通性还不够高，虽然国际上的主流绿色、节能计算软件都是基于IFC标准之下，但我国现状是还没有跟上、还有很多基于我国国情下的设计、申报、审批的问题亟待解决。

#### 3.3.1.3 整合“BIM+LCA评价方法”

在设计阶段，增加项目潜在的价值是提升设计竞争力的有效方法。基于此目的，在建设项目设计周期阶段介入生命周期评价（LCA）方法不仅提高了项目的灵活度，同时在设计阶段介入LCA方法对降低能耗、减少碳排放的作用远远大于在建设阶段介入LCA方法。

在方案设计阶段，介入LCA评价体系可作为一种设计决策方法引入到对项目的思考当中，当代的建筑设计已经从消费驱动转向了价值驱动，提升价值成为了设计评价标准的重要指标之一。LCA介入到设计评价体系当中，可更好地建立对建筑材料的使用决策，辅助生成建筑平面，提升建筑室内环境及室外环境设计的重要性。此外，通过基于LCA评估策略，可以对设计方案进行多角度分析，尤其是基于环境影响因素的各要素都可以作为附加条件影响最后的方案选择（图3-12）。Tortuga（图3-13）是目前加载在Grasshopper基础上研究LCA下模型的数据分析。材质信息Tortuga提供材质编辑，可以在Grasshopper下的几何形体中加载包括生命周期以及温室效应潜能值（Global Warming Potential，简称GWP）。因此，在方案设计阶段可以快速对计算机建立的模型进行GWP值分析，对比不同方案的建筑生命周期进行评价。

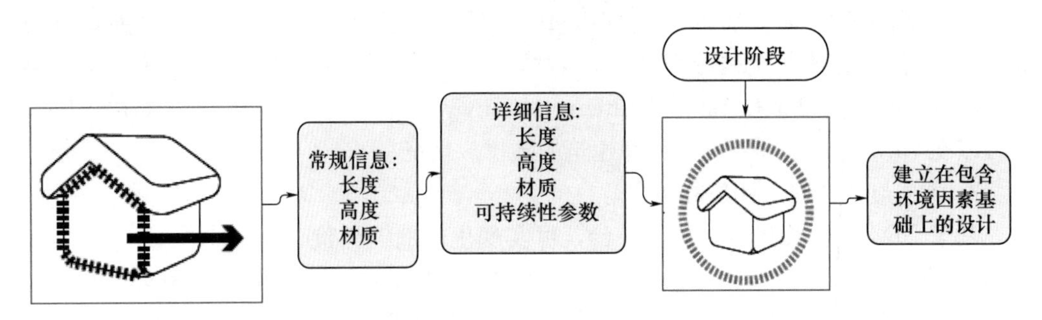


图3-12 包括在BIM模型中的环境信息

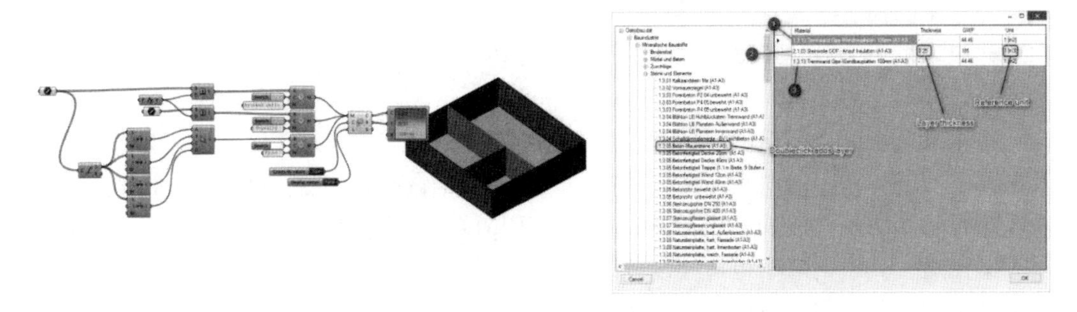

图3-13 Tortuga加载在Grasshopper中的信息

此外，基于LCA决策方法不仅针对经济价值、能耗，还十分注重社会价值的可持续性。当代建筑设计不仅仅需要满足造价、经济性、美观，还须将可持续性纳入到自身的职责范围之内。

在欧洲国家，LCA被作为设计初期的方案设计的决策工具之一，这是建在其已有的大量数据信息的基础之上。而我国所有的与建筑设计及建造相关的数据信息还是基于2D的图纸之上，因此这些信息都需要手动输入又增加了时间成本及费用。但是未来基于BIM技术及BIM模型的大力推广，LCA决策可以得到更好的推进（图3-14）。

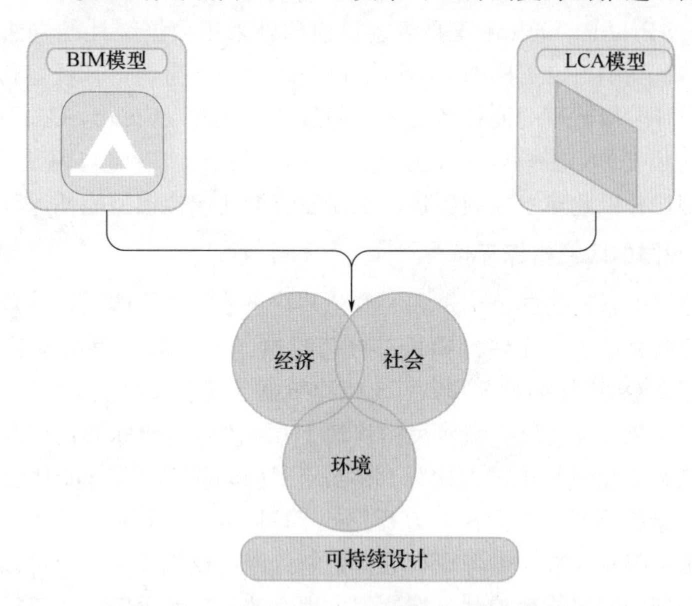


图3-14 整合BIM与LCA模型的可持续设计

但是基于LCA决策方法在我国目前也面临很多问题。首先，需要有更加专业的应用程序配合进行建筑性能分析，但是我国的信息不透明以及项目建设周期短而进行分析的时间长的矛盾无法解决。其次，数据的有效性是基于真实有效的数据基础之上，但是我国目前的数据库建立不完善。缺少基于我国国情的标准与LCA决策方法相匹配。此外，建设项目自身是由各个部分组成，尤其体育建筑涉及到建筑构件、结构构件、机电设施及体育工艺设施等，各部分的使用寿命不一、属性各异，都增加了使用LCA决策方法的难度。

## 3.3.2 构建体育场馆能耗限额指标体系

### 3.3.2.1 限额指标体系

限额指标体系的建立有助于建立基础的能耗评定标准。欧美发达国家经过多年的发展，已经建立了相对成熟的建筑能耗基准评价方法和管理制度。一般采用基于网络的在线评估工具，便于能耗评估工作的推广。用户只需要将包括建筑能耗在内的一些基本信息输入到在线评估工具中，可以迅速地计算出该建筑的能耗等级。美国能源部对全球部分国家和地区使用的建筑能耗评价工具进行了统计，在北美地区的能耗基准评价工具有17种、亚太地区4种和欧洲地区3种。这些评价工具，包括由各国家政府制订的评价工具，例如：澳大利亚政府制订的NABERS（National Australian Built Environment

Rating System）评价体系和奥地利能源署制订公司级别能源基准工具（Energy Benchmarking at Company Level）；也包括仅适用于各地区、由地方政府和科研机构制订的评价工具，例如：应用于美国加州的 Cal-Arch 工具，由美国橡树岭国家实验室制订的，应用于爱荷华州、科罗拉多州和佛罗里达州所有学校建筑的“Oak Ridge 比较工具”(Oak Ridge Benchmarking Tools)；还包括为大型公司、连锁商业公司制订的评价工具，例如：针对太平洋电气公司（PG&E）的客户制订的 CustomNet 评价工具，为 ABB 公司提供的 Energy Profiler Online 工具等。目前国外采用数据统计的方法，纳入到新建建筑能耗评估体系当中，以美国的 Green Building Studio 为例，其就是利用采集的数据作为评估方案设计阶段建筑的能耗情况，并通过耗能强度（Energy Use Intensity，以下简称 EUI）作为因变量，影响因子作为自变量，通过拟合自变量与因变量之间的回归方程形成数据模型，并以此建立控制新建、拟建建筑能耗模拟模型能耗评判的标准。

#### 3.3.2.2 我国的限额指标评价

我国初步建立国家机关办公建筑和大型公共建筑节能监管体系，并建立能效公示制度。例如，上海共完成了 284 幢国家机关办公建筑，1041 幢大型公共建筑的能耗统计工作。2008 年、2009 年分别对 37 幢、43 幢建筑楼宇进行能效公示。上海市正在全方位推进新建民用建筑节能管理，新建民用建筑 100%按照节能标准设计和建造，全市现有节能居住建筑和节能公共建筑占比分别达到 46%和 34%。进行能耗统计的目的就是为了建立像美国绿色建筑委员会在大力开发的 BIM 与绿色建筑评级系统，为系统收集基础数据辅助确定限额标准。参考现有数据，制订绿色建筑评级系统可以有效整合资源同时更加精确合理的制定能耗控制标准达到合理有效的控制手段。北京已经拟制订体育场馆能源消耗限额。通过限额标准的建立，确定足球场比赛场电力消耗限额为各类活动电力消耗限额之和，并给出先进值、限定值、准入值（表 3-5）。如果在进行设计的足球场经过分析超过此数据，那么可以认定此足球场设计属于低效。

**表 3-5 足球训练场年电力消耗限额**

| 体育场类型 | 限定值 [kW·h/ ($m^2$·h)] | 准入值 [kW·h/ ($m^2$·h)] | 先进值 [kW·h/ ($m^2$·h)] |
| --- | --- | --- | --- |
| 足球训练场 | 50880 | 44160 | 36480 |

注：表中限额按照场地面积 8000$m^2$，年需照明天数 300d，每天照明时间 4h 计算。

对体育场馆的能耗统计范围包括：体育场的能耗包括因比赛、训练、日常管理、健身娱乐等所消耗的总用电量和用热量，不包括基建和改建等项目建设的和向外传输的能源量；体育馆的能耗以单个体育馆为统计单位，包括体育馆比赛、训练、健身、日常管理等所消耗的总用电量和用热量，不包括基建和改建等项目所消耗的和向外传输的能源量。

如果体育场馆能源消耗限额可以被通过，其规定新建及扩建的体育场馆的能源消耗应满足限额的准入值要求，而如何满足，如何进行检测，需要基于 BIM 相关软件进行数据模拟，前提是建立在 BIM 模型的完整及有效性的基础上。对于已建成的体育场馆可通过节能改造来达到限额的先进值规定，更是需要 BIM 技术支撑。并不是说脱离了 BIM 技术，这一切的技术行为就不可能发生和发展，而基于信息载体的 BIM 技术是整合资源的方式，同时帮助我们将信息分类管理，让工程师以更为科学的角度去研究设计及其建筑能耗的使用情况。

#### 3.3.2.3 基于体育建筑能耗的设计评价

1. 能耗基础的设计评价方法

基于能耗基础的设计评价方法，在方案阶段可进行多方案比较。原有的分析方法无法准确估量建筑能耗，只能计算简单的材料节能，但对于体育建筑来说，如何更加高效地将被动节能与主动节能结合在设计当中才是从设计角度解决可持续设计的关键。其次，基于体育场馆能源消耗限额可指定节能刺激政策，同样具有现实意义。节能激励政策主要关注在政策的公平性问题，激励措施的实施与节能措施的效果必须有直接联系，那么效果评定的公平性，将直接影响激励政策实施的公平性，所以在BIM模型将数据带入到已有的能耗分析软件当中，可以根据获得的分值进行调整设计以达到业主、建筑师满意的结果。

建立评价体系也是节能监管以及政府部门的首要职责，只有节能量得到有效的统计，才能制订相应的奖惩措施以及更加细致的管理办法来监督和督促未来的建筑节能设计。公共建筑的能耗基准确定方法采用单栋或多栋两种模式。单独建筑能耗基准确定方法重点在理论上进行比较，对结构围护和照明以及设备的使用，适用于编写规范及处理建筑改造节能项目。多栋建筑能耗基准方法适用于同类型建筑之间的对比，对政府制订规则具有指导意义。例如在深圳市华侨城体育文化中心的改建项目中，其使用后评价能耗由于没有其他体育场馆的能耗指标进行对比而选用了招商地产办公楼及深圳建科大楼进行能耗对比（表3-6）。实际上由于使用时间及运营内容不同，并不具有实际研究的价值。

表3-6 与深圳当地其他范式建筑能耗对比

| | 总耗电［kW·h/（m²·a）］ | 空调电耗［kW·h/（m²·a）］ | 照明电耗［kW·h/（m²·a）］ |
|---|---|---|---|
| 华侨城体育文化中心 | 50.35 | 12.44 | 21.2 |
| 招商地产办公楼 | 81.8 | 32 | 23 |
| 深圳建科大楼 | 44.4 | 16 | 14.1 |

2. 建立体育场馆能耗评价工具

建立基于中国国情的能耗分析软价值工程体系的建筑评价表，专家评定后依据其内容划分评分等级，形成体育场馆能耗评价工具。目前，北京市已经形成体育场馆的能耗数据。但是建筑类型的不同会影响对建筑能耗的差异，因此首先要对体育建筑进行细化，可按照规模划分：特级、甲级、乙级和丙级（表3-7）。之后可依据不同规模和分项内容目标值、标准值及基准指标进行计算，以用来指导同类型场馆的能耗优化设计。

表3-7 体育建筑规模划分

| 等级 | 主要使用要求 |
|---|---|
| 特级 | 举办亚运会、奥运会及世界级比赛主场 |
| 甲级 | 举办全国性和单项国际比赛 |
| 乙级 | 举办地区性和单项国际比赛 |
| 丙级 | 举办地方性和群众性运动会 |

### 3.3.3 建立绿色体育建筑评价体系

在目前的绿色建筑设计中，尤其是体育建筑设计中很少关注不同地区的绿色体育建筑与气候以及地域的结合度评价。但在研究中还是发现已有学者开始对不同建筑类型进行绿色建筑评价体系理论模型的研究工作。

例如已有的研究基于办公建筑设计的绿色建筑评价系统，该系统主要参照《绿色建筑评价标准》(GB/T 50378—2019) 中节地、节能、节水、节材、室内环境质量以及设计创新设置预期目标，以此为依据建立评价结构体系。在节能与能源利用此子项当中就设有自然环境直接利用、最低运行能耗设计以及可再生资源利用三大内容。对于公共建筑设计来说，在绿色建筑设计中对于“节能与环境利用”此子项来说，其涉及到的内容基本一致，但在设计与创新一项中，对于不同类型的建筑可参考其特点给予额外的奖励分，以体育建筑为例，可考虑增加对地域以及气候区设计的响应的得分项，并基于PBGBAS (Performance Based Green Building Assessment System——性能表现的绿色建筑评价体系) 建立将此项用于对体育建筑绿色建筑评价模型的评分系统当中(图3-15)。

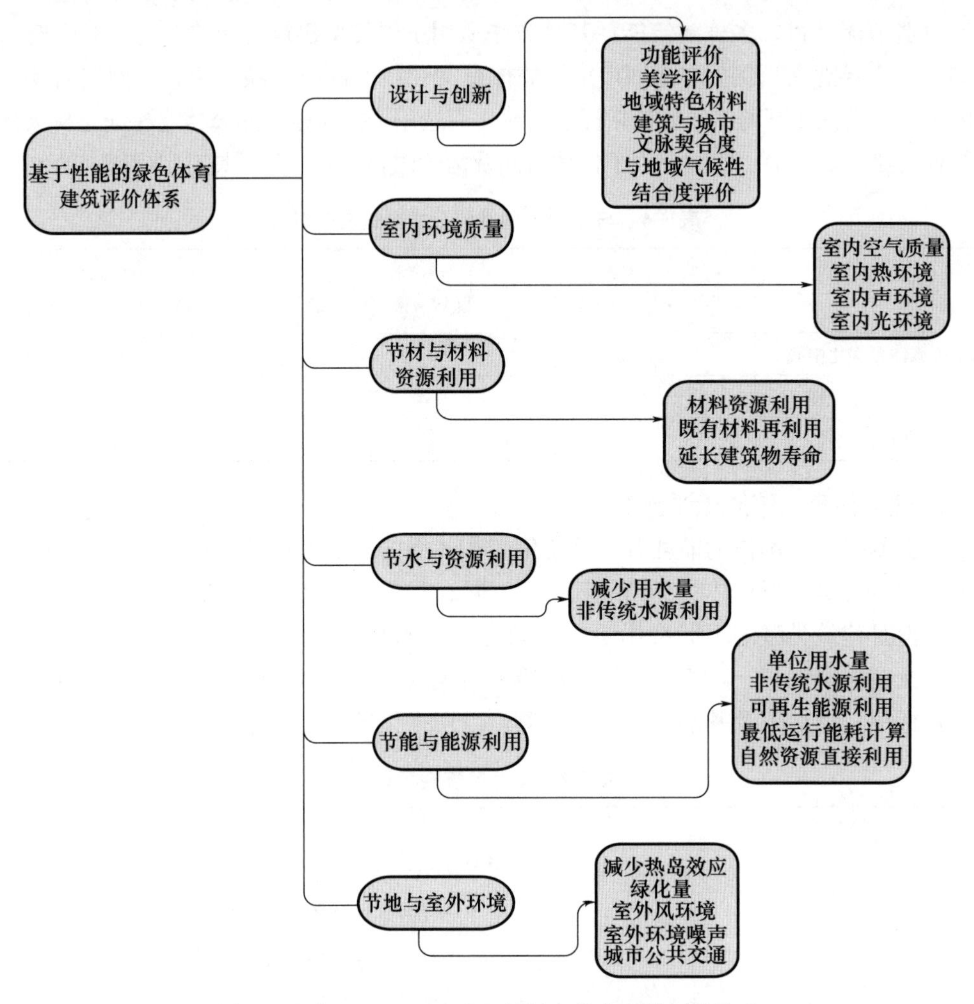


图3-15 基于PBGBAS建立的绿色体育建筑评价体系

## 3.4 总 结

绿色建筑逐渐成为设计本体的一部分，作为对建筑全生命周期的探讨，绿色建筑成为不可或缺的组成内容。本章从绿色建筑到可持续性设计与BIM技术及BIM平台整合的关系，详细阐述了目前我国及其他国家绿色建筑的发展情况及BIM应用于绿色建筑的切入点及工作方式。同时通过对绿色建筑所涉及内容，探讨我国体育建筑未来基于绿色、可持续性设计应注意的内容及建立评价体系的基本方法。

真正从设计阶段实现绿色、可持续性的整合，必须基于合理、科学的评价体系的标准之上，而生命周期评价方法（LCA）及能耗评价应是从大概念到分项评价指标的评价内容。因此，实现可持续体育建筑的发展目标需要建立基于BIM技术的体育建筑能耗限额指标体系，以此作为基准的评价体系也为建立能耗评估工作的推广提供更为准确的依据。此外，在建筑设计前期进行评价分析有助于在设计阶段给出优化与改善的建议，在建筑运行周期的预测与能源方案的整合，使建筑从初始阶段的设计就建立在控制建筑生命周期的能耗环境的影响之下，为今后的设计工作提供更多与环境、经济影响的信息实现设计初期简单快速便捷的可持续设计方法。

# 4 基于BIM技术的体育建筑施工及后期运营

## 4.1 施工流程的转变

### 4.1.1 传统施工模式

我国目前的施工模式还是以现场施工为主的模式，主要原因在于原有的AutoCAD软件设计方式与施工图设计的精细度都很难满足工业化建造的程度，再加上国内从设计、制造、物流、安装之间的信息传递与传统建筑施工的承包模式都决定了现场施工是最适合的方式，但并非最佳方式。

中国的传统工程施工管理模式，对建筑设计的依赖过高，施工单位原则上遵守按图施工的方式，但缺乏具体的深化设计的过程。虽然，在施工交底、施工过程中可以依靠施工方案与设计师进行沟通解决建筑设计中部分交代不清楚的问题，但也有部分是有施工单位“直接进行设计”的成分存在。目前国内的施工过程中，只有钢结构设计因其复杂度以及工厂加工、预制的问题基本达到有钢结构施工方进行深化、节点详细设计，并可生成图纸以及零部件加工，甚至直接与自动化生产线连续实现CAM（Computer Aided Manufacturing，计算机辅助制造）加工，这应该算是BIM技术在国内最早应用的范例。但除钢结构设计这部分之外，我国传统的施工方式与欧美国家还是具有很大差距，在欧美建造体系当中，现场最终指导作业的图纸（shopdrawing）通常是由承包商提供，经由工程师或设计师审核后作为施工的依据；但在我国的设计施工体系当中，很多情况下都是从施工图直接过渡到施工阶段，也就是说最后的图纸仅由设计方提供。

在欧美的设计施工体系中，从设计到施工详图的“最后一公里”是由承包商提供，而在我国的体系下，似乎模糊、弱化了这“最后一公里”，也正是这种差异，成为了我国目前的施工方式对BIM技术的要求并不高的根源，但这却是完成整个建筑设计、控制建造成本、保证建筑品质的关键。因此，对于我国的传统建筑业需要借助BIM技术的大力发展而完成建筑业转型。

### 4.1.2 BIM技术下的体育建筑施工特点

#### 4.1.2.1 虚拟施工模拟

建筑工程施工是一项将设计图纸转成建筑实体的复杂工作，体育场馆的施工又是其中最为复杂的内容之一。原有依靠施工经验对施工进行控制和优化的方法具有一定的局限性，同时与设计人员的沟通局限性更为凸显。因此引入BIM技术与虚拟施工结合的方式，简化设计人员与施工人员的沟通障碍，同时提升建筑的工程质量。

以福州海峡奥体中心为例，体育场钢罩棚结构工程是该项目施工难度最大、技术含量最高的项目之一（图 4-1）。体育场钢罩棚悬挑最大长度 71.2m，最高点高度 52.826m，在全国同类型体育场中覆盖看台面积最大。钢构件为三维立体弯扭，上部钢结构屋面罩棚采用双向斜交斜放网架结构体系，其钢结构施工难度在国内同类项目中名列前茅，该项目钢罩棚网架结构“无主次”杆件之分，是目前国内唯一的此类罩棚钢结构。由于结构设计中采用三维立体弯扭，需要确保在空中安装的稳定性，采用 Midas/Gen 软件进行结构施工模拟。共计 42 个施工步骤，通过模拟检测结构受力后的挠度值，确保施工的准确性及可靠性。涉及到的模拟施工流程包括：BIM 与施工过程仿真软件结合、施工模拟的施工准备、整体施工模拟、施工的拆分过程。具体文件的拆分方式选择按照专业拆分为混凝土结构、土建部分、看台结构、看台座椅、钢结构、通风管道安装、生活给排水管道安装、空调管道、消防供水管道安装、供电线路安装、智能化线路安装、场地、设备机房等 13 个部分。

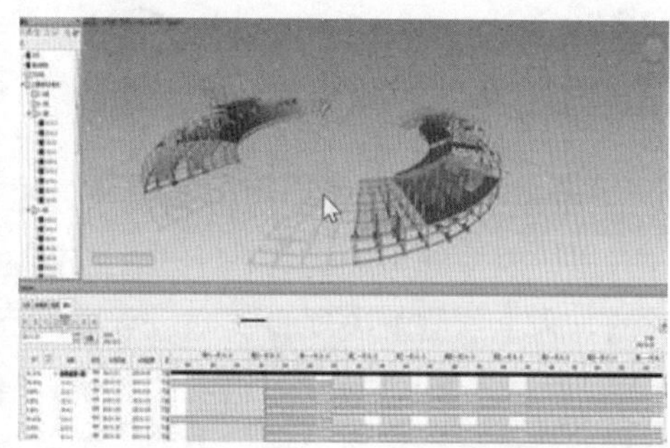

图 4-1 福州海峡奥体中心模拟施工过程

#### 4.1.2.2 精细化施工

精细化施工的前提是采用虚拟施工将施工中涉及到的问题进行模拟。而虚拟施工的特点就是在虚拟环境中不需要任何人力成本将建筑完成的搭建，可视化就是呈现了这一搭建的过程（图 4-2）。三维和四维可视化的作用就是提升了利益相关方参与和决策的质量。精细化施工与 BIM 之间还有一个强烈的联系，在于 BIM 的应用可以满足精细化施工的原则和协作其他精细化原则的完成。导致施工中浪费的很多原因要归咎于信息生成的方式、管理和使用图纸的沟通。可视化的 4D 模型有利于建筑施工作业人员理解设计意图，控制施工质量。虽然建设工程技术交底制度已实施多年，但除了在工程资料留下签名外，受教育程度参差不齐的建筑施工作业人员，面对传统的、枯燥的文字交底单，往往不愿看、看不懂、记不住。利用可视化的建筑信息模型能够让现场务工人员更好地理解精细化，让他们在现场操作过程中能按照规范进行，适应我国目前的建筑施工从业人员文化素养不足、阻碍建筑业精细化发展的现状。

施工模拟可视化在我国最著名的案例就是国家体育场设计中应用的虚拟施工技术。通过虚拟施工得到与工程实际符合的施工过程模型，同时对大型体育场馆施工过程中钢结构吊装过程的控制过程进行模拟和方案比对；并通过系统优化功能的扩充，完成施工方案优化；此外，由此积累设计与施工一体化经验以及制订量化的施工方案为日后的体育场施工提供参考意见。

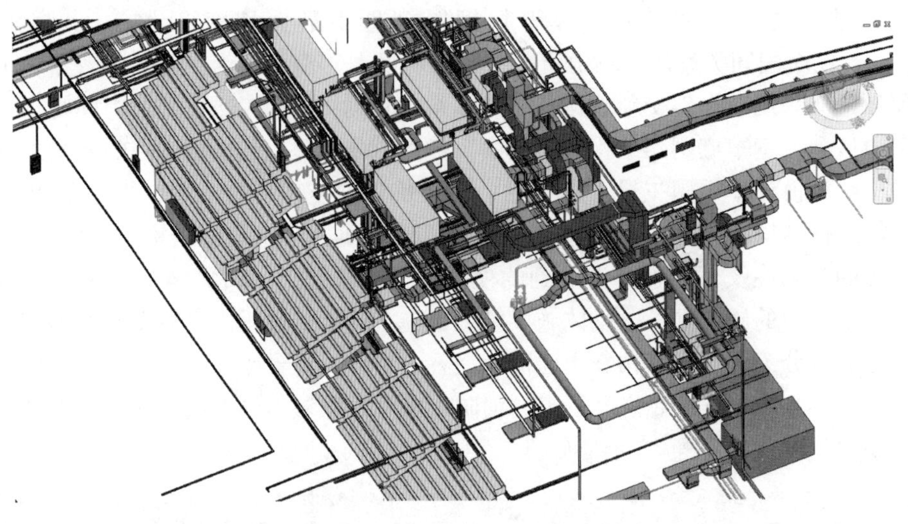

图 4-2　看台与设备之间的建造关系

#### 4.1.2.3　应用虚拟施工的意义

进行模拟施工的优势在于进度控制、优化施工方案，保证施工合理有序；施工难度降低，利于预测解决项目实施过程中的问题；进行现场安装模拟、优化安装方案，有利于施工质量控制、安全控制以及效率，有利于材料的统计与采购，根据进度备料与进程控制；提供分析模型、加工模型、预制加工，有利于精确施工节省建筑材料。

利用虚拟模型可在实际建造之前对工程项目的功能及可建造性等潜在问题进行预测，包括施工方法实验、施工过程模拟及施工方案优化等。在建造时随时随地都可以非常直观快速地知道计划是什么样的，实际进展是怎么样的。这样通过 BIM 技术结合施工方案、施工模拟和现场视频监测，大大减少建筑质量问题、安全问题，减少返工和整改。此外，三维可视化技术可以直观地将工程建筑与实际工程对比，考察理论化与实际的差距和不合理性。同时，三维模型的对比可以使业主对施工过程及建筑物相关功能性进行进一步评估，从而提早反应，对可能发生的情况做及时的调整。建造过程中无论是施工方、监理方甚至非工程行业出身的业主领导都对工程项目的各种问题和情况了如指掌。国家体育场就采用了虚拟施工技术以及利用 BIM 模型形成的三维动画渲染和漫游让业主在进行销售或有关于建筑宣传展示的时候给人以真实感和直接的视觉冲击（图 4-3）。

应用虚拟施工的优势还体现在建立清晰的管理机制、合理有效地控制复杂项目的时间进度，同时依托物联网技术实现线上线下的实时信息流通，节约建造成本也可节约物流成本，实现更大范围的建造、加工一体化。

1. 建立清晰的管理机制

传统施工交底模式将面临技术方案不细化、不直观及不清晰等一系列问题，为后期施工带来很大的风险。所以，我国目前大型、复杂性公共建筑在施工阶段多由总承包在施工初期就采用BIM技术，其雇佣BIM工程师进行BIM建模，借此指导现场施工。既然在施工阶段应用BIM技术十分重要，但如何真正将BIM技术融入施工阶段，协同和交流的高效才能真正将BIM技术“落地”。施工阶段主要的管理集中在质量风险、进度风险、成本风险的管控方面。施工单位之间的协同管理也十分重要，尤其是针对复杂、大型建筑项目来说，由于其自身结构复杂、功能众多，采用BIM技术使各方沟通更为便捷、协同更为紧密。借助BIM技术，建设单位、设计方、施工总承包以及专业分包方、材料商等众多单位在同一个平台实现数据共享。

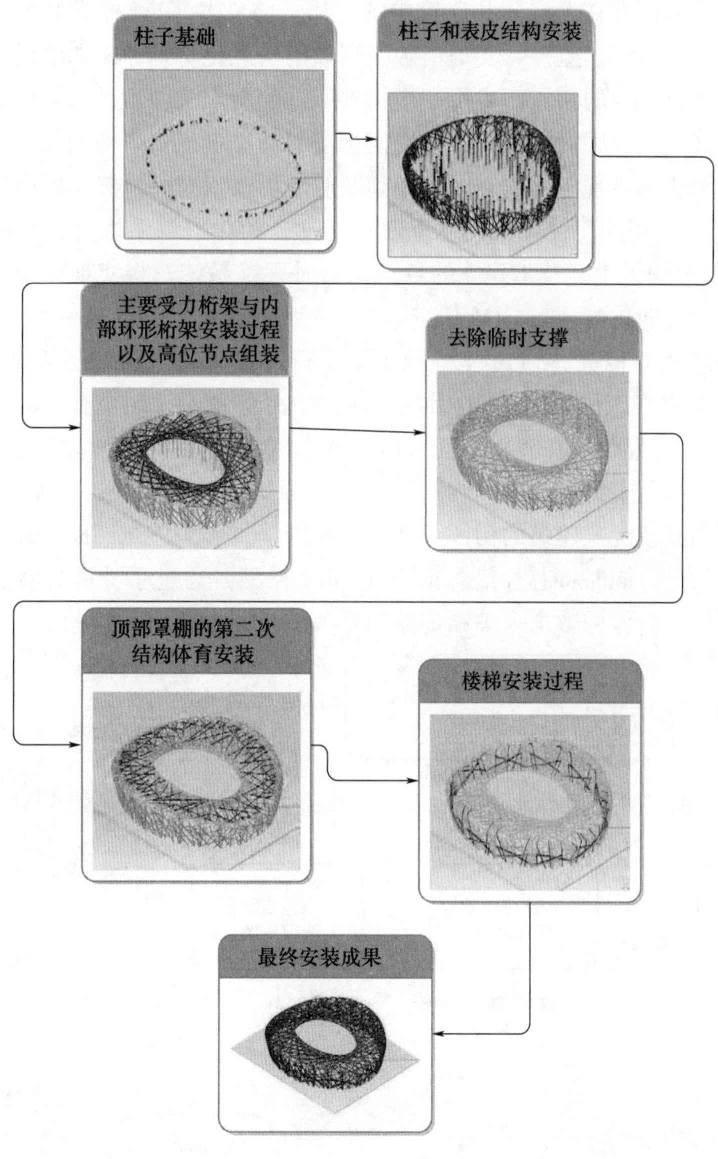


图4-3　国家体育场虚拟施工过程

2. 控制时间进度

虚拟模拟通常可以设置最早的起始时间和完成时间。在进行虚拟模拟中掌握项目施工的进度，例如最晚起始时间和必须完成的起始时间和完成时间，以便在施工过程中检查时间进度。此外，在其他进度表中，可以看出虚拟模拟施工过程的价值，例如将体育场馆现场施工的人力作业的时间与进度联系，BIM 软件可针对这些工作提供必要的分析，BIM 软件之间可以连接其他应用程序及信息进程，以图像的形式审视组件，进而追踪预算与实际成本之间的差距，对于对投资有严格控制的项目来说尤为重要。

3. 促进物联网技术

通常，进度表中会包含很大数量的使用作业的项目及内容，设计者希望追踪这些作业的现状。物联网技术在大型公共建筑中的应用，将其与 BIM 技术对接，实现构件智能化识别、定位、跟踪、监控，实现精确、高效的信息化管理。例如借助物联网，项目部可随时查询千里之外的制作厂内每一个构件所处的制作工序预计验收发运的时间，可通过射频技术查找叠放区内的任一构件。便于了解施工过程中，构架加工和组装的实时进度，在进度无法满足预定需求时，可做到及时地更改以及替换施工顺序等预判措施。

目前 Xerafy 公司的建筑材料追踪管理及工具自动化追踪系统可以帮助追踪建筑材料利用 RFID（射频识别）技术建立的自动化实时跟踪系统，将实现建筑施工材料的准确、高效管理。智能化管理与 BIM 信息结合，使得订单分配与运输变得简单。RFID 可实时了解资产的使用情况并通过读写器或是手持的读写器进行扫描安装，通过网络、GPS 定位，同时将资产的 ID 和其他信息储存在中央信息库。如今有一部分的工业产品供应商如 Tecton 已经开始在其不锈钢结构中利用 Xerafy 的 RFID 标签安装来防止施工过程中的安装误差。上海城建集团在其浦江镇保障房项目中就采用了基于 BIM 技术和物联网技术的预制装配式建筑的构件管理，在预制构件中安装 RFID 芯片，同时为每个构件进行唯一编号，同时将芯片信息记录在 BIM 模型，通过手持读写器实现住宅工程在构件制造、施工阶段的数据采集和传输问题（图 4-4）。

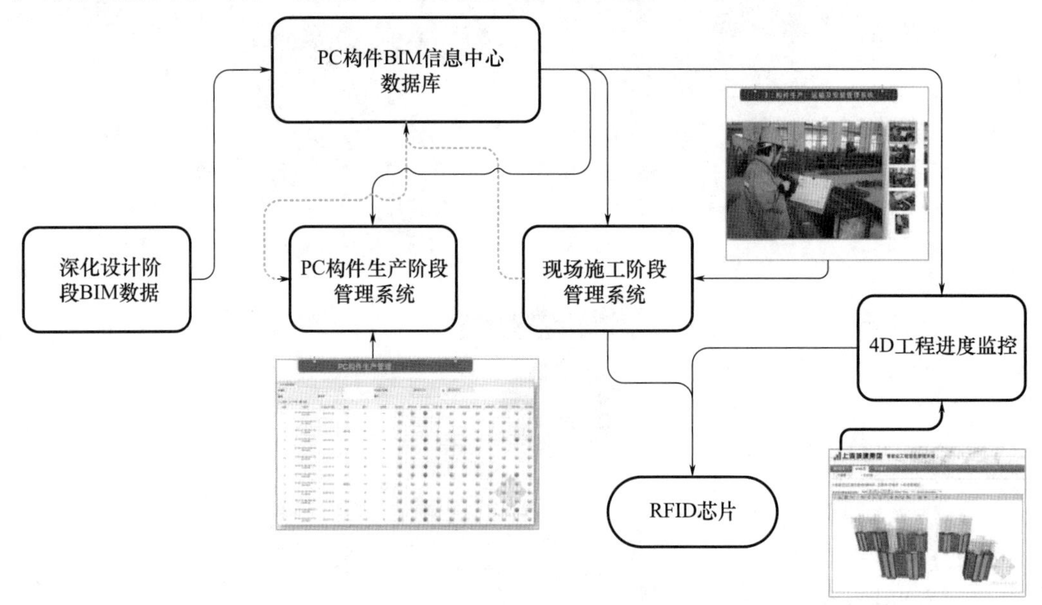


图 4-4　上海城建集团 BIM 与物联信息系统图

## 4.1.3 从传统施工方式到整体交付设计

### 4.1.3.1 空间定位与复杂施工

建筑技术在不断进步的过程中，各种外观造型新颖的体育建筑开始不断出现，这些建筑的特点就是立面造型奇特、平面组合复杂，利用各种曲线图形组成建筑平面及立面，例如圆弧、抛物线等曲线。这些曲线给施工测量放线带来了一定的难度，为了防止测量放线的误差，做到既省工、省时又精确无误地测量放线，需要对建筑设计意图有更为准确的了解。例如，卡塔尔体育场的罩棚设计采用了双层膜结构，对于每一块膜的位置及大小均不同，这就需要在建筑施工阶段对所有表皮单元进行空间定位再分组进行安装，原有的施工方式很难应对此类复杂施工，但是基于空间定位原则，可根据BIM模型先进行虚拟施工，在确保准确无误的前提下再开展施工，提高施工的精细度和准确度的同时降低返工所造成的成本浪费现象（图4-5）。

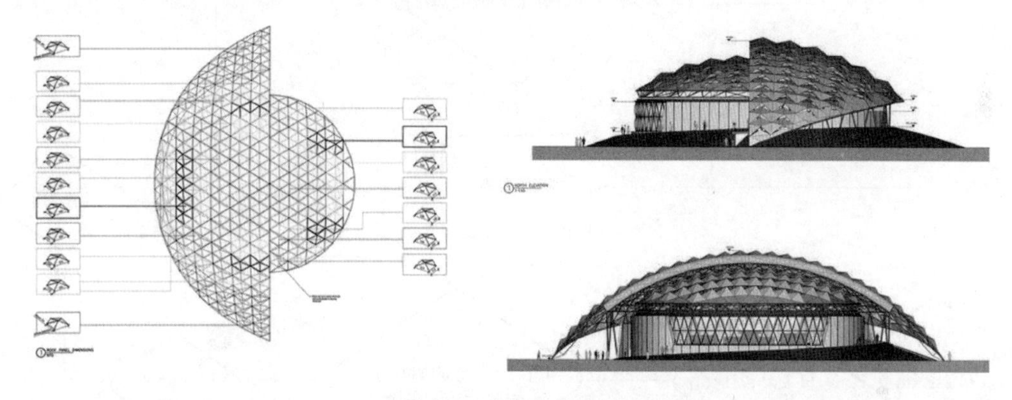

图4-5 卡塔尔体育场

传统的交付模式依托于粗放式的设计方法，没办法保证体育建筑的品质要求。基于如此复杂的建筑设计及幕墙施工内容及要求，利用BIM模型交付作为设计的参考阅读内容，类似产品说明书的手册将会辅助施工与设计人员在满足设计意图下进行协调和沟通。在传统的施工过程中，作为职业建筑师经常会遇到的问题就是施工无法与设计师的意图保持一致，因为在设计的过程中可能由于对施工的理解有限，或是施工经验不足，而发生进行到某个阶段后无法按照原设计施工，而这时的设计师只能默默配合施工去调整设计方案。看起来只是施工能力或是施工工艺的问题，但后期暴露的问题就变成无法修改以及弥补的遗憾。如果是在设计阶段就对设计到施工的全过程进行思考，在设计阶段施工方可以配合完成设计中对于技术节点的设计内容，将更好地实现设计原本的意图。但是，矛盾的地方是基于BIM的设计和施工都会面临共同的敌人就是时间，在短时间内完成的设计及施工都无法得到质的保障，BIM的价值一部分就体现在其质的方面。而这种转变对施工时间、设计进度的要求都更为严格，而这种改变不仅是设计方可以在设计周期上的改变，还需要甲方、政府部门等多方面的配合与政策鼓励，才能最终实现设计到施工方式的转变。

#### 4.1.3.2 IPD 的施工流程

整体交付设计（Integrated Project Delivery，简称 IPD），IPD 交付方法，即将人员、系统、业务结构和实践全部集成到一个流程中。在该流程中，所有参与者将充分发挥自己的智慧和才华，在设计、制造和施工等所有阶段优化项目成效、为业主增加价值、减少浪费并最大限度提高效率。基于 BIM 的 IPD 流程，对项目管理方的要求更为严格（图 4-6）。

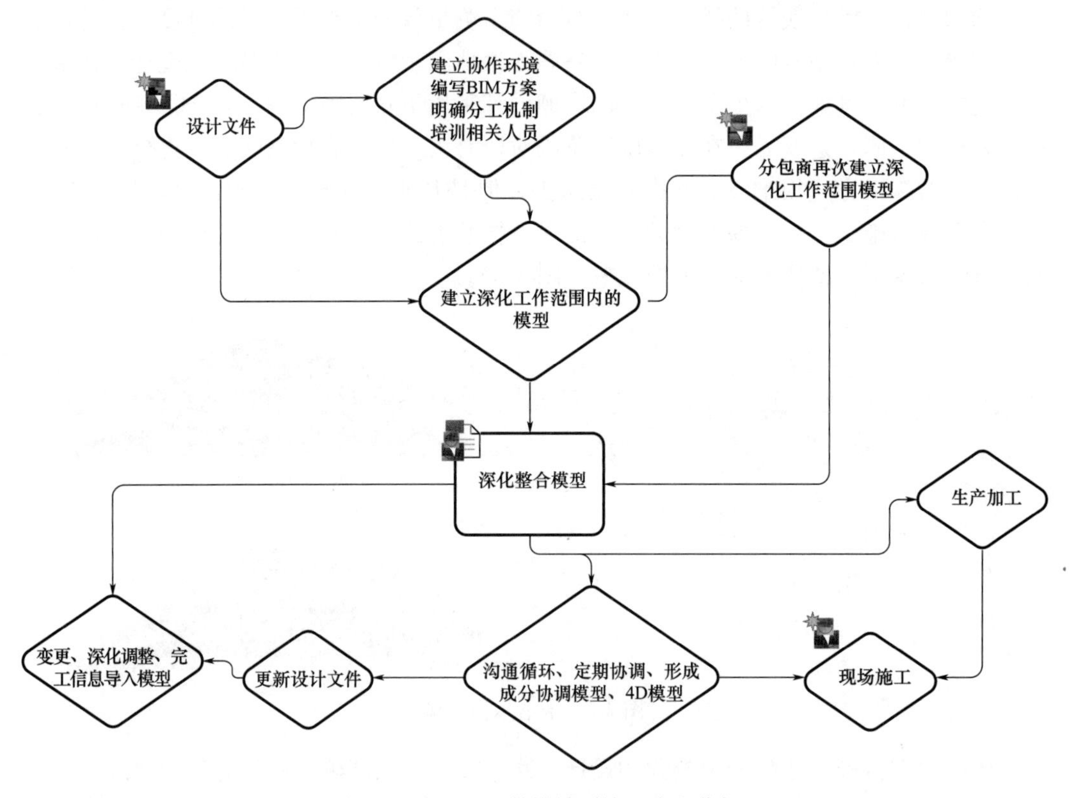


图 4-6　基于 IPD 的设计到施工流程分析

基于 IPD 的施工需要项目管理方在设计初期将设计方、施工方以及承包方集合，制订计划确保后期的施工质量以及规避整合所能遇到的风险和问题。国内目前已有部分施工单位单独进行 BIM 技术控制施工。采用此技术的原因就是 BIM 技术支撑下的施工所带来的高效、节约效果不可估量。通过搭建 1∶1 的建筑信息化模型，能让业主更加直观地了解项目的各项情况。在施工过程中，通过 BIM 软件搭建 1∶1 的精细化三维模型，生动、形象再现设计成果，实现所见即所得。首先，业主及监理方可随时跟踪进度，以及统计实体工程量，以便前期的造价控制、质量跟踪控制。其次，满足业主对设计成果的细节要求（业主可在线以任何一个角度观看产品的构造，甚至是小到一个插座的位置、规格、颜色），业主在设计过程中可在线随时提出修改意见。另外，BIM 技术把工程的结构分析、节能设计、智能化、安全、环保、绿色统筹在最后的施工过程中实现高标准的交付成果。在施工阶段中，将建筑物及施工现场 3D 模型与施工进度相连接，并与施工资源和场地布置信息集成一体，建立 4D 施工信息模型，实现建设项目施工阶段工程进度、人力、材料、设备、成本的统一管理。

目前阻碍施工中介入BIM技术的主要因素是，我国的施工人员人口结构复杂、施工过程的实施主体普遍受教育低，管理模式相对粗放。建筑施工若想进一步提升劳动生产效率，实现工业化、数字化转型，需要借助现代化的管理方式和管理手段，改变目前施工粗放式的管理方法，提升施工人员的技术水平与现代化技术的使用能力等，才能真正实现BIM技术在施工阶段的全方位应用。

#### 4.1.3.3　促进建筑工业化

建筑工业化是以构件预制化生产、装配式施工为生产方式，以设计标准化、构件部品化、施工机械化、管理信息化为特征，能够整合设计、生产、施工等整个产业链，实现建筑产品节能、环保、全生命周期价值最大化的可持续发展的新型建筑生产方式。是建筑业从分散、落后的手工业生产方式逐步过渡到以现代技术为基础的大工业生产方式的全过程，是建筑业生产方式的变革。借助BIM技术推动建筑工业化，结合3D打印等数字化制造工具能够提高承包工程行业的生产效率。利用BIM技术还可以实现建筑构件的无缝传递、建筑构件异地加工、施工现场组装，例如结构构件以及建筑门窗、预制混凝土构件等。通过数字化加工可准确完成建筑构件预制，不仅降低建造误差、提升生产效率、大幅度降低建造成本提升施工质量，同时减少资源浪费，推进可持续建筑的建造施工发展。

## 4.2　BIM技术在体育建筑施工中的应用

体育建筑的施工本身分为土建施工、幕墙设计、二次装修、体育工艺及设施这四部分。我国大部分体育场馆的设计并没有将土建施工、幕墙设计、二次装修与体育工艺设计进行整合设计。导致后期深化的阶段出现的问题很多，在施工阶段造成的设计返工、材料浪费的现象较为普遍。此外，体育建筑功能的复合化使用，越来越多的功能被整合在体育建筑之内，增加了设计的难度以及提高了设计与施工配合的复杂度。因此，在体育建筑施工阶段介入BIM技术，最明显的效益是对体育工艺的安装与调试的准确性的提升。在进行复杂空间的设计与施工过程中基于碰撞检测、构件的预制模拟的过程缩短施工周期，提升施工效率降低错误。

### 4.2.1　体育工艺对体育施工的影响

#### 4.2.1.1　体育工艺在体育设施建设中的重要性

我国体育场馆在建设中面临的问题不仅是规划布局不合理、场馆数量以及分布情况落后于欧美等体育事业高度发达国家。同时，由于很多大型建筑盲目求大求新求洋，在一次性的高额投资之后，往往还伴随着长期的高额运营维持费用；以及体育工艺技术质量问题，例如场地安全质量、采光照明、色彩噪声、使用流程等存在的问题也是影响场馆使用的重要因素。这些体育工艺在设计中的不重视也是导致体育建筑难以使用的问题。

当代体育建筑发展走向建筑形态复杂、结构形式多样，并从结构形式的多样化向结构材料以及表皮材料的多样化转变。同时，随着科技的进步和发展，大量新型研制的结构材料、设备以及新的技术工艺使得我国的体育设施建设向现代化迈进了一大步。随着这一发展特点，体育工艺作为一门新兴学科逐渐凸显出其重要性。在体育设施的建设当中，除了满足体育建筑设计规范以及一般的公共建筑规范之外，由于体育项目本身的特点突出，如不同的竞技项目的不同需求，竞赛规则也在不断变化，给体育设施的设计和实施都带来了新的挑战，既要满足现状又要预见体育项目的未来发展。对体育建筑本身来说，其不仅需要满足当前比赛的使用功能，同时又要保证使用的持续性以及持久性问题。尤其是为了提倡节约、复合型发展而投资兴建的各类综合型体育场馆，更应充分考虑多功能的使用要求以及多项目的复合发展趋势的特点。而达到这些要求，就需要有良好而精湛的体育工艺的配合。由此看来，体育工艺设计在体育设施建设中是必不可少的，这不仅需要满足体育设施对建筑结构、水、暖、电气等方面设计要求之外，还应该要符合各类体育比赛对场地本身的要求，例如场地尺寸、方位、布局、不同部分的坡度以及地面材料、材质和专业设备的各项需求等。此外，体育竞技中所需要的媒体设备，例如摄像、计时、计分、广播扩音、灯光照相、电视转播以及涉及到安全防护等部分的智能化计算机网络系统等都和体育工艺设计有密切关系，所以体育工艺水平的高低对体育设施建设的使用过程完善有极大影响。

#### 4.2.1.2 体育工艺与体育建筑设计的密切性

体育工艺设计在体育建筑设计及施工中的重要性，在过去的许多体育场馆修建的实践中已经得到充分证明（图 4-7）。

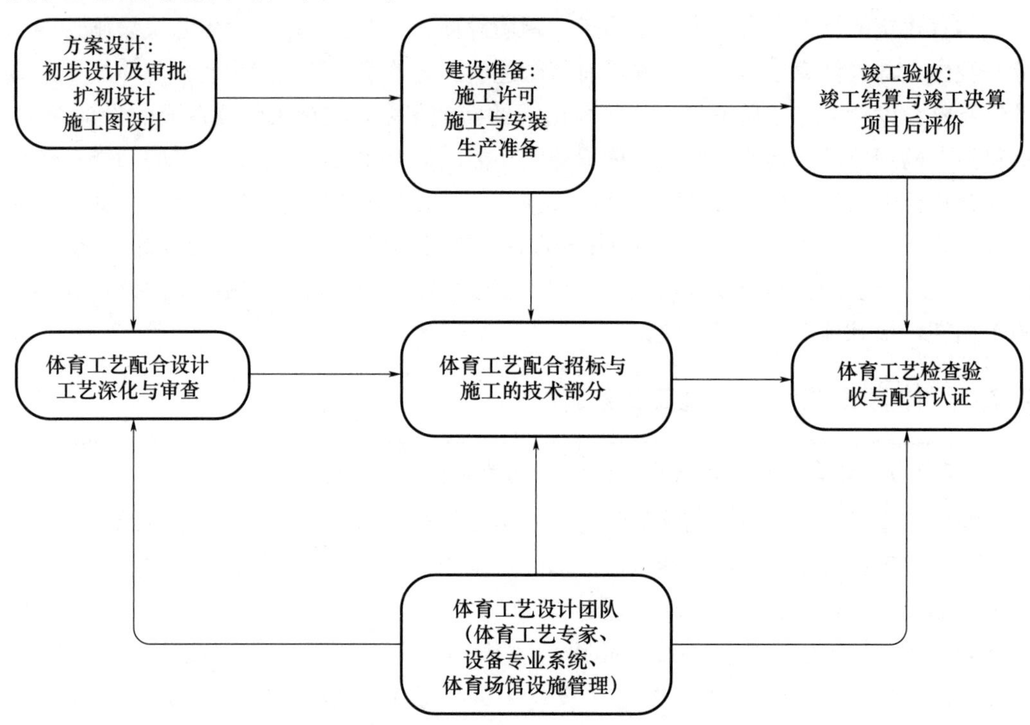


图 4-7 体育工艺在设计施工中的作用

例如，体育场馆的净空高度与体育项目的要求有关；体操等技巧型项目所需要的预埋件问题；田径场观众看台的视线选择问题；体育场馆的照明以及灯具的高度和照度问题；部分场馆的长轴设计的方向问题等；诸如此类问题严重影响到体育场馆的使用功能。如果没能在设计中注重体育工艺设计会在后期施工和运营中带来重大经济损失，例如有的体育馆场地净高不足12.5m，不能承担国际排球比赛；有的体育馆没有进行体育工艺设计，木地板铺好后，发现没有预埋体操器械挂钩，不得不扒开木地板重新埋设体育器械挂钩；有的体育场观众看台视点选择不当，使观众看不到跳远比赛，甚至看不到第八条跑道等问题。

另外，合理规划建筑设计与施工的造价问题，有些体育建筑在设计以及后期施工过程中忽略体育工艺设计，而把大量的资金花费在土建上，降低场地设施和专用设备标准，过于片面追求建筑物造型和豪华装修，也给体育建筑设施带来极大的负面影响；因此可以说体育工艺设计涉及到体育建筑设计到施工过程的方方面面，合理的一体化设计与施工以及介入BIM技术能够将设计过程中发生的问题及时暴露，对控制体育建筑施工质量以及最大限度地发挥场馆的社会效益和经济效益。

#### 4.2.1.3　BIM技术对体育工艺设计的作用

BIM技术在体育工艺设计深化、设备深化设计、施工管理过程、成本控制以及预埋件加工等方面都起到减少沟通时间、避免重复劳动的作用。基于BIM技术在应对体育工艺安装应用的部分可参考大型公共建筑在安装工程中所采用的全新的施工工艺流程与操作模式，实现行业上下游企业资源共享、共同发展。

基于BIM技术的体育工艺的设计内容主要集中在机电设备、建筑智能化、竞赛智能化系统这三大部分；这三部分由于涉及到与信息结合部分，都可适用于与BIM整合。

1. 机电智能化

体育工艺涉及到的机电设备与比赛项目本身关系密切，例如水池水处理系统、足球场的喷灌系统、滑冰场的制冰系统，以及此类体育工艺系统与建筑本体机电设备系统之间的关系。此外，在大型赛事开幕式等重大体育赛事，需要结合音响设备都需要进行模型的分析，根据不同赛事的要求调整设施和设备（图4-8）。

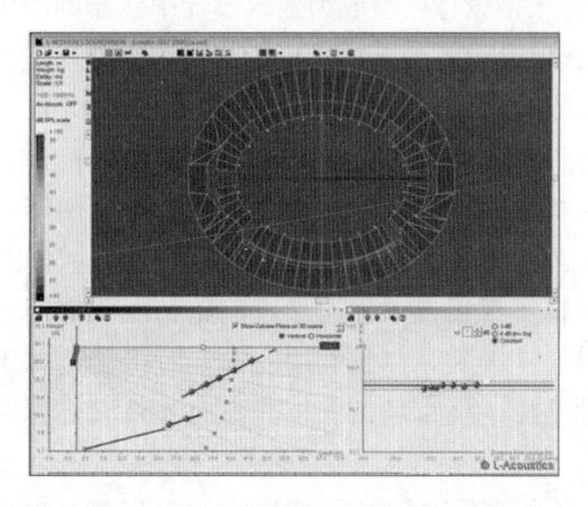

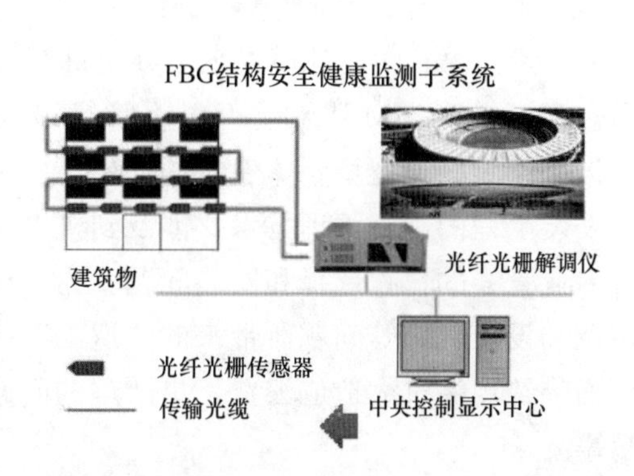


图4-8　模拟体育场的电声环境与体育场馆网络环境监控

2. 建筑智能化

体育建筑由于人数众多、涉及到对安全及赛场环境的要求，需要对比赛场地的人数和环境有比较精确的了解。借助建筑智能化可及时反馈比赛环境的舒适度及光环境、风环境等内容，而这需要与建筑智能化体系有密切的关联以确保数据信息的准确性。

3. 竞赛智能化

竞赛智能化首先要满足体育竞赛的要求，其次是要能够为竞赛的宣传提供良好条件。与BIM技术相关的内容体现在强弱电的设计上。确定弱电井的位置和要求以满足起跑、终端、测距等计时记分设备的使用要求。作为功能齐全的设计，在体育场馆内需要敷设专用缆沟或电缆吊架。缆沟设置应在暗处且保证安全，便于临时敷设，避免观众触碰。因此在设计中利用BIM模型对其进行模拟，确保缆沟、吊架设计的安全性、合理性（图4-9）。

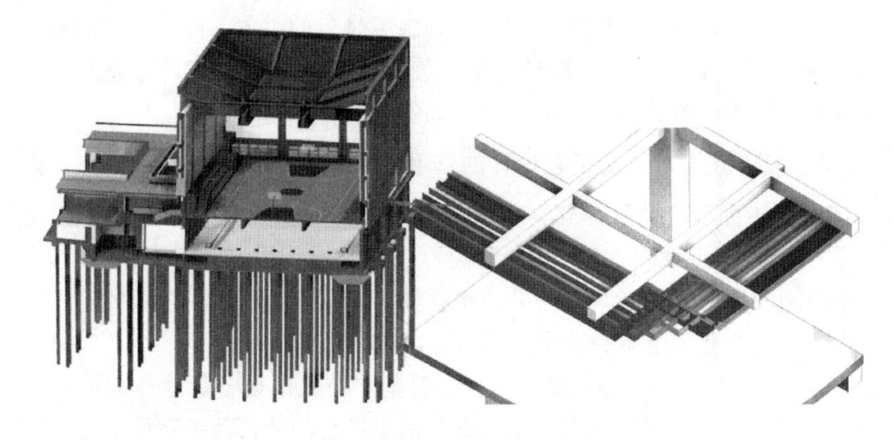

图4-9 体育馆弱电桥架碰撞模拟

## 4.2.2 BIM辅助管线综合平衡设计

### 4.2.2.1 碰撞检查

大型、复杂的建筑工程项目中，管线综合平衡设计已经成为建筑设计中暴露的缺失内容，尤其是大型体育建筑中场馆内部的管线以及设备的走向成为影响建筑内部环境的主要因素，原有的设计模式下没办法进行系统的设计而直接将问题抛给了深化设计的承包商；借助BIM技术就可以将管线综合平衡设计纳入到一体化设计的范畴当中，不但可以更好地把控整体建筑的形象还极大提升效率。管线综合平衡设计是应用于机电安装工程的施工管理技术，涉及到机电工程中暖通、给排水、电气以及建筑智能化等专业管线的位置选择和安装问题。为了保证工期以及工程质量，避免各专业之间不协调和设计变更等问题所带来的“返工”等经济损失，以及选用支吊架时由于选择不当而导致规格过大造成浪费，更严重的问题是影响体育场馆内部净高而导致满足国际赛事要求。

例如在苏州工业园区体育场设计中，对看台部分进行深化BIM模型，反复推敲看台边梁的定位问题解决看台下静压箱空间不足的问题，进而防止施工中发生空间不足的问题。利用BIM模型对设计参数进行控制，定位看台下静压箱蒙板与看台边梁的距离（图4-10）。通过利用BIM技术进行“预装配”，将典型的界面以及模型在施工前期暴露出来。进行深化设计及碰撞检测设计，不是普遍意义理解的结构碰撞检查而是对大型、复杂建筑工程项目普遍面临深化设计缺失问题，而是对所保留问题提出基于BIM技术的解决方法。

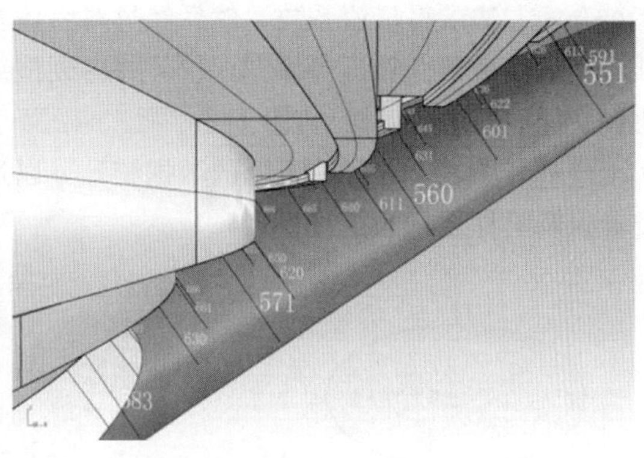


图4-10　参数化控制静压箱蒙板到看台边梁的距离要求

#### 4.2.2.2　构件预制化实现绿色施工

体育场馆的机电设备复杂、空调管线众多，在施工阶段应用数量统计，在安装设备前的深化设计阶段可将各个系统的管线绘制三维布置图，对管道走向、三通、大小头的位置给予明确标示，以实现缩短现场安装时间以及不必要的设备材料浪费。经初步统计，东方体育中心项目的风管工厂化制作程度为92%，空调水系统管道的工厂化预制程度为71%，消防水系统管道工厂化预制程度为73%，电气动力系统镀锌金属线槽工厂化预制程度为94%。除了个别非标准层面和特殊施工节点，原则上都采用工厂化预制，改变了施工现场材料到处堆放、遍地是短管零料的浪费现象。有效地降低工程材料损耗、减少环境污染、缩短施工工期；由于BIM模型的可视性，对制冷机房、空调机房、锅炉房，楼面上的所有管线都建立了立体电子模型，与结构的冲突、管线之间的冲突都一次性直观体现出来，及时进行了修改定位，避免了返工损失。

应用BIM技术进行机电安装管线综合平衡，立竿见影的好处就是使管线平衡更快、更省力、更精确、更直观形象，各工种配合得更好和减少了图纸的出错风险，提高机电工程项目的精细化管理水平，降低技术人员二次深化图纸的劳动强度，而长远得到的好处已经超越了设计和施工阶段，惠及将来的建筑物的运作、维护和设施管理，并对城市的管网设置、维修、后期养护提供可靠的信息。

### 4.2.3　基于BIM的价值工程体系施工

价值工程所体现的评价标准中是实现研究对象的最低全寿命周期成本，可靠地实现使用者所需功能，以获得最佳的综合效益，也就是说价值工程所体现的并不是最经济、最廉价的结果，而是实现工程效益最佳的方式和方法。

我国目前对BIM技术应用于施工阶段的一个误区是，BIM仅解决或是降低施工成本，但基于价值工程理论体系来说，BIM 技术并不一定是降低施工成本，可能在某种程度上提升了工程项目的整体造价，却是创造有价值工程项目的技术支撑。价值工程理论体系下，一个重点特征就是价值的体现方式，而除去美学等非数理范围内，其他能耗、施工质量、材料选择、人员配置、施工时间及进度等都可以通过价值量化分析；而在美学等方面目前可以通过分析建筑技术、经济、审美、社会等方面，介入定量与定性相结合的方法求得价值系数，然后经过对整体各个方面的价值系数的比对，完成对建设项目工程的可行性分析与详细评价，并得到最终基于美学、可持续、技术与成本之间的协调、统一的最佳匹配方案（图 4-11）。BIM 应用的另一大优势是在复杂造型条件下，实际建造开始之前进行一系列的数据统计，以达到对构件相互关系的组织、构件数量的统计以及工程用量的统计。

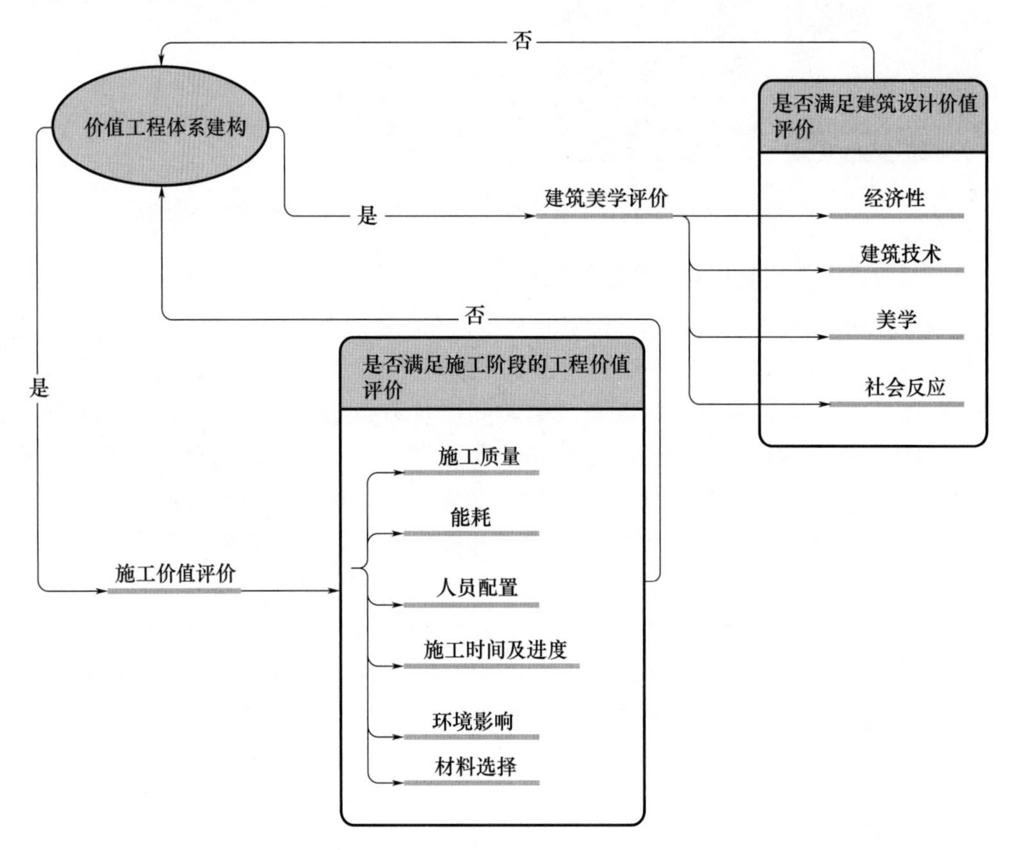


图 4-11　基于价值工程体系的评价标准

## 4.3　数字化建造内容及方法

体育建筑的数字化建造从广义上是将从设计到施工的图纸内容无纸化交付。数字化建造的目的之一就是在虚拟环境下完成设计到施工的全过程用于指导实际的设计与施工。但是数字化建造还有一个方面就是基于数字化基础上的建造。

### 4.3.1 体育建筑数字化建造的内容

数字化建造通过BIM技术的介入，在可控制的范围内将传统施工方法通过参数化辅助建造的模型获得重生。基于设计、施工的一体化设计方法是将数字化建造从设计到施工的无纸化输出的过程，以达到全过程数字化的目的。

#### 4.3.1.1 全过程的数字化建造

数字化建造涉及的过程有三个主要方面：项目的初期阶段（初步设计）、深化设计（土建和安装配合）和建造加工（包括信息传递和安装）。这些过程都是促使设计按照既定目标或是改进设计。在复杂建筑的设计项目中，在深化设计阶段，施工方需要同建筑设计方进行沟通，包括设计的考量及其他需要与建筑的其他施工内容的协同。BIM在整个建造及数字化加工的作用有以下几点：首先，BIM可以有效提高现有的基于2D基础上的生产过程及减少有关在不同图纸的错误。其次，在深化应用的过程中，BIM拉动深化设计、构建生产及安装之间的阻碍，节省时间和使施工过程更为灵活和减少浪费。例如，北美一家专门从事金属板加工制作的公司就研发了基于Rhino的数字化建造适用于大型建筑表皮的形态分析与定位的插件（图4-12），Case公司与其联手研发利用Rhino模型自动生成表皮，直到输出信息到建造的全过程的工作流程平台。新技术的研发不仅提高了生产效率，同时其专注于整合工作流程改进技术提高并优化原有的金属板设计体系。

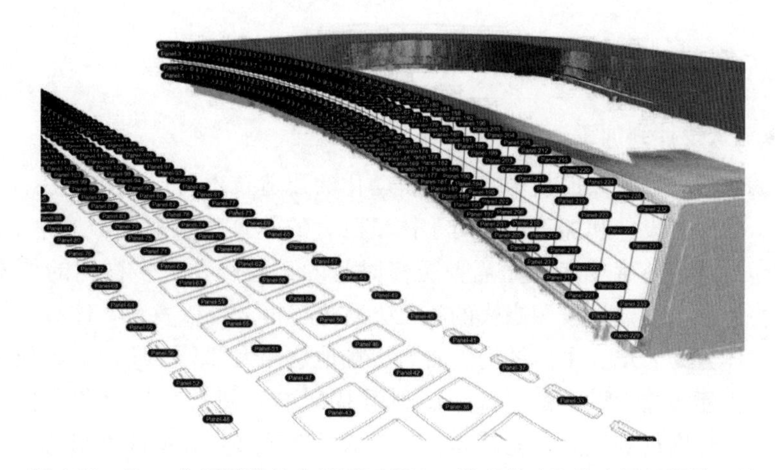

图4-12 Case公司研发的专门用于Rhino模型基础上的金属板设计工具

#### 4.3.1.2 数字化建造的意义

数字化建造的意义在施工阶段是实现精细化施工，在设计阶段是更为精确地表达设计成果。在施工阶段的数字化建造主要通过数控机床实现复杂构件的精细化加工，多用于曲面、异型幕墙的施工。能够将更为准确的图纸信息精确地传递到建造厂商，同时与设计方协作控制设计与实际效果之间的误差。更加直接的建造方式是基于3D打印建造实体。D-shape公司在2009年开始就可以进行全尺寸打印，但是其精度只能打印8dpi（像素）左右，还远远达不到实际应用到大型建筑，可能未来在小尺度建筑或廉租房设计上得到应用。数字化建造的实体模型可以在设计中更好地表达设计意图，同时便于与甲方的沟通、及时反馈。

数字化建造的模式在微观尺度上通过直观对实体模型进行推敲，检查设计、结构与建筑空间之间的关系，同时数字化建造技术与设计结合分析设计与实体空间之间的关系（图4-13）。例如通过在BIM软件下建立的BIM模型，利用3D打印技术（3D打印技术可以实现分层扫描，也就是确保生成模型中内部空间的完整输出）可直观分析内部空间与外部形态之间的关系。

图4-13　3D打印体育场局部模型

## 4.3.2　在体育建筑数字化建造上的应用

### 4.3.2.1　从设计到加工

虽然借助当代先进的数控技术，以及自动化的建造技术可以通过使用3D打印实现更多异型化、曲面的设计和加工，但对于体量巨大的体育建筑来说，想完全利用3D打印技术而打印出整个体育场馆还是需要更多时间的实验以及更多样化的技术手段而达成。但是在将体育场馆设计按照当代的施工方式进行拆分可以发现，体育场馆在设计或是施工阶段大体分为表皮、主体结构、看台、场地这四大部分。所以，如何实现将表皮设计精细化成为建筑立面设计的一部分。利用BIM技术进行表皮优化模拟的优势：信息以及模型的完整度得到提升，尤其体育建筑这类建筑多为异型曲面形态，其优势是可以对建构过程的表皮划分进行控制并确保信息的传递直到数控加工的完成。例如，体育场馆的罩棚的板材选择与设计的尺寸设置关系密切，在福州海峡奥林匹克体育中心主体育场屋面设计中采用铝镁锰金属屋面系统，其中含有大量超小半径扇形屋面板，由于传统的扇形弯曲板加工损耗率高，且传统的屋面板加工制作以平面直板为主，而扇形板是一边大一边小，导致表皮难以建造。由于此体育场的屋面体系采用扇形板且截面尺寸不同，借助数控技术与设计模型数据结合，从原来的半机械板手工的弯弧方式改为全机械弯弧，通过数控板精确定位扇形弯弧板的起弯点和终点。因此，在设计与加工的阶段将数据信息进行更好的整合，降低设计与加工无法对应，不能保证设计的流畅及完整性问题的发挥。

#### 4.3.2.2 设计与施工矛盾的协调

数字化建造的目的就是完成无法简单用图纸传递的内容，通过IPD交付手段，直接将建造的信息和内容无损失转移到建造加工方。但加工的前提不能是完全无规律加工，目前看台的加工预制都需要模板，模板的成本在其加工成本比重很大，因此需要在设计阶段与加工方协调，得到满足建筑形态同时又便于模块化加工的看台。

在方案设计阶段，结合实际案例分析将其纳入到设计的常规知识体系当中，在方案阶段建立看台生成标准的数据及规则的时候，将其定义为近似曲线。座席结构在座席斜梁的支撑下，单元构件应该可以加工为直线，由一系列等长线段组成近似曲线。在进行预制组件过程中，由于角度一致的构件可以用同一模板浇筑，进而节约成本。由此可见，IPD的作用还体现在确保建造与设计的一致性，不仅可以避免重复设计同时减少误差，进而确保建筑工程得以顺利进行。此外，基于BIM技术的模型还可以在建造加工预制前，对看台的不同建造方式进行分析对比。以苏州工业园区体育中心体育馆为例，其内部曲线的看台由于设计师为外方GMP事务所，其事务所对内部视觉效果有严苛的控制，但是在我国目前的建造技术及造价控制下，曲线的预制加工成本过高，因此其BIM设计小组在通过Revit建模对看台及其结构建模分析，采用内曲外折的方式进行模拟。其结果达到外方设计师要求的同时，成本及用料量与折现布局相差无几（图4-14）。

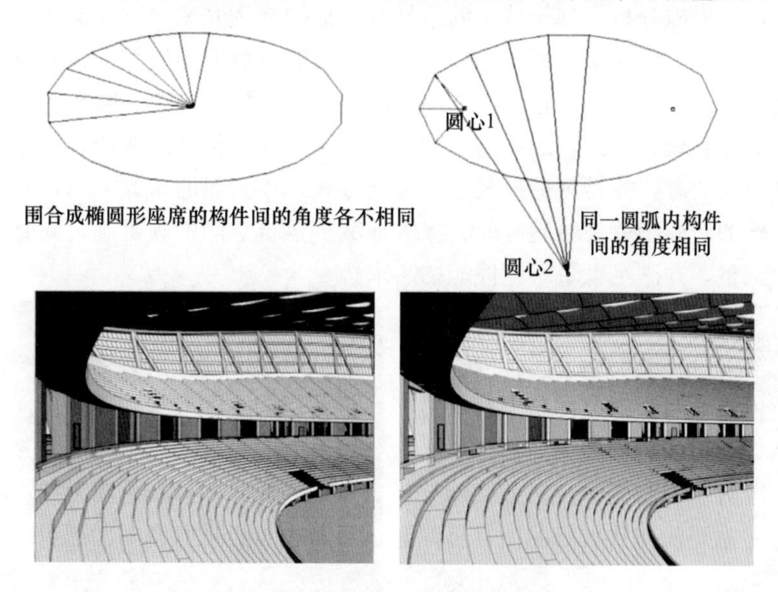


图4-14 椭圆形场地构件示意图

### 4.3.3 新型工艺对数字化建造的影响

#### 4.3.3.1 新材料的运用

1. 化学合成操作材料

美国劳伦斯·利弗莫尔国家实验室通过3D打印技术研发了一种新型材料，该材料的承重可达自身质量的16万倍，在质量和密度相当的情况下，刚度是气凝胶的1万倍。各种高性能材料的出现使得3D打印应用于数字建造成为可能。此新的ABS材料的研发，实现3D打印小尺寸构件的稳定性的可能。3D打印应用于建造的前提是其材料的强度及可塑性需要满足建造的需求，3D打印模型需要的材料强度不高，但是在实际的建筑使用中，传统的钢筋混凝土是最有效的结构材料，如何在3D打印的材料中加入钢筋或近似材料使得其与钢筋混凝土建筑具有相同强度是未来材料研究的方向。

2. 复合化材料

航空等产品制造业已经向复合化材料领域延伸，功能梯度材料、陶瓷基复合材料、纤维增强复合材料等都广泛应用于现代工业的各个领域，已取得了巨大的经济效益。结合3D打印的快速成型技术的分层制造和材料逐点累加的方法，可以制造出任意复杂内部的结构构件，为复杂结构的非均质化空间生成提供表达模型、探索新的设计方法及制造方法提供条件。

3. 既有材料的创新

砖作为一种建筑构件从第一次为人类使用至今，它的尺寸和质量一直保持相似。它的大小及质量适当，并以此让建造的速度加快、便捷。因此，砖是最接近标准化的建筑材料之一。已经有学者研究将以砖为材料的外形作为结构性能的基础，同时利用砖与环境的影响作为直接联系，并发展为砖系统的表皮。例如，对多孔砖进行流体力学分析，表明垂直气流所造成的气流和乱流（图4-15）。这些研究需要在整个系统中进行评估，通过在虚拟环境模拟分析，基于特定的条件分析如控制透光率、空气流体、增强气流湿度等设计控制条件，同时结合系统结构整体性与砖的承重能力以及建造问题。在小尺度上的模拟应用于3D打印等快速成型技术制造类似砖的受压构件。但是在建造大型结构时，需要生产差异较大的砖，因此需要利用如纤维增强结构特高的砖，而这一切都是将产、学、研结合的方式才是创造提高生产力的方式。作为新的研究方向，砖具有较高的碳足迹，在砖的研究中就说明砖有能力极大地减少建筑空间的碳足迹，同时可根据环境进行精确的调整，并满足大量不同性能的需求。

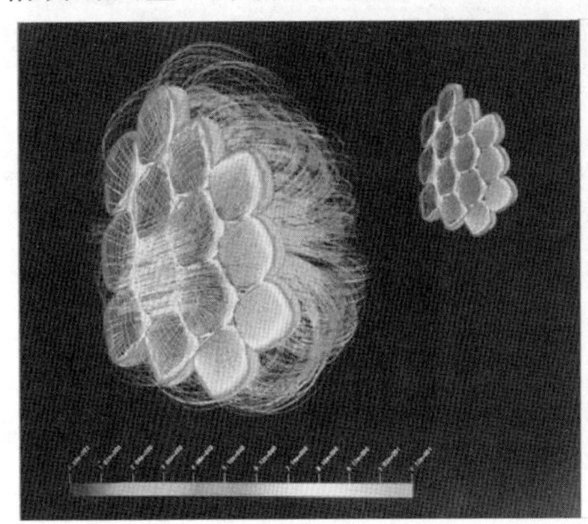
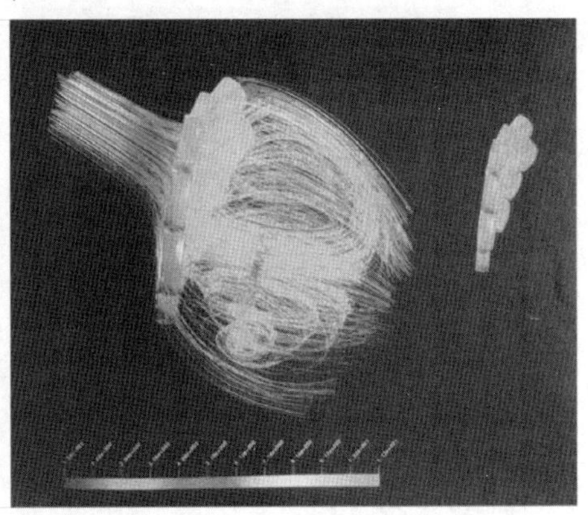

图4-15　一段双曲多孔砖面的电脑流体力学分析

#### 4.3.3.2　新技术的应用

1. 数控加工

数控加工主要的作用是提高加工部件的合格率及提升工艺质量。数控加工在处理形状复杂、精度高等问题及实现高效自动化方面有更大的发展空间。在建造阶段的数控加工，主要利用新型建筑材料如纤维增强混凝土通过数控切割加工形成复杂多样的空间形态。在深化设计阶段，能够将设计与材料的性能结合发挥到最大功效。通过对材料的物理性能及加工方式的研究，创造出参数化与数控加工方式结合的作品。

例如，在Aviva体育场的幕墙加工中Buri Happold公司根据项目需要研发了一个新的应用程序将GC和一个结构软件整合在一起。在表皮的参数设定中要求体育场的外壳采用聚碳酸酯百叶，表皮设计在GC中限定面板宽度不变，长度随着边界发生变化并受制于材料商给定的尺寸范围。利用Excel和GC之间的数据交互方式进而创造了复杂的开放式表皮百叶窗的样式，此样式规则的确定就是依据空调机组对通风的需求（图4-16），便于后期幕墙公司与屋面板材加工工厂对模型的重新定位。为了控制建筑的通风确定幕墙开启的数量以及角度，在设计中利用Excel表格。这是最简明且方便看出设计中有特殊要求的幕墙需求的图示化表达方式，将Excel表格与表皮立面对应，真实而精确地再现每一块幕墙的信息。

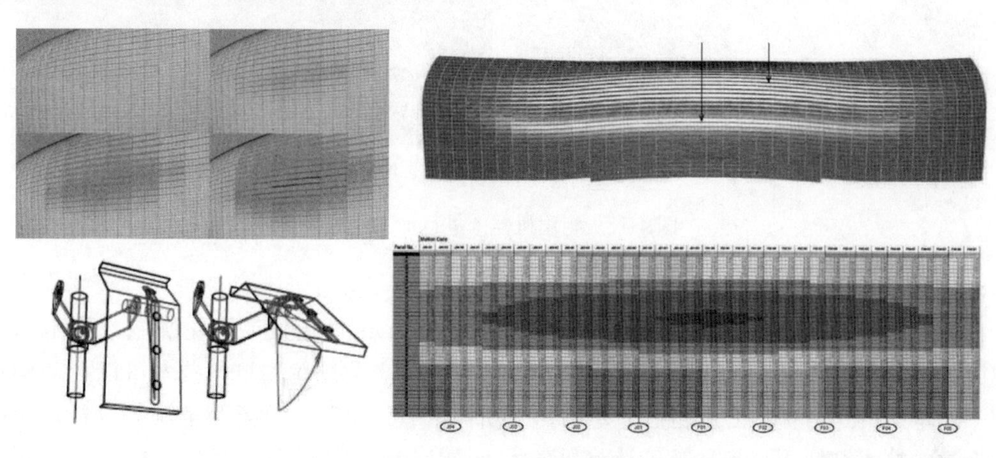

图4-16　幕墙与Excel表格的对应关系

2. 机器人技术

基于机器人技术进行建筑建造的方法诞生于21世纪初期，经过20年的发展，已经成为当下建筑领域新的热点。1981年日本就曾提出建筑行业机电一体化，1984年日本成立建筑用机器人协会，1985年英国、德国、法国都提出发展塔吊机器人及抹灰机器人。机器人用于建造的优势可以减少有害气体对人的影响，降低建造过程中的扬尘及减小施工噪声。对比于传统的劳动密集型生产方式，使用机器人技术建造代替工人完成繁复而危险的施工负担。其次随着造型复杂、不规则形体的增加，幕墙的安装精确度都较以往高很多。这些复杂形体会增加建造的难度，传统的建造方式精确度较差，仅能达到厘米级别，同时人工测算及三维空间定位能力有限，出现较大误差的可能性在所难免，因此采用传统建造方式完成的复杂形体精确性难以得到保障，进而影响最终的设计与施工结果。基于机器人技术的建造方式中，机器人能够直接读取BIM模型，通过对BIM模型的读取完成精确的定位和运动，精细度至少可以达到毫米级，同时具有更高的可靠性，适合进行复杂形体的设计与施工，加工建造的要求。此外，使用机器人技术在进行复杂形体建筑的建造过程中能够提升构件的精度，确保实现建筑师的构想。例如，在弗吉尼亚理工太阳能的遮阳系统设计当中，建筑师希望平衡遮阳效果与视线遮挡这对矛盾，在建筑获得良好的遮阳效果的同时，还能享受到优美的景观。为了实现这一目的，建筑师以金属板为原材料，在其表面切割一系列圆形切口，然后将切下来的圆形金属板再以一定的角度旋转固定，形成大小不同的空隙。这一施工建造过程采用传统施工建造模式需要人工切割金属板再旋转不同角度，费时费力同时精确度也难以得到保障，而加工的偏差会影响建筑的遮阳性能。为此，建筑师利用机器人数控加工技术对建筑的表皮遮阳系统进行加工。利用机器人安装金属切割刀具，通过编写代码的方式数据信息传输到机器人的系统当中（图 4-17）。

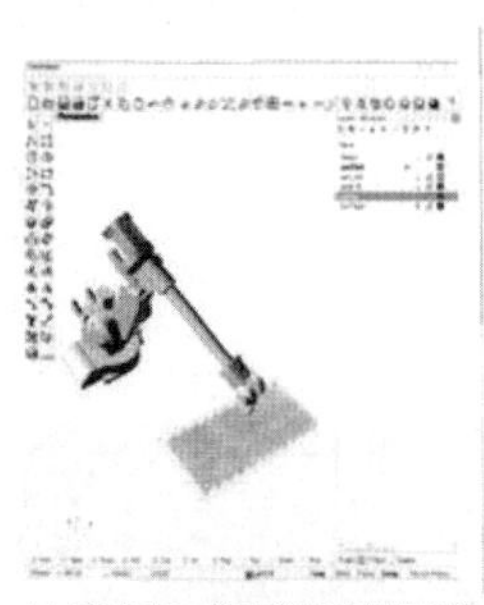

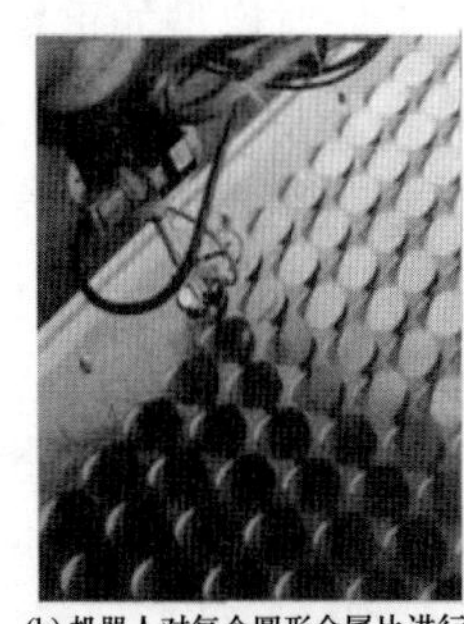

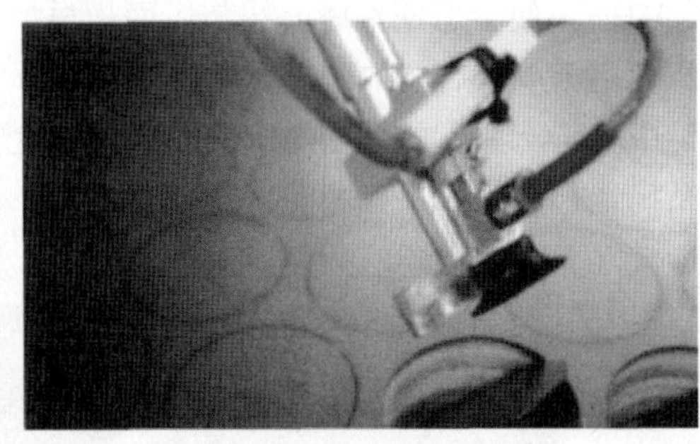

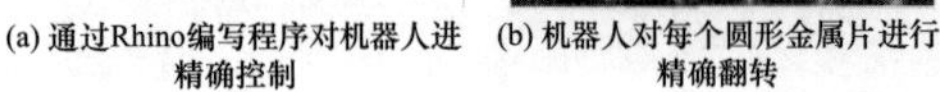

(a) 通过Rhino编写程序对机器人进精确控制　(b) 机器人对每个圆形金属片进行精确翻转　(c)机器人对每个圆形金属片进行精确翻转

图 4-17　利用机器人进行加工建造

3. 轮廓打印技术

轮廓打印技术是由南加州大学 Behrokh Khoshnevis 博士发明。轮廓制作技术的潜力巨大，最终实现自动化建设的整体结构以及子组件。利用轮廓打印技术可以自动构建在一个单一的运行中，之后再嵌入每幢房子所需的管道电气、管道和空调等设备。无论什么样的技术被使用，都是基于计算机技术及 BIM 模型将所需数据分解拆分出不同使用要求所需的数据，并将其作为控制建造的准则。

## 4.4　应用 BIM 技术亟待解决的问题

从施工企业层面，了解自身实力与发展方向，尝试制定 BIM 技术应用的时间表。对于中小型施工企业要充分考虑现实状况，BIM 技术虽然带来高投入但其得到回报的时间以及回报周期较长。另一方面主要矛盾体现在施工企业扩展科研体系，进行多角度、全方位的合作，包括加强对专业施工技术人员的技术培训；与科研单位以及软件企业联合开拓创新技术；合理制订基于企业自身特点的内部 BIM 标准。例如，在国家体育场的设计与施工过程中，总承包部和清华大学联合研究应用的 4D-GCPSU 2006 综合应用 4D-CAD、工程数据库、人工智能、虚拟现实、网络通信以及计算机软件集成技术，该系统是引入建筑业国际标准 IFC，通过建立基于 IFC 的 4D 施工管理扩展模型 4DSMM＋＋（4D Site Management Model＋＋），将建筑物及其施工现场 3D 模型与施工进度相链接，并与施工资源和场地布置信息集成一体，提供了基于网络环境的 4D 进度管理、4D 资源动态管理、4D 施工场地管理和 4D 施工过程可视化模拟等功能，实现了施工进度、人力、材料、设备、成本和场地布置的4D动态集成管理以及施工过程的4D可视化模拟。虽然BIM技术可以提升设计与施工质量，但在推动发展的过程中会遇到各种不可估量的阻力。企业内部需要进行技术改革，不仅从设计质量考虑还需要综合生产效率、制造成本等设计问题。综合交叉学科发展与施工企业技术以及科研力量薄弱等问题，总结施工企业应用BIM技术所面临的问题。从企业革新成本角度看，BIM的设计成果与目前设计以及施工单位提交的设计成果方式不一致，若业主本身不具备接受新的交付方式，则设计单位无法做到可持续发展BIM技术。例如设计单位提出无纸化IPD交付服务，但是IPD交付于业主的数据，业主无法选择适宜的存储方式，而与以往的纸质交付相比，业主无须在项目的存储上有任何技术要求，造成业主的成本的增加。此外，施工人员进行BIM技术的学习难度问题，我国目前的施工人员多非专业技术人员，而是传统的师傅带徒弟的施工教学模式，这种模式的特点就是教育模式单一，学员普遍仅达到初中文化，无法在短期内掌握技术。这也间接造成施工企业在软件、人员、硬件上的投入加大，无法在短时间内快速实现。

### 4.4.1 软件技术不足

当前BIM软件技术普遍存在本地化技术不足，本地化构件资源较少，本地化的项目模板、本地化的BIM建模标准和工作流程不配套，电气专业参照标准本地化不良，软件与本地化的各种规范、标准和计算的结合欠缺的问题；模型生成的平面、剖面图不能全部达到施工图设计深度；异型建筑成型技术和性能分析技术对模型和软件操作有较高的要求，需要投入时间实施培训和练习；此外，BIM软件对计算机硬件要求较高，超大型项目效率不高。

我国当前的BIM技术发展普遍存在本土化的不足，对大多数设计院、设计事务所的调研发现，接近80%的设计单位所使用的BIM类工具软件都是由国外公司研发，适合本土构件资源较少，本地化的项目模板、BIM建模标准与工作流程不匹配，电气专业所参照的标准不完全符合当地情况，软件以及各地方标准和设计的结合欠缺的问题；同时模型生成的平面、剖面不能达到国内施工图标准，需要设计院自行研发配套软件进行施工图深化设计；对于异型建筑成型技术以及性能分析技术对模型和软件的依赖度较高，需要大量时间进行培训和学习；国内的审图制度无法与之匹配，我国目前的审图机制还是以提交传统的二维图纸为主，同时结构审查需要提交结构设计计算书。

### 4.4.2 BIM技术的认知

对BIM技术的认识偏差。由于BIM技术是从国外传入中国，目前仅靠一些翻译及传播的内容了解BIM技术以及概念，但实际上BIM技术所涵盖的内容更加广泛，但大多数企业相关人员难以准确把握，多数企业对BIM技术了解不深而造成某些言过其实的宣传误导。如有的企业认为只要建立了三维模型就是应用了BIM技术；还有的企业误认为，只要应用了某个主流BIM应用软件就是应用了BIM技术。目前很多BIM公司发现，软件可以划分为工具型软件以及实用型软件。工具型软件作为建筑师或是工程师的实际设计以及检查软件，主要的作用在对建筑本体以及性能上的设计及检测。

使用 BIM 技术的人员偏差。随着国内 BIM 市场的发展，主要的 BIM 咨询公司多数作为专业的技术支撑企业在运作当中。而在通过与 BIM 咨询公司的调研和分析中发现，BIM 公司多数采用专业的绘图人员，但这些人员中大部分属于非专业出身，只是涉及到软件本身以及操作工具的技术人员。这些工作人员由于自身并非出自相关专业，在 BIM 技术的应用过程中会造成对图纸的误解，并按照“误解”进行建模，而这样带来的问题是多元化的、也是复杂的，因为建筑师或是工程师们很难发现一些有 BIM 建模中的“个人理解的模型”，而这些模型或者是在后期核对的时候发现问题抑或是没有被发现。那么，这些问题导致了建模的效率降低并产生了二次的问题，同时又将问题隐藏到施工当中。具有专业背景的建模人员在现代 BIM 技术快速扩张的时期又显得更加的供不应求，人员缺口很大。

### 4.4.3 上游设计模型缺失

上游设计模型应用于从设计到建造的过程中，不是简单地在同一软件的基础上进行模型细化和添加。主要原因分两个方面：

（1）部分项目从施工阶段才开始应用 BIM 技术或者由于一些知识产权问题无法得到设计模型，往往需要首先按照施工设计图纸建立模型，然后才能开展应用，如果没有 BIM 设计模型，施工阶段 BIM 需要投入资源做大量重复性工作。这部分工作由施工单位承担后，很容易造成对二维图纸的理解误差，从已经采用 BIM 技术的施工单位的反馈意见来看，多数认为施工单位在单纯 BIM 建模上浪费时间同时还需要重复与设计人员进行沟通以确定模型的正确性。

（2）施工方式以及施工工艺决定对模型进行修改。但如果修改量过大，施工单位会重新建模。以体育场馆施工为例，体育场馆多为钢结构设计罩棚，虽然施工图中含有结构模型的截面信息，网架安装过程需要预先起拱，也就是必须延长杆件长度；因此施工工业的要求，施工企业往往会进行二次建模，但是这不代表设计单位所做的 BIM 模型没有意义，施工企业需要基于 BIM 模型数据信息库获取工程的信息，然后根据设计施工需要进行二次加工以确保加工制造的准确性。

## 4.5 基于 BIM 技术的运维研究

众所周知，由于体育建筑的开发模式从单一的政府化的开发模式转移到商业体育建筑——体育地产项目开发。因此，基于商业开发角度的体育建筑不仅需要考虑建筑项目本身还需要将运营与设计相结合，不仅在建筑策划、建筑方案设计阶段将建筑全生命周期的理念贯穿始终，在后期的交付使用、运营以及更新改造维护阶段同样需要借助 BIM 技术。

### 4.5.1 商业地产助力体育场馆提高运营能力

#### 4.5.1.1 商业地产的特点

体育地产项目的开发特点：

（1）单个项目规模较大。基于体育产业的商业地产项目，本身不仅仅包含体育活动或是娱乐，而是将商业、娱乐、观演及体育活动融为一体。以商业地产为主的体育地产规划设计更注重资源的整合，对场地的使用范围及内容有更为明确的定义。以增城大球场的设计规划为例，其设计中考虑到球场地位为举办橄榄球赛为主并兼顾国家橄榄球队的主场及训练基地，其余时间举办足球比赛及大型演出及会展活动。对于运营商来说，建筑内的任何设施的使用年限及成本对整体的造价及运营的收支平衡有关，同时体育产业项目规模偏大成本更高，地产的价值需要通过物业及长期的管理得到体现。例如作为直接的运营方，更注重设计的持久性，对看台座椅的材料选择也更为谨慎。

（2）项目的设计建造和使用的复杂程度普遍都比较高。由于体育地产对设计的精度要求较高，建筑规模也较大，例如体育场馆多采用金属屋面，传统的直立锁边屋面的机械咬合能力很难控制，时间久会有松脱、渗水的现象，因此，在设计及施工建造过程中由于涉及的技术措施复杂需要考虑的内容也更谨慎，设计中考虑因素越具体对施工的影响越小。

（3）项目对工期的要求更加严格。商业地产对设计和施工建造的成本控制都更为严格，施工周期的长短对开发商在成本上的控制也具有一定的影响。如果是体育产业结合的商业综合体开发更是对施工周期、开发周期有更为严格的控制，一旦工期受到影响将会给后续的过程造成一定程度上的经济损失。

（4）项目在生命周期内由于使用和功能要求需要改建的次数多。商业地产为主的体育建筑会根据运营的情况不断改善其经营的范围，因此涉及到二次装修与改建的问题增多。传统的商业开发模式需要重新翻看图纸，而基于BIM技术的模型可在运维模型的基础上对二次开发进行调整，且可根据适时的能耗对比于商业的分布情况进行调整。

（5）业主自己持有和运营的比例比较高，项目性能直接影响投资收益。对于商业开发来说建筑外形将带来地标性的效果，因此优秀的建筑形态本身对建筑设计及施工的复杂度、精确度都有更高的要求。然而，实现地标性建筑对建筑造型有严格的要求，建筑材料、设备等的选型固然不影响建安成本，但是对后期运营成本却起到决定性作用，因此基于商业地产的体育建筑设计更需要对建筑的全生命周期的成本进行计算。

（6）销售需求以整体出售方式和机构客户为主。由于商业地产的销售是检验其地产设计优良的重要指标之一，因此销售中如何以特定的营销手段辅助销售也变得更为重要。例如，南京大拇指广场项目体量大、功能布局变化快，因此在扩初阶段建立了BIM模型，动态跟踪各栋各层的建筑面积（图4-18）。

这些特点导致工程建设项目中普遍存在的进度、造价、质量以及运营回报的问题，由于施工阶段缺乏更为经济、科学有效的管理方式而放大，有时甚至会出现致命错误、严重影响到业主的收益。此外，从商业介入到体育建筑当中，结合经济利益重新规划体育建筑空间布局以及科学有效的管理都是维系体育商业运作的关键，而借助BIM技术实现信息化的管理平台能够更精确地了解大型、综合型体育场馆中的运行状况以及能耗情况，对解决、分析我国目前体育场馆经营管理不善以及能耗过大等问题提供指导意见。

| | | | | | |
|---|---|---|---|---|---|
| F7 | 客房 | 742.9m² | | | |
| | 卫生间 | 131.11m² | | | |
| | 楼梯间 | 56.78m² | | | |
| | 电梯间 | 34.47m² | | | |
| F8 | 客房 | 703.06m² | | | |
| | 卫生间 | 176.6m² | | | |
| | 楼梯间 | 56.78m² | | | |
| | 电梯间 | 34.47m² | | | |
| F9 | 客房 | 740.35m² | | | |
| | 卫生间 | 175.82m² | | | |
| | 楼梯间 | 56.78m² | | | |
| | 电梯间 | 34.47m² | | | |
| F10 | 客房 | 778.72m² | | | |
| | 卫生间 | 173.26m² | | | |
| | 楼梯间 | 56.78m² | | | |
| | 电梯间 | 34.47m² | | | |

图4-18 南京大拇指广场项目房间部分面积跟踪

#### 4.5.1.2 体育场馆的运营机制变革

我国目前大型体育场馆运营普遍存在前期投资巨大、建设资金难以回收以及回收周期长以及后期运营费用高等特点，如若仅在设计和建设阶段考虑赛时要求而没有考虑到赛后运营需求，那么后期的体育场馆运营将面临更加严重的问题。2013年10月22日，国家体育总局等八部门《关于加强大型体育场馆运营管理改革创新 提高公共服务水平的意见》中明确提出，创新体制机制、优化运营模式、提高运营能力，促进体育场馆建设改革的政策方针。2015年1月15日，国家体育总局印发《体育场馆运营管理办法》：该办法分总则、运营内容与方式、经营管理、监督管理、附则5章共29条，自2015年2月1日起施行。这些政策的推出，正是凸显我国大量场馆建筑中出现问题，即体育场馆设计中未将运营机制以及运营内容和方式予以考虑，而是在完成工程项目之后进行招商，而这种招商模式必然带来先天不足的缺陷。因此，未来的体育场馆商业价值主要通过职业赛事体系来实现，通过创新体育场馆运营机制，积极推进场馆管理体制改革和运营机制创新，将赛事功能需要与赛后综合利用有机结合。鼓励场馆运营管理实体通过品牌输出、管理输出、资本输出等形式实现规模化、专业化运营。增强大型体育场馆复合经营能力，拓展服务领域，延伸配套服务，从而实现最佳运营效益。改革运营机制要建立在摆脱我国旧有落后的运营管理机制，向体育事业发达的国家学习运营管理经验，结合中国的实际情况发展具有中国特色的体育场馆运营管理机制。

#### 4.5.1.3 基于BIM的体育产业化

在产业化发展对策中，商业开发速度、资金周期、科学可持续的场馆管理与营销模式都是新形势下场馆发展的要求。基于BIM技术在与商业进行整合中涉及到商业业态组合与仿真物业，促进体育产业招商与设计联动，在仿真施工与物业仿真运营与能耗分析中具有实践价值。对体育项目开支给予政策性扶持的同时需要对其能源如水、电、煤气等的收费情况进行合理的规划。通过对体育设施能耗的追踪、分析与统计，计算得出科学、合理的场馆能耗使用定额指导、管理体育设施的使用方式及运营模式。

将商业中的租赁及销售模式前置。目前的体育场馆设计中已经将运营商与设计结合。例如上海梅赛德斯文化中心与美国著名运营商AEG合作，组成中外合作管理团队进行商业运营。那么，商业运营阶段需要对其功能的使用、商业面积、停车配比等内容有更为明确的指标，因此在方案设计阶段会提出更有针对性的设计要求。商业策划可结合在体育建筑设计策划阶段，以及在基于BIM的可视化及模拟、消防性能化模拟等设计到施工的全过程，分析其在各个环节对后期施工、商业运维、二次装修等内容，目的是促进体育建筑向综合、高效的方向发展。

对于带动产业化、集群化的区域性发展，需要对体育场地或区域进行综合化布局研究，基于BIM技术的场地设计及GIS等技术的协同下，虚拟、模拟区域的环境、能耗状况及交通动线规划等相关内容，并对区域内的功能进行细化和整合。

### 4.5.2 FM/BIM整合体育商业与运营

从体育建筑的前期策划到建造、竣工验收，体育建筑的设计与建筑师之间的关系就结束了吗？BIM技术应用到建筑竣工之后，是不是不再参与到设计的部分？基于创新体育场馆商业运营机制是什么？如何在设计阶段将这些信息整合，作为任务书带入到今后的体育建筑设计策划建议书当中？体育建筑的生命周期设计到底有多长？以上海虹口足球场为例，第一次建成竣工是1999年，2007年完成第一次改造，更新了球场的草坪、大屏幕、技术照明、结构以及广播、空调、消防、监控等所有配套系统，原因是2007年女足世界杯的比赛提出高标准球场的要求。但是，目前虹口足球场又一次迎来改造，原因在于上海的经济发展以及国内生活水平的提高对体育设施的使用以及舒适度都有所提升；同时虹口足球场的运营方，希望增加车位缓解举办大型赛事停车难等问题，以及添加与体育娱乐活动结合的音乐厅，增加建筑功能提升建筑群的商业价值。这些仅仅依靠一次到位的建筑设计是不可能完成的任务。建筑性能分析，以及由于改建、设施的增加，所带来的对原有建筑结构以及性能及对周边环境所造成的影响，以及改造后运营服务的定位都再次影响老建筑更新的内容以及方式。这些基于建筑本身以及商业的考量都需要更加科学精细的建筑设计以及策划团队对建设项目进行整体的把控。

#### 4.5.2.1 设施管理的发展

设施管理（Facility Management，简称FM），按照国际设施管理协会（IFMA）和美国国会图书馆的定义，是“以保持业务空间高品质的生活和提高投资效益为目的，以最新的技术对人类有效的生活环境进行规划、整备和维护管理的工作”。它“将物质的工作场所与人和机构的工作任务结合起来。综合了工商管理、建筑、行为科学和工程技术的基本原理”。设施管理这一行业真正得到世界范围的承认还只是近几年的事。设施管理服务除了基本的物业管理外，服务内容往往涉及设置或使用目的机能的“作业流程规划与执行、效益评估与监督管理”。

在北美国家，建筑行业划分成 AEC/FM，国内的翻译一般是建筑学 A、工程 E、施工 C 和设备 FM。国外有很多 BIM 项目出自大型的建筑公司，因为他们采用“DB+FM”模式，也就是“设计（D）+建造（B）+运营（FM）”，这个模式中 BIM 的价值才是最大化的，建筑公司去用 BIM 技术就是顺理成章的事情。甚至可以说，正是近年来这种模式的盛行推动了 BIM 软件的成熟。目前，北美国家从 ACE（Architecture Construction Engineering）拓展到 ACEO（Architecture Construction Engineering Operation）与 AEC/FM 的定义内容类似，BIM 技术下所提倡的从 3D 到 6D 的过程，从可视化的 3D，到加入建造技术的 4D 以及加入造价等经济概念的 5D，直到进入认识到建筑的全生命周期的使用与设施的运维的 6D，都是在强调建筑应将设计、建造、运营进行一体化考虑。

由于 FM 对于商业经营的重要性，因此大型、公共商业建筑需要建立 FM/BIM 模式，不是仅仅提供物业管理而需要 BIM 技术的配合，也就是从应用 BIM 技术的初级阶段即参照建筑信息模型标准，从 100D 的模型标准提升到 500D 阶段、甚至更多，让 BIM 技术在 FM 中发挥更大效用。但目前我国的 FM 模式还处于发展阶段，其在某些商业建筑中仅对建筑的性能检测，而没有将其转化到商业运营理论以及实际操作模式当中。

#### 4.5.2.2 基于 FM 的主流标准

COBie（Construction Operation Building Information Exchange）标准是由美国陆军工兵单位所研发，用于在建筑设计施工阶段就考虑未来均交付运营单位所需要设施管理的咨询收集和整理，对建筑监理有效运维管理措施机制相当有用。COBie 能以标准化方式将有关建筑的非绘图式资料与信息予以组织、建档和共享的工具。资料可在数据库中进行维护，并能在建筑物从概念到拆除的整个生命周期中轻松地存取与更新。COBie 标准沿用至今受到各国重视，就是由于 COBie 目前被认为是有效将运维管理信息与 BIM 结合的切入技术标准。

美国的国家 BIM 标准第二版以及英国国家标准都将 COBie 纳入参考标准之中，同时 BIM 软件厂商如 Autodesk Bentley AECOsim 等都争相研发支撑 COBie 功能的工具。由于 COBie 技术目前被认为能够有效用于设备咨询维护和管理，在 BIM 的各生命周期阶段使用中都应予以重视。适用于 COBie 格式的 BIM 模型名称——基于 COBie 格式下的信息需要在 BIM 建模期间按照其格式对内容进行界定和划分。设施划分所涉及到内容和信息（表 4-1）。此外，信息不但需要有详细的命名，还需要按照设施信息的意义以及重要程度进行颜色划分。最后，所有设施信息按照建设周期分为设计、施工以及交付阶段进行最后的整理。建立这样的信息的作用是，假设使用者利用 BIM 软件建模，之后将其中涉及到 FM 阶段的设施的信息包括位置、楼层、区域等信息加入，那么在 FM 的阶段就可以依据原有输入的内容经由基于 COBie 标准所研发的配套软件将其数据导出，供后期的运维以及在建筑的全生命周期过程中使用。

表 4-1　COBie 工作表内容

| 名称 | 内容 | 阶段 |
| --- | --- | --- |
| Contact | 人员 | 建筑生命周期全过程 |
| Facility | 设备信息、位置 | 设计初步阶段 |
| Floor | 位置 | 设计初步阶段 |
| Space | 房间 | 设计初步阶段 |
| Zone | 区域 | 设计初步阶段 |
| Type | 设备类型、产品信息、材质信息 | 设计初步阶段 |
| Component | 组成元件的组件 | 深化设计阶段 |
| System | 一组设备所对应的某种服务 | 深化设计阶段 |
| Assembly | 组件成分、类型成分 | 深化设计阶段 |
| Connection | 构件之间的关联 | 深化设计阶段 |
| Impact | 建筑全生命周期内对经济、环境及社会的影响 | 深化设计阶段 |
| Spare | 可替换的零部件 | 运营维护阶段 |
| Resource | 所需材料、工具及培训情况 | 运营维护阶段 |
| Job | 预防性维护管理及其他计划 | 运营维护阶段 |
| Document | 所有文件 | 建筑生命周期全过程 |
| Attribute | 参考项目的属性 | 建筑生命周期全过程 |
| Coordinate | 所有设备的空间坐标定位 | 建筑生命周期全过程 |
| Issue | 其他需要注意的问题 | 建筑生命周期全过程 |

目前已经有很多主流 BIM 软件支持 COBie 标准，有 Autodesk Revit、Bentley AECOsim、Tekla 及 Grapgisoft ArchiCAD 等等。在运维管理阶段建立模型档案的软件如 4Projects、Constructively、Project Blueprint，基于 IFC 交换格式最终导入到运维管理系统中，支持运维导入交互信息的软件有 ARCHIBUS、EcoDOmusFM、FM：System、Onuma 等。

#### 4.5.2.3　BIM 用于改进 FM

基于 BIM 技术的 FM 首要整合的是数据的无流失转换的问题。通过建立目标文件，转换机制以及使得基于 FM 的 BIM 技术得到有效的落实。其具体可在空间管理、无缝维护、高效使用、更新信息、提升生命周期管理五大方面进行优化。

改进空间管理：通过了解建筑功能的使用状况，掌握房屋的空置情况，确保所有的物业得到有效的使用。而能够对所有物业的各个功能部分有深入的了解就必须利用 BIM 模型作为辅助，通过模型更新物业信息。

无缝的维护管理：BIM 模型可储存更多的信息，将建筑中的设施和设备的安装日期、型号、维系信息储存在 BIM 模型中；这些在 BIM 模型中的数据——可导入到设施管理软件当中——可以帮助提升设施管理的效率；通过 BIM，设施维护的工程师只需要在模型上动动鼠标就可获知具体的故障，甚至设施维修系统可以自动通知什么时间应该维修，或提前给出警示。

更加高效地使用能源：通过BIM技术提高维护过程的效率，确保能源不浪费；避免设备无效的运转；例如建立一套基于BIM模型同时整合设施、设备信息一体化，甚至包括室内环境的温度、空气流动以及气压等室内健康相关的数据信息，保证减少能耗的同时提升内部使用人员的健康水平。

为更新和改建过程提供准确信息：对建筑的现有情况有良好的把控作用，同时减少更新过程中由于对设施设备运转情况不了解而造成的浪费，如设备应在更新阶段更换或设备无法应对更新后建筑的能耗等问题。

提升对建筑全生命周期的管理：有些设计人员会预先在BIM模型中切入建筑的寿命周期以及重置某些设备所增加的成本；这些数据可以帮助业主更好地了解某些建筑材料及设施的投入所带来的收益，可能这些收益不是在初期会显现出来，但还是让业主了解其所投入资金的价值。

BIM模型能够将运维管理中所需要的数据进行集成管理，形成完整的运维数据库，便于后期运维期间的定期养护和维修问题。基于BIM软件的FM体系可随时接受软件的更新，将所有数据保存在数据库中，解决运维单独建立数据库以及软件更新数据库无法使用的问题。其本质是简化设施管理人员的任务，BIM模型成为运维信息的电子数据的储存模型，便于建筑的维护和更新使用，延长建筑寿命。BIM技术可帮助提高空间管理能力，基于可视性对所有空间进行更加合理优化的利用。BIM技术用于建立分析数据库，对于能耗方面的控制和数据分析作用明显，尤其再和LEED、绿色建筑评定体系结合。BIM模型可用于建筑实际使用过程的能耗追踪，完善数据收集的工作。例如，我国的绿色建筑设计评价中对室内环境质量这一子项有明确要求：对房间内的温度、湿度、风速等参数需要满足国家《公共建筑节能设计标准》（GB 50189—2015）以及在《民用建筑工程室内环境污染控制标准》（GB 50325—2020）中对室内游离甲醛、氨、氡和TVOC等空气污染物的浓度的要求，这些数据和信息是利用BIM技术与FM的结合可以获得的。所以越来越多的运维软件，都在研发中将BIM模型与设施的楼宇自动化系统链接，目的就在于处理信息管理和提高系统运营效率方面能有更多突破。

### 4.5.3 FM整合体育商业设计

通过对32位有效的问卷访问者的调研发现，有87.5%的受访者认为，设施的维修、建筑的更新和改建等问题需要考虑在项目设计中就纳入到统筹范围。只有12.5%的受访者认为不需要考虑设施的维修以及后续可能出现的更新和改建问题。而在需要考虑体育建筑可能出现改建和更新可能的受访者中，有21.9%的人认为在设计初期就需要考虑这些问题，有3.1%的人认为在施工阶段应该考虑这个问题，而62.5%的人认为在设计和施工阶段中这些问题应当得到持续的关注和考虑（图4-19）。考虑体育建筑的特殊性，体育设施和体育赛事的变动可能，以及体育与商业结合的目标和结合内容的变化更需要在设计和施工中对体育设施设计、运营、维护和管理等相关内容进行分析和考量，借助BIM技术与对FM的整合，才能保证体育建筑实现在建筑生命周期中的全过程设计。

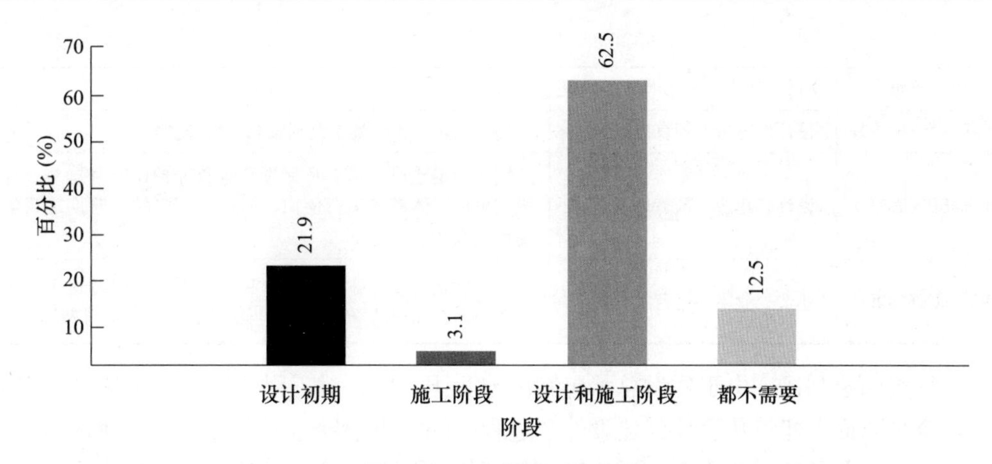


图 4-19　FM的重要度调查

FM不仅仅包括体育设施起到维护作用，优秀的FM能够提升体育场馆的经济效益，确保场馆能够持续、高效地运营。而我国由于缺乏FM案例，大多数场馆中仅由简单的管理系统，如美萍体育场馆管理系统V2014.7是一款专业的体育馆场地管理系统，它集前台收银收费管理、一卡通功能、场地自动计费管理、场地预订、会员管理、陪练管理等功能于一身，适用于羽毛球馆、乒乓球馆、网球场、篮球场、台球厅等体育场馆管理；但无法与BIM兼容，这还是初级阶段的体育场馆管理系统。

我国目前的建筑施工管理模式的局限性导致国内BIM技术在FM阶段以及从设计到运维阶段中，设计的参与度与国外相比要局限很多，这也是目前我国在推行BIM技术的难点之一。以澳大利亚新珀斯体育场（New Perth Stadium）的设计过程来看，尤其采用的PPP运营模式，也就是政府与私人组织之间合作、共同运营的一种模式结构。其利用的FM/BIM模式（其BIM模型交付标准与我国近似）考虑到运营维护的部分，业主在对BIM模型各阶段进行分析之后最终选择适合自身要求的Model500A的模型阶段作为最终交付标准（表4-2）。不同层次、规模的体育场馆由于其使用和运营方式的不同，需要针对自身的情况选择最适合的交付标准，同时建立BIM模型交付标准的资料库对数据进行分析，为将来的场馆运营交付标准提供参考。

**表 4-2　对BIM模型标准的细化**

| 模型等级 | 交付模型用于使用的不同阶段 | 内容 |
| --- | --- | --- |
| Model1（100D） | 仅用于建造 | 公开发布的模型适用于公众了解设计以及一部分非公开的模型是用于定制施工合约 |
| Model2A（200D） | 深化设计及建造 | 公开发布的模型适用于概念设计，便于公众了解设计内容；非公开部分是用于建立分包合同以及制定施工进度 |
| Model2B（200D） | 设计和施工 | 用于制订设计和施工合同使用 |
| Model2C（200D） | 设计和施工及维护 | 用于制订设计和施工以及对设施管理的合同使用 |
| Model3（300D） | 分包商介入 | 用于分包商介入到概念设计阶段，同时用于指定深化设计以及施工安装部分的合同 |
| Model4（400D） | 工程项目的执行承包商 | 用于总承包对设计以及施工进行协调工作 |

续表

| 模型等级 | 交付模型用于使用的不同阶段 | 内容 |
| --- | --- | --- |
| Model5A（500D） | 设计、建造、预算以及维护 | 用于指定建设、施工及预算和运营养护 |
| Model5B（500D） | 设计、建造、预算以及运营 | 用于指定建设、施工及预算和运营养护；同时这个整体模型也可以体育场运营使用，但是在一定的运营期之后需要单独收费 |
| Model5C（500D） | 建造、业主、运营及分包商 | 用于指定建设、施工及预算和运营养护；同时这个模型也作为体育场馆的资产，即使再次转让也无须再付费用 |

与欧美国家相比，由于建设总承包制度与我国不同，对工程项目不仅仅从设计层面把控，至少要面向建筑从设计到建设的全过程。同时由于发达国家对 FM 的理解和应用不仅仅是国内普通的物业管理，更从经济管理的角度看待建筑以及建筑运营的价值。尤其是体育场馆从单独的国家掌控转为国家和个人共同运营（PDP、PPP 模式）的发展的过程，FM 的价值起到决定体育场馆运营成败的关键。因此，研究基于 FM 所需要的 BIM 内容，是今后体育场所设计以及施工中需要包含的新内容。由此可能面临的问题就是，基于 FM 基础上的 BIM 数据能否顺滑、无损失地转移到基于 FM 的技术软件当中，这可能需要 IFC 标准的扩大与支撑（图 4-20）。

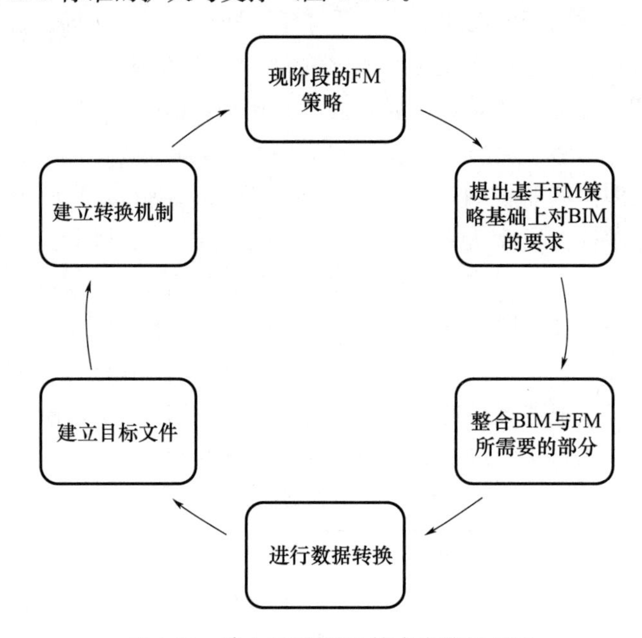


图 4-20　建立基于 BIM 技术支撑的 FM

## 4.5.4　运维面临的问题

体育场馆的运营仅体育建筑完成后进行招商，而没有在设计开始阶段介入，导致对商业目标的定位出现问题，同时对体育场馆设施的设计缺失。只是通过后期改造完成对运营方面的具体要求，不仅浪费资金，同时还带来在建筑使用初期就进行到建筑功能更新阶段，如某体育场馆在设计出现仅预留场地座位下部空间为商业用途但无明确定位，而后期招商阶段引入展览功能发现其内部空间由于装修阶段对建筑内部层高无具体控制而发生展示空间层高过低无法实现作为展览馆的功能定位。此外，国内目前对FM的定义为物业管理，没有将其上升到科学管理层面，无法在建筑设计阶段对BIM的模型标准给出指导要求，缺少统筹管理。

根据上述问题总结我国体育场馆实际运用中的问题：

(1) 场馆规划、设施建设布局不合理。主要原因在于缺乏足够的方案论证及规划设计，同时对大型赛事及群众平日健身活动的服务半径没有区别对待；地区场馆设施分布不均匀，导致体育场馆运营能力低下。

(2) 场馆建设规模问题。体育场馆规模过大，非赛事的实际运营能力与场馆规模不匹配，导致大型运动会结束后场馆长期闲置。

(3) 能耗及工艺质量问题严重。我国的建筑能耗大、建造过程及使用中的能耗已经占全社会能耗的46.7%。由于场馆本身的能源和维护成本过高，影响场馆的运营。体育工艺技术是融合建筑和体育两个专业的边缘学科，是体育建筑的核心技术，达不到技术要求的体育场馆即使投资再大也不能称其为合格的体育建筑。在建筑实践中由此引起的返工浪费现象不胜枚举。

(4) 缺少专门的场馆运营经理人。场馆经理人应从建筑策划、组织、管理等方面对场馆建设进行把控，以确保场馆后期的正常运营及场馆的经济效益；同时还需要能够对场馆科学运营、维持场馆的安全寿命。

综上所述，体育场馆运营涉及选址不当、能耗、体育工艺施工等问题，而这些问题应在今后的体育场馆设计中结合BIM技术予以考虑，尽量减少从设计层面对体育场馆运营的影响，并建立体育场馆的综合评价指标，总结以往经验应对新时代、新要求下的场馆建设及运营问题。

## 4.6 总　结

施工阶段的BIM技术介入，主要在改变传统施工模式，即从单一的施工后才能见效果到从模拟施工中发现问题然后再进行真实施工。在模拟施工中可寻求最优的施工方案，为进一步的施工管理提供便利接触，同时基于BIM技术的施工模拟检验分析不同施工方案，对施工方案进行优化，可得到更为直观、精确的施工过程进而有效缩短工期、降低成本，达到最终提升设计施工质量的高标准。

此外，由于体育建筑设计施工过程中除了设计、土建施工、室内装修还包括体育工艺，而随着体育活动的日益发展，对体育工艺的要求也更为严格。现有体育建筑设计中经常被忽略的体育工艺与施工造价问题，导致业主将大量资金浪费在土建阶段，缺少对场地设施使用标准的考虑。BIM技术可在体育工艺的三个主要方面机电设备、建筑智能化、赛事智能化给予更多的技术支撑，避免体育工艺与设计、施工脱节等体育建筑施工阶段的常见问题。

建造与施工的联系更为紧密，当代体育建筑的表皮设计中经常采用非标几何的表皮单元，不仅提升了设计施工的难度、在实际建造阶段也容易出现误差。借助BIM技术将建筑信息传递到加工产业实现从设计到加工的一体化，同时在施工模拟阶段了解建筑各个部分进行模拟分析确保建筑形态从设计到施工的完整性。而对于后期的运维管理，有数据依据的表皮幕墙信息可以确保任何一块幕墙脱落后准确查找模块信息从而避免在运维阶段出现幕墙脱离而无法弥补的尴尬。

未来商业地产将更多地介入，随着体育地产概念的发展，需要将后期运维设计与建筑设计进行更密切的联系，因此基于“FM+DB”模式才能实现BIM的价值最大化，同时对BIM价值的提升带动体育地产经济的发展。而我国目前面对体育地产与运维模式及BIM技术的结合还处于起步阶段，没有认清BIM技术在运维阶段的价值，而这也间接影响了地产商在设计阶段介入BIM概念，导致信息传递的中断。但在未来国家大力推进PPP运营模式之后，将会提升对BIM技术的重视程度，利用FM/BIM模式提升业主对BIM模型的重视度，并选择将Model500阶段作为最终的交付标准。因为只有达到Model500阶段才能实现体育建筑全生命周期中对环境、能源的使用的控制，确保设备的运转同时降低使用能耗。

# 5 结　论

## 5.1 研究总结

### 5.1.1 BIM 技术在体育建筑全生命周期中的应用

建筑的全生命周期，从设计到施工再到营运，可以节省 2%～5%能源，甚至 10%～34%。这是美国的 BIM 标准下的建筑生命周期的目标。所以实现节能减排、实现可持续是生命周期设计的目标之一，同时基于“泛”设计的概念下，强调的是将建筑形式与生命周期内的各个阶段进行整合设计，尤其对于体育建筑，仅以建筑设计为目标是无法实现最终的全生命周期的设计。

BIM 诞生于 1970 年，它是先进几何建模（Advanced Geometric Modeling）的方式；到现在与更多的信息化技术的发展结合，已经成为促进建筑业、制造业、工业化发展的催化剂。如果说 BIM1.0 是可视化和碰撞检查，那么在 BIM2.0 时期，应利用 BIM 把企业信息建立起来，延伸到后期营运，同时对建筑设计方法及建筑信息进行分析与优化。基于新技术下的建筑设计应与建筑全生命周期紧密联系，不仅从建筑形式出发，应将性能化、运营等内容带入到设计中，建立基于业主需求的体育建筑评价体系，而这才是基于体育建筑全生命周期应要考虑的事情（图 5-1）。

对于体育建筑设计本身，体育建筑设计中除了包含场馆的土建设计、装修设计、体育工艺设计同时还需要兼顾后期维护及运营方面的内容。从商业利益最大化以及场馆的非赛事运营的角度兼顾设计的方向以及重心。在体育建筑的功能设计上不仅关注赛时设计还应该注意到非赛时的体育设施使用以及其他综合商业附属内容的设计。这时的体育建筑设计，不仅从体育建筑的本体考量，还需兼顾商业建筑的设计内容及设计方法。对于业主来说，传统的体育建筑设计方法已不能满足目前的设计发展的要求，需要采用新的设计方法应对今后的体育建筑设计。

上述内容都促进以 BIM 技术为支撑的体育建筑全生命周期设计的必要性。但是，首先需要解决的问题，当以业主为主导的设计方法，由于业主可能没有足够的准备而误认为 BIM 技术可以解决现存工程中的一切问题，或是不想花更多的精力和投入去实现 BIM 的价值，认为其是纸上谈兵。因此，如何协助业主实施 BIM 技术同时带入正确的价值观去看待 BIM 技术，耐心对待其真正的价值，需要建筑师及政府的大力推动。建筑师应给予业主正确的 BIM 目标，同时政府需要建立适当的奖励机制，鼓励实施 BIM 技术的企业。因此，创建基于 BIM 技术下的体育建筑全生命周期的设计目标应首先建立全生命周期的设计目标，在设计、施工、建造、运营四个方面充分利用现有的 BIM

技术，使得 BIM 技术应用于整个建筑生命周期。在基于全生命周期的设计目标下，根据上述研究内容总结归纳一下重点。

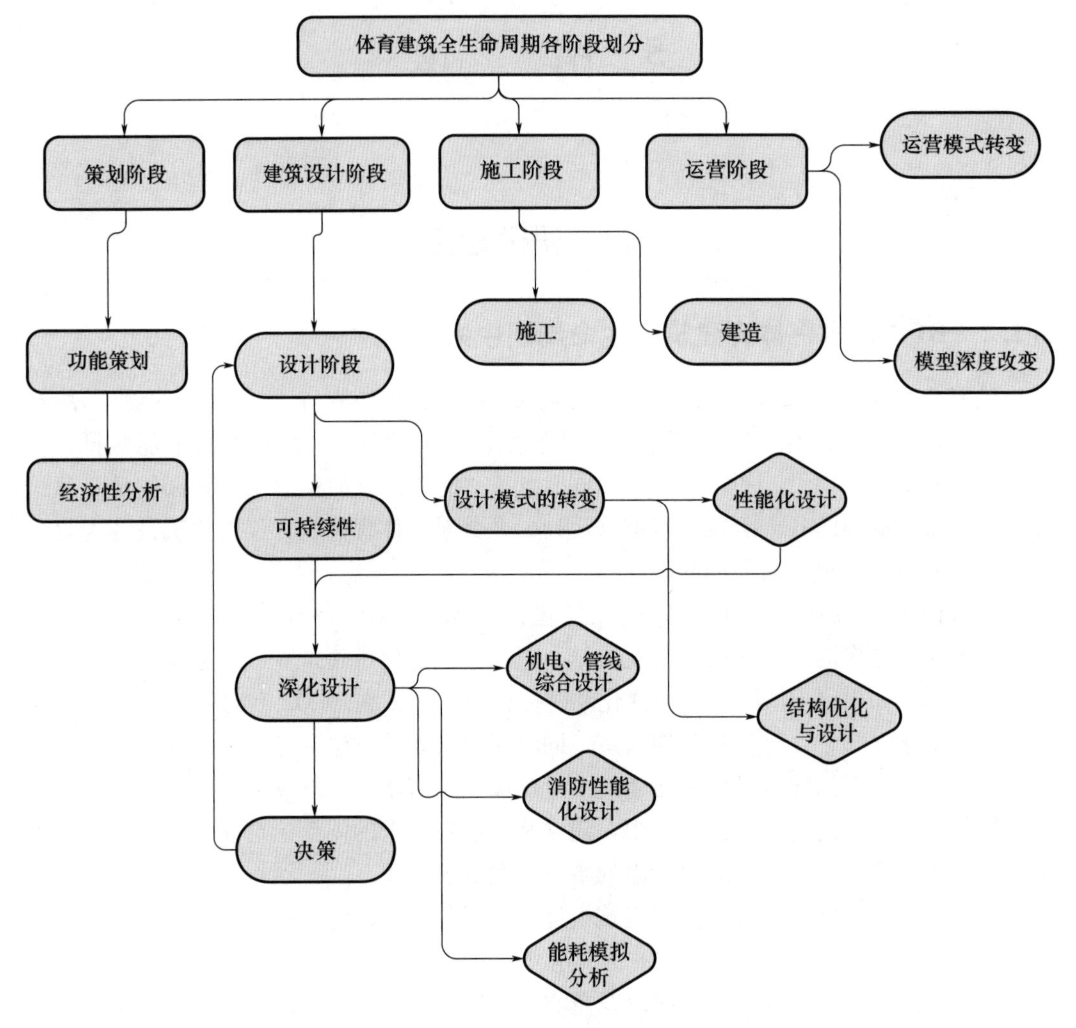


图 5-1　体育建筑全生命周期设计目标阶段划分

### 5.1.1.1　策划阶段

在策划阶段，需要进行完成的体育建筑选址研究，同时考虑其商业运营的诸多因素，而在策划阶段形成基本的目标判断。对 BIM 技术的应用程度有概况性的总结和要求，用于指导后期的设计、施工过程。目前已有欧美一些国家，在研究针对业主指定的 BIM 技术应用导则。可根据其发展的经验建立符合中国国情的针对业主的策划导则，在对业主进行有计划的评估后再分析其可能应用到的 BIM 技术种类及具体内容。

1. 功能策划阶段

在公共体育建筑策划阶段需要对建筑功能进行有效策划。功能策划对面积参数的计划，包括总面积估算、座席面积、交通面积等，在 BIM 的主流软件 Revit Architecture、ArchiCAD，Bently MicroStation 中都有面积计划功能可实时查询。

2. 经济性分析

体育建筑的策划需要对建筑环境、功能价值进行评估。涉及到场地的选择，需要对场地进行基础的分析。目前，可基于 GIS、Auto Civil 3D 进行场地分析或对单一场地进行调整，计算土方量。体育建筑或体育中心由于场地面积较大，通过 BIM 技术下的相关软件进行场地平整，土方量计算如 Civil 3D，对于大型场地来说可以提升经济性。在策划阶段，也可与其他预算 Innovaya 和 Solibri，鲁班、广联达等与 BIM 技术融合的辅助计算机软件结合，给出更为系统的建筑造价，对于基于公私合营模式即 PPP 模式的体育建筑项目，提高早期对建设项目成本的把控。确定评价依据和标准，明确以体育建筑全生命周期为设计目标。

**5.1.1.2　设计周期**

在设计周期过程中，建立基于全生命周期的设计目标已应用 BIM 技术进行设计、性能化分析与评估再设计的过程，以达到节能、绿色、环保的理念。通过对 14 个可查阅范围内应用 BIM 技术的体育建筑进行分析发现（表 5-1），大约 80％的体育建筑在方案设计阶段使用了 BIM 技术及与建筑信息化模型相关的计算机辅助设计。各自的应用内容并不完全相同，但主要集中在建筑形态设计、性能化分析、结构优化以及从可持续设计的角度利用 BIM 技术对建筑模型进行分析，最后在深化设计阶段将与之相关的模型带入，研究不同阶段模型之间的碰撞和建造。

（1）在设计阶段实现形态设计主要包含看台设计、表皮设计、形态与结构设计。与参数化、数字化建筑设计方法结合，进行计算机辅助设计与 BIM 技术的结合。通过对 14 个案例进行分析发现大多利用“Rhino＋Grasshopper”，通过控制参数决定场馆的形态（图 5-2）。BIM 技术的一大特点就是对参数化、计算机辅助设计所产生的数据进行优化，进而实现对体育建筑本体的形态优化。在场馆看台的形态生成方面，与传统的参数化体育建筑设计相比，其对形态的设计考虑到建筑在生命周期的意义，因此形态生成在于利用 BIM 技术对体育建筑形态、成本、能耗进行分析控制而不单就形态或幕墙分割。通过对上述案例进行分析发现，利用“Rhino＋Grasshopper”已经成为体育场馆设计中研究看台、排位、座席数量的常用方法，以达到看台、视线角度与座席数量的基本要求。

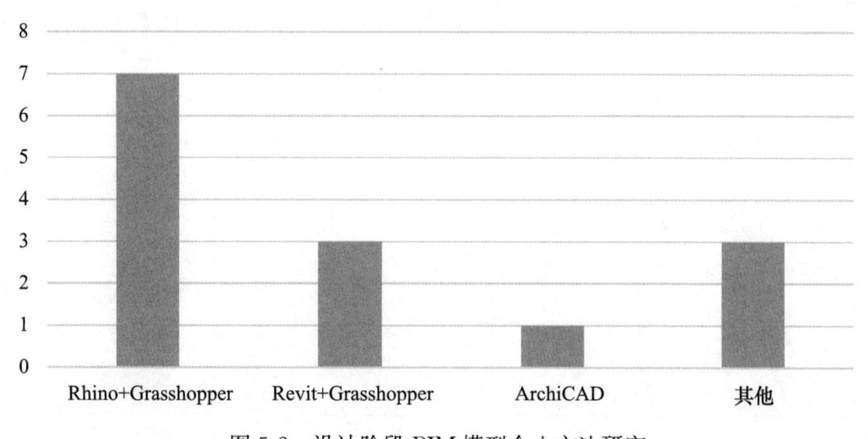


图 5-2　设计阶段 BIM 模型介入方法研究

表 5-1 国内现有体育建筑应用 BIM 技术及模型深化程度

| 序号 | 内容概述 | BIM 模型深度细化 | | | | | 其他性能方面 |
|---|---|---|---|---|---|---|---|
| | | LOD100 | LOD200 | LOD300 | LOD400 | LOD500 | |
| | | 建筑专业模型；结构专业模型 | 施工图设计模型（建筑、结构、机电、其他） | 施工作业模型（建筑、结构、机电、其他） | 竣工模型（建筑、结构、机电、其他） | 运营模型 | |
| 1 | 天津团泊进程综合体育馆：两场馆总建筑面积 71961.96m²，体育馆可容纳 10000 座，游泳馆 4000 座 | 设计推敲模型 | Revit 平台建立所有模型；建筑功能建模；结构网架模型；机电设备管线模型 | 碰撞模型检查 | | | |
| 2 | 杭州奥体中心：杭州奥体建筑面积 220000m²，建筑高度 60m，设有 8 万座席 | 建筑模型：Rhino＋Grasshopper；结构模型：Kangaroo 分析优化 | Revit 平台建立所有模型；建筑功能建模；结构网架模型；机电设备管线模型 | 鲁班算量 LuBan-MC；工程资料协同；Ansys 施工吊装模拟；钢结构模型；外幕墙单元模型 | 交付模型；室内精装修 BIM 模型 | | 声环境模拟、防火、温度模拟 |
| 3 | 天津团泊湖网球中心：用地 120000m²，建筑积 64226m²，可开启屋顶的场地 | 设计推敲模型 | Revit 平台建立所有模型；建筑功能建模；结构网架模型；机电设备管线模型 | 碰撞模型检查；幕墙模型；钢结构模型 | | | 风环境模拟；CFD 模拟 |
| 4 | 杭州奥体中心体育游泳馆：总建筑面积 390000m²，包括体育馆、游泳馆和商业设施 | 场地模拟：Autodeskinfraworks 软件；建筑模型：Rhino＋Grasshopper | Revit 平台建立所有模型；建筑功能建模；结构网架模型；机电设备管线模型 | 碰撞模型检查；外幕墙单元模型；钢结构模型 | | | CFD 模拟 |
| 5 | 鞍山市体育中心——游泳馆：可容纳 2000 座的椭圆形游泳馆 | 建筑模型：ArchiCAD | 建筑模型：ArchiCAD；结构模型：Tekla 转入 ArchiCAD；机电设备管线模型 | | | Delta 楼宇自控系统 | 提资、项目；清单、统计计算 |

续表

| 序号 | 内容概述 | BIM模型深度细化 | | | | | 其他性能方面 |
|---|---|---|---|---|---|---|---|
| | | LOD100 | LOD200 | LOD300 | LOD400 | LOD500 | |
| | | 建筑专业模型；结构专业模型 | 施工图设计模型（建筑、结构、机电、其他） | 施工作业模型（建筑、结构、机电、其他） | 竣工模型（建筑、结构、机电、其他） | 运营模型 | |
| 6 | 福州海峡奥林匹克体育中心——体育场：体育场占地 60000m² | | Revit 平台建立所有模型；建筑功能建模；结构网架模型：X-steel；机电设备管线模型 | 施工模拟：Autodesk Navisworks；模型漫游、碰撞检查、构件信息查询、复杂节点优化、技术交底 | 钢结构模型；幕墙模型 | | 施工工序时间导入与可视化展示、质量验收信息化 |
| 7 | 光谷国际网球主场馆：国内规模最大的开闭顶网球馆，建筑面积 52402m² | 地形分析：Civil 3d；用 AIW 三维集合管理，实时模拟；建筑模型：Rhino+Grasshopper | 建筑模型 Revit；结构模型 Revit Structure；机电设备 Revit MEP | 幕墙模型 | | | Ecotect 性能模拟；Civil3D 场地设计；Simulation CFD 模拟场地周边风环境 |
| 8 | 东莞厚街体育馆：总建筑面积约 22861.26m²，地下室面积约 2947.16m²，是以室内篮球、羽毛球等球类比赛为主体，文化活动为辅的综合性体育馆 | | 建筑模型：Revit；结构模型：Tekla；机电设备管线模型 | | | | |
| 9 | 徐州奥体中心——体育场：奥体中心占地 394400m²，总建筑面积 200000m²，体育场是其中最大单体，可容纳 3.5 万人 | | 建筑模型：Revit；结构模型；机电设备管线模型 | Project 编写施工计划大纲；Navisworks 施工模拟 | 装修模型；屋面板模型 | | Pathfinder 模拟疏散 |
| 10 | 苏州工业园区体育中心——体育场、体育馆、游泳馆：4.5 万人体育场（约 90200 万 m²）；体育馆建筑面积约 58000 万 m²，设计容纳 13000 座；游泳馆建筑面积 47000m²，3000 座，建筑高度 32m | 建筑模型：Rhino | Revit 平台建立所有模型；建筑功能建模；结构模型；机电设备管线模型 | Project 编写施工计划大纲；Navisworks 施工模拟 | | | CFD 模拟 |

续表

| 序号 | 内容概述 | BIM模型深度细化 | | | | | 其他性能方面 |
|---|---|---|---|---|---|---|---|
| | | LOD100 | LOD200 | LOD300 | LOD400 | LOD500 | |
| | | 建筑专业模型；结构专业模型 | 施工图设计模型（建筑、结构、机电、其他） | 施工作业模型（建筑、结构、机电、其他） | 竣工模型（建筑、结构、机电、其他） | 运营模型 | |
| 11 | 上海东方体育中心——体育馆、游泳馆、室外跳台：体育馆；游泳馆共设有3500个固定座位；室外跳台可容纳14000名观众，通过增加活动座椅可将人数增加至18000名 | 建筑模型：Rhino+Grasshopper<br>结构模型：Kangaroo分析优化 | | | | | |
| 12 | 绍兴体育中心——体育场：绍兴体育会展中心体育场总建筑面积77500m²，观众座位40000席；屋盖采用活动开启式，开启面积12350m²，是国内目前可开启面积最大的开闭式体育场 | 建筑模型：Rhino+Grasshopper | Revit平台建立所有模型；建筑功能建模；结构模型；机电设备管线模型 | 算量模型；碰撞模型：Autodesk Navisworks | | | 风洞模拟；有限元分析 |
| 13 | 山东枣庄文化体育中心 | 方案推敲：Rhino+Grasshopper | Graphisoft平台上建立模型；建筑模型ArchiCAD；结构模型Tekla | | | | Ecotect Analysis辅助分析 |
| 14 | 沭阳体育中心体育场：建筑面积26089m²，主体两层，看台高度34.49m | | 二维管线综合交叉的地方进行了全面分析，碰撞错漏部分 | 复杂的钢结构进行模拟和施工控制；生成物料清单 | | | |

（2）在性能化设计方面注重声、光、空气动力学方面的设计考量。这部分内容是针对体育建筑本身的固有特性进行分析，体育建筑主要的性能化设计集中在上述方面，但是根据不同的项目还应有更加具体的分析内容（图 5-3）。在性能化设计阶段，通过对 14 个案例进行对比发现，有部分场馆设计介入了性能化设计，但从现有资料来看，还没有对声、光、自然通风进行全方位模拟。多数与 BIM 相关的体育场馆设计都对场馆的自然通风进行模拟，而主要采用的手段都是基于 CFD 的模拟方式，且模拟的全面性有待深入考量。因为对自然通风的模拟还局限在建筑本体，没有考虑到大体量建筑在建造阶段对周边微气候环境所造成的影响。

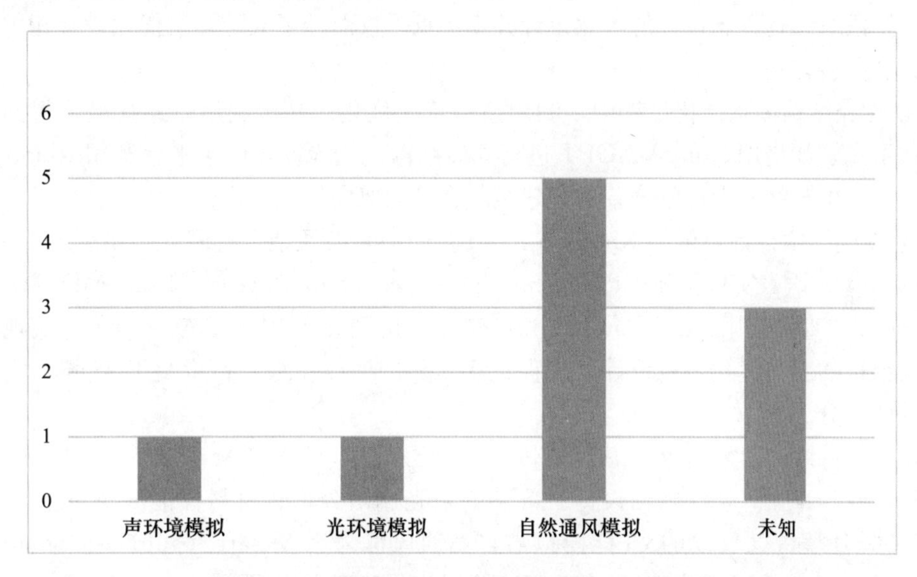


图 5-3　性能化设计阶段 BIM 模型介入方式研究

① 声学设计主要对体育场的电声分析，在体育馆等多功能建筑应对建筑大空间容积进行分析。利用混响计算公式及 Ecotect 进行计算，复杂的几何形态的屋顶对声环境的影响，同时利用计算机辅助设计的技术将帕累托最优（Pareto Dominace）方法用于对结果的选取和分析。这部分设计分析应在方案设计阶段予以考虑，主要应对异型场馆经常出现声聚焦的问题。因为原有的声学性能分析需要有专业的声学顾问参与，但这只能是在方案后期进行深化阶段。利用 BIM 技术实现的模型信息共享，可在 Ecotect 等其他与 BIM 模型兼容的软件中进行虚拟测试分析。因为体育场馆中看台的设置方式也与声反射有关，通过声学的性能化分析可以同时对于看台在方案阶段的选择提出控制性要求。

② 光学模拟设计在中小体育建筑中涉及自然采光部分。根据模型的实际情况准确建模，考虑某些特定时间所产生的阳光直射情况，及出现采光不均匀问题提出切实的解决方案，如改变天窗玻璃材质、增加遮阳设施等。利用 Ecotect 进行自然光模拟，可以将采光照明软件 Radiance 植入到 Ecotect 中。利用空气动力模拟对体育建筑在罩棚设计及建筑内容功能设计提供反馈数据。

③ 模拟自然通风状态下对屋顶高度设计及开口尺寸的控制等，提供科学的控制依

据。利用CFD模拟，进行场馆外围环境的风压分析，准确评估不同体育场馆通风效果。可利用Autodesk Simulation CFD，Fluent。Simulation由于属于Autodesk公司，与Revit兼容性更好。但需要注意的是，这里没有将案例按照场馆的规模进行分类，可能导致的问题是，基于自然通风模拟得到的看台模式在实际的商业运营模式中并不适合。例如，U形看台的布局在中型体育场馆中经过Airpak模拟后发现，其通风效果并不是最佳，但是基于体育场馆的多功能使用的角度分析，其可满足文艺演出、集会等多种功能，从商业运营的价值来看是最适合的。

（3）结构优化可采用遗传算法优化。由于对结构设计内容的不完善，现存案例中，在设计阶段对结构概念设计的优化设计并不多见。仅总结了大跨建筑优化设计相关的应用软件和分析方法。

① 在壳结构体系优化过程中，利用遗传算法优化，基于利用帕累托最优得到最优的壳体形态。如借用RhinoVAULT进行壳体结构优化验算，由于平台利用Rhino可以在形态设计中与结构设计整合，实现建筑与结构的双向优化。

② 在膜结构设计，依靠Rhino与Revit之间的转换及结合有限元分析软件ANSYS编写的APDL语言实现。还可以利用millipede、KangarooPhysics、RhinoMEmbrane及karamba，或直接利用BIMgeomgym IFC转化应用到BIM技术的软件当中。实现建筑形体与结构的双向优化，在设计阶段促进多学科的一体化设计，也是BIM技术实现不可或缺的部分。

（4）可持续设计方面应考虑建筑朝向、地区气候、焓湿图策略分析，采用Ecotect/Weather Tool等分析软件辅助设计。幕墙的采光遮阳分析、材料性能分析可基于Ecotect。室外环境、微气候的CFD模拟与自然通风可采用Vasari、Autodesk Simulation CFD、Winair4进行场地与地形的微环境模拟。此外还可以利用Green Building Studio对其建筑本身进行综合能耗分析与绿色建筑评估，但此软件的能耗计算系统是基于美国的能耗使用情况进行数据分析，所得到结果仅作为参考。需要注意的是，体育场馆设计是一项内容繁多、复杂的设计，因此仅依靠数据、分析软件得出的结果还需要进行更多的优化和系统分析评价。否则得出的结果可能满足其某项自然通风或能耗标准，但从整体设计角度并不利于建筑本身的使用性能。

（5）基于以上在设计内容、性能化设计以及结构优化分析、可持续性方面的考虑，通过利用反馈机制或多层次分析法以及多目标决策法帮助确定选择有指向性的决策方案。其中反馈机制可用于设计中的任意阶段，利用BIM的数据优化特性，对建筑的物理信息包括属性进行时时反馈。多层次分析法主要在选取体育建筑主要设计内容：观众席设计、结构设计、体育工艺设计、设备设计、能耗五部分作为功能设计关注的主要因素。根据价值工程对项目的分析必选部分可通过对功能评分及功能系数计算获得。抓住设计的主要矛盾，凸显重点。多目标决策机制针对从若干可行方案（也称解）中，选择一个满意方案（解）的决策方法。在方案设计阶段进行能耗分析是十分有效的节能措施，利用方案模型生成的数据导入到其研发的H. D. S. Beagle当中，利用其内部设定的参数对设计方案进行评价。其选定了朝向、体形系数及其他目标因素作为分析的主要因素建立评价模型，选择“最优”方案。基于多目标决策机制下的能耗分析方法是实现绿色、可持续建筑量化的最佳方案，但由于其主要的分析引擎还是基于美国的能源数据，因此需要尽快建立我国自有的分析数据库才能将此方法真实有效的在方案设计阶段使用，否则还是成为后期建筑施工图之后的节能运算，对方案设计起不到辅助、指导设计的作用。

（6）深化设计阶段主要体现对机电管线、消防、能耗三个方面的深化设计。利用机电管线深化设计，进行碰撞检测及机电的性能化分析。但是问题在于，目前的设计法规下，设计师不可参与对设备型号的选取，因此只能在理论意义上进行机电的性能化分析。

① 通过 Naviswork 可直接将 Revit 中的管线模型进行碰撞检测，从调研的 14 个案例分析，几乎所有的案例中介入 BIM 技术都利用到了碰撞检测这一功能，可见目前国内的现状还停留在利用其进行模拟碰撞而没有充分利用 BIM 技术的应用价值。

② 基于未来体育产业化发展的需求，未来的体育建筑将向综合性商业、体育、娱乐一体化发展，对疏散和消防的要求更加复杂化。因此，消防性能化设计阶段可使用兼容建筑信息化模型利用 CRISP、EXODUS、STEPS、SIMULEX 及美国的 ELVAC、EVACET4、EXIT89、HAZARDI，澳大利亚的 EGRESSPRO、FIREWIND，加拿大的 FIERA system 和日本的 EVACS 等。

③ 此阶段还需进行的能耗模拟主要针对所选的空调、采暖送风模式进行分析选择，可使用 Ecotect，EnergyPlus 以及 IES 和 GBS 等 BIM 软件。

#### 5.1.1.3 施工阶段

基于 BIM 技术可在施工阶段减少材料浪费，科学管理施工过程，提升建筑施工建造的精细化。对于体育建筑来说，其结构形式复杂，施工建造顺序的研究都需要借助 BIM 提升效率与精确性（图 5-4）。

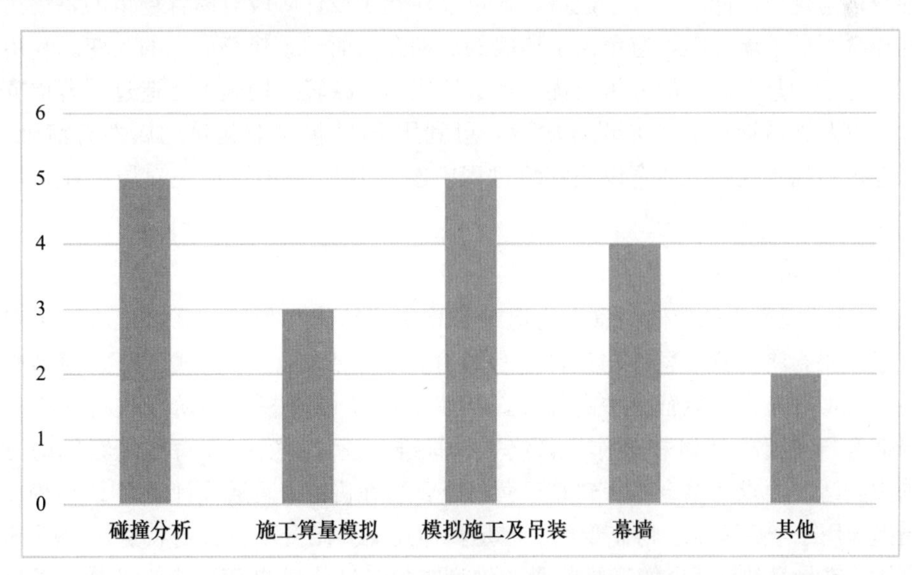


图 5-4 施工阶段 BIM 技术介入模式研究

1. 精确施工周期

施工中需要与虚拟施工对比，利用 Navis Works Manage 在于可在虚拟建筑内部漫游、控制建筑施工周期、提高生产力以及节约建筑施工成本。结合 Microsoft Project 进行施工周期分析，实现 4D 化施工模式。

2. 精细化施工

利用 4D 模型有利于建筑施工作业人员理解设计意图，减少施工中的误差和错误理解。对于以非几何形态为主的体育建筑，理解空间几何关系更为简单明了。基于 IPD 的施工需要项目管理方在设计初期将设计方、施工方以及承包方集合指定计划，确保后期的施工质量以及规避整合所能遇到的风险和问题。

#### 5.1.1.4 利用 BIM 技术在施工阶段的劣势

（1）由于体育建筑的空间巨大、设备管线与体育工艺技术的复杂需要进行综合考虑才能确保在短时间内实现快速建造，确保施工准确性等问题。但是通过案例分析发现，在实际的 BIM 技术应用阶段还是依托碰撞检测，以及对施工模拟和幕墙设计介入 BIM 技术较多。在算量及施工进度周期分析方面使用还不是很多，这说明对于大多数介入 BIM 的施工企业来说，BIM 技术还局限在模型使用而没有将模型背后的信息进行整合。

（2）施工阶段的 BIM 技术还是基于多可视化的模拟，没有对设计阶段模型进行分析比对，缺少自下而上的过程。

#### 5.1.1.5 在建造方面

数字化建造主要体现在设计到建造的一体化设计，对于体育建筑等异型、复杂建筑需要对表面幕墙进行二次深化设计，同时为了节约造价对幕墙的划分及形态、数量都进行详细分析与定位。同时，数字建造方式可以在建筑设计阶段对体育场馆的幕墙进行分析，选择合适的幕墙方案，避免由于幕墙的后期介入而导致建筑形态的改变。利用 BIM 技术实现幕墙信息及属性的分析与优化，节约成本，减轻后期施工建造过程幕墙安装的复杂度。以及在后期体育工艺设计阶段，可利用 BIM 模型对建筑的属性有清晰了解，在进行电视转播等线路、体育设施安装过程中参见 BIM 模型可避免对原有建筑物必要的二次改造。

#### 5.1.1.6 运维阶段

通过 BIM 模型中的存储信息来为运维管理提供依据与保障，降低成本。可形成阶段性汇报成果，将运营的思考与设计进行结合，基于 FM/BIM 模式，BIM 模型交付标准与我国近似，考虑到运营维护的部分，其业主在对 BIM 模型各阶段进行分析之后最终选择适合自身要求 BIM 模型作为最终交付标准。通过对实际体育建筑案例的分析研究，考虑到运维要求，结合体育建筑运营特点，可在机电、暖通设计上将 BIM 模型的标准适当提高用于今后运维、物业管理。但是具体还需要结合项目自身特点，参照 BIM 模型的具体标准量身制订适合的运维阶段的模型交付。过分强调 BIM 全专业模型的完整交付模式在目前实际运营中并不适合。对 BIM 技术在设计各阶段所达到的模型深度进行有计划的统计，并根据过往经验总计设计中不同部分所对应的 BIM 模型的深度标准。

#### 5.1.1.7 建立城市或地区体育馆基准能耗

借助BIM技术利用，利用地图App、或对体育场馆现状进行实地测量，分析创建概念性体量模型，可以满足一次性能耗评估的需求。利用Revit或Revit MEP，将线框模型作为参考创建概念模型。如果使用卫星地图，可通过Revit或Revit MEP中跟踪建筑空间来开始建模，然后使用相关其他信息（如建筑高度和楼层数）来创建模型。还可以使用激光测距仪来辅助捕捉现状数据。完成建筑模型后，可进行能耗仿真与分析，如借助Green Building Studio进行详细的整体建筑分析。Revit概念能效分析特性能够从Revit Architecture或Revit Meo概念模型进行能耗分析，并提出局域用户定义参数（如建筑位置、类型及运行时间）的结果。快速能源建模能够降低与能耗评估相关的可变成本。这可以帮助缩短大规模评估所用的时间，超越传统的能耗分析建模方法和建筑审计技巧，帮助建筑行业打造出一个低碳的建筑环境。

### 5.1.2 实现体育建筑全生命周期设计面临的问题

#### 5.1.2.1 BIM技术的应用

目前基于BIM技术在我国发展的现状结合建筑全生命周期的设计还存在很多问题，主要在于全生命周期的设计概念属于新的领域，其涉及到建筑规划、设计、施工、运维以及二次设计等诸多问题。针对不同类型的项目还需要具体分析、具体研究。

首先，本土BIM软件的缺失使得行业内部缺乏沟通的途径。在全生命周期内信息的流转首要是通畅性。但目前甲方（开发商）无法接受所形成的BIM信息文件，导致其在全生命周期的最后运营和二次维护阶段的作用无法发挥。

其次，目前设计主要围绕在单一的建筑设计阶段的设计单位所使用的BIM以及施工单位所使用的BIM，两者之间还无法流畅衔接。在设计岗位的人员都知道，目前的BIM主要还停留在噱头的层面，真正用到BIM概念的还是一小部分，远远达不到实现在建筑全生命周期下的使用要求。尤其是在体育建筑设计中建筑设计与结构设计还属于两个部门，真正实现基于BIM模型的建筑、结构设计分析需要建筑设计或结构设计人员对设计概念有更多相关学科的学习，而国内目前供使用的软件还有一定的局限性。虽然本书介绍了国外相对多的基于建筑模型基础上的结构分析软件，但其针对中国国情的研究目前尚属研究阶段。基于全生命周期的设计方法对建筑师自身的要求也更高，需要建筑师不仅在设计上有所创新，同时提升全生命周期的使用品质。这需要改进传统设计思想，基于生命周期价值进行设计优化。

政府对楼宇信息的管理与档案建立的缺失。BIM的意义在于基于全生命周期的设计，需要对运营及维护信息的储存，然而缺少城市的管理与城市建筑档案的建立使得这部分信息的意义得不到有效的利用，也促使甲方（开发商）对此部分技术的意义的缺失。理想的BIM在体育建筑的物管中心应将物业管理、安防、消防与物联网进行整合管理，但国内的FM（设施管理）的缺失，造成目前基于建筑全生命周期的中断，而丧失了其重要的意义。

政府主持的大型体育建筑项目缺少先进的企业管理团队，还保留原有的政府推进设计的模式。而作为 BIM 在全生命周期设计的主导者其缺少企业的设计目标。即缺少满足其需要的 BIM 建模标准、出图要求等。

认为 BIM 技术的全生命周期设计必须一气呵成。在我国目前 BIM 技术发展现状下，过多强调 BIM 技术在全生命周期的应用是不合时宜的。应根据具体项目内容可分阶段实施，最后将信息内容整合或是为后续设计使用。即使土建施工错过了设计阶段的 BIM 技术使用，但从本书所论述的内容来看在施工安装、管线综合、二次体育工艺施工以及竣工结算等方面还是可以将 BIM 模型信息延续到建筑运维使用阶段。

基于 BIM 技术的全生命周期设计是需要甲方（开发商）首先具有宏观的把控，但依靠建筑在设计阶段是无法完整全生命周期设计考量的。因此，单纯希望在设计阶段的 BIM 模型可以到达全生命周期的设计使用是不现实的。

#### 5.1.2.2 行业自身局限性

1. 设计行业的局限性

设计服务的专业化和商品化将成为生产经济的另一驱动力，不仅利于 BIM 技术的全面发展同时还促进基于 BIM 技术研发的设计行业的进步。作为拥有更好的技能和优势的设计行业，必须开启全新的服务方式。建筑和设施之间的关系将更为紧密。建筑师以及工程师所承担的责任加重，将节能、绿色、可持续作为设计的标准，使用更多的可回收材料等等。然而，提供良好、优质的服务，就需要开发更加强大的信息数据存储功能，不仅为后期建筑维护期间使用，同时强大的数据库对提升设计质量、完善设计内容、淘汰落后的设计方法也有一定的帮助。以北京市建筑设计研究院的基于 BIM 技术绍兴体育中心设计为例，可以发现，原有的设计模式中，我国的大型、中小型设计院没有所谓的自由知识产权体系，仅凭建筑师以及各专业工程师的经验进行必要的项目决策以及分析工作（图 5-5）。同时，没有知识产权保护对应用 BIM 技术所得到的创新技术形式缺乏保护也阻碍 BIM 技术的发展与应用。

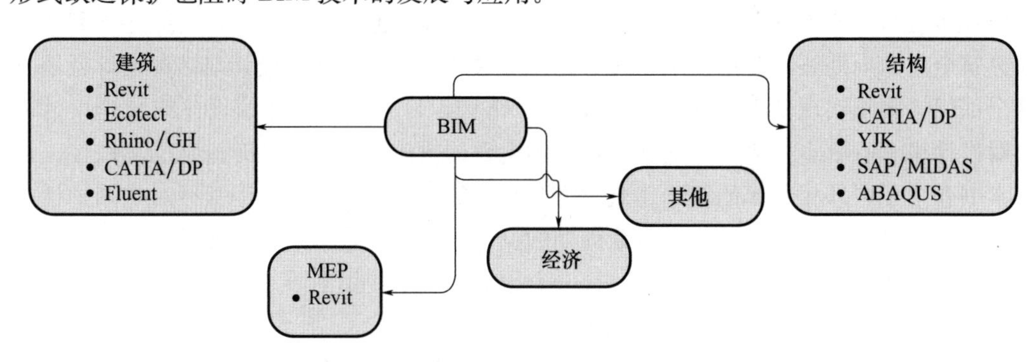


图 5-5　绍兴体育中心应用 BIM 软件分类

随着 BIM 技术的发展，科技含量更多的自主研发的辅助设计工具开始在设计院悄然兴起。在绍兴体育中心设计中，在建筑设计方面，北京市建筑设计研究院自主研发了基于 Revit API 的数据接口，直接读取模型数据库所创建的信息；在结构设计方面基于 CATIA/DP 的二次开发，实现基于数据库的钢结构节点的生成。此外，其自主创建的 BIM 数据库，实现基于总信息库——所在地区、场地类别、建筑安全等级、建筑防火等级、抗震等级、地震信息、风荷载信息等集合，可以在设计初期基于基准信息库对建筑方案进行分析和审核工作。此类数据库的建立，减轻原有设计工作量的同时提高设计效率。中国建筑设计研究院在基于 BIM 技术的发展领域开拓创新；尤其在机电设计与 BIM 技术的整合过程，由于 BIM 电气设计含有大量其他专业信息，需实时链接，编辑相对复杂，但是精细化设计需增加人力成本，因此目前没有一套可以解决所有问题的成熟软件，这就需要更多工作软件协同，应对特殊情况由中国建筑设计研究院自主研发了配合的信息转换插口。而原有这些科研内容并不是由设计院牵头，但是在新的体系标准下，需要设计单位更多地参与到设计的研发当中。这与体制内的设计行业有很大的冲突，因此在设计行业如何更有效地使用 BIM 技术是关系到 BIM 技术能否在建筑全生命周期设计的第一设计阶段应用的重点问题。此外，在单一类型的建筑内部建立测评体系也需要基于 BIM 模型技术，以提升对单项建筑设计水平。

据悉，国外的设计公司 RTKL 就与专业的设计软件开发部门 Case 结合，利用数据不断增长的机会分析其自身的优点和缺点，在竞技和文化两个层面分析如何利用数据来改进他们的业务和设计水平（图 5-6）。Array Healthcare Facilities Solutions 作为一家专门关注医疗建筑设计的公司与 Case 合作提升其设计的技术能力，为了实现这一目标 Case 针对公司项目研发了一个评估程序，同时提供一组项目交付团队其中包括交付经理和 BIM 经理，直接将应用技术向更广泛的实践目标发展。

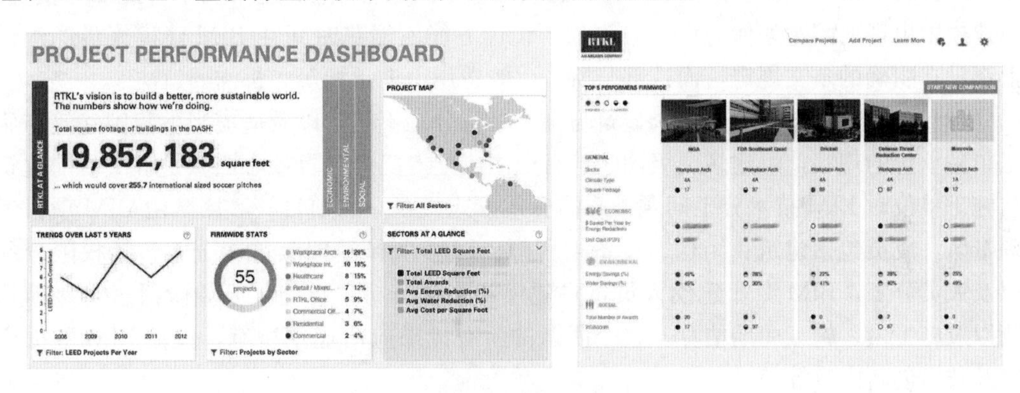


图 5-6 RTKL 的项目管理平台

由此可见，今后的设计行业发展需要根植科研建立自主的数据库，只有建立在以完成项目的数据存储和分析的基础上才能确保今后在日趋激烈的设计行业的竞争中占有一席之地。但是数据库的研发和使用涉及到版权等问题，要保证数据库的安全以及设计人员使用数据库的权限等问题都需要进一步的研究和思考。对设计人才的需求，基于 BIM 技术的建筑设计需要更加全面的设计领导人才全面统筹设计的各个部分，设计总监需要对各专业知识了解得更为全面。因此基于 BIM 技术的设计模式，将原有基于 2D 的图纸上的技术问题隐蔽在图纸当中，但是在 BIM 模型基础上暴露的问题将更加复杂和多样化，因此需要设计总监能够对设计各个部分内容有更加完整的了解以便及时处理所遇到的问题。美国已经在 http：//www. nationalbimlibrary. com 上建立基于美国 BIM 标准的在线模型库，所有人员可在此平台获取模型，但我国由于 BIM 以及 BIM 技术研究相对落后，还没有建立基于 BIM 模型及构件的专业标准化网络平台，目前有个别设计公司有自主建立的模型库，然而不能共享的资源信息必然导致规范及标准的缺失，进而阻碍 BIM 的发展。

2. 施工方的局限性

(1) BIM 计划与施工单位利益发生冲突。通过研究发现，施工阶段使用 BIM 技术是减少返工、改善设计与施工方的协调沟通效率、节约施工成本的有效方法。但是我国目前的设计方、施工方、业主是分别签署合同，对于施工单位来说，设计的变更就是施工方“不能说的秘密”，其主要的利益就来源于施工变更，但是 BIM 技术在施工阶段一个显著的特点就是避免变更。

(2) BIM 人才的不足。施工人员需要大量的培训之后才能发挥其效用，但由于我国施工人员流动性大，且普遍接受教育的程度较低导致在施工阶段推广 BIM 技术受到阻碍。此外，缺乏具有施工经验的 BIM 经理，导致推进 BIM 技术在施工阶段使用才是阻碍发展的真正原因之一。BIM 技术的核心就是需要有统筹的安排，而领导的决策在其中起到关键作用，但真正了解软件并可以此技术更新管理手段和措施的人才紧缺导致 BIM 技术在落实过程中遇到瓶颈。也就是说，如果不改善我国现有的施工管理模式，是没办法将 BIM 技术真正“落地”。同时设计方如果不从对整个城市以及建筑全生命周期负责的角度发展来看，对于单纯的建筑设计市场来说，算量模型、施工模拟等都需要施工方自己建模，或找专门的 BIM 公司进行建模，设计单位完全可以不对此部分负责。但建模中出现的问题如何与设计方沟通，设计方能不能花时间在 BIM 建模人员的沟通上都没有明确的条文规定，而这部分所产生的费用由谁承担等，都需要解决。

(3) 多团队建设。为了协调建筑与施工单位分工不同，以及适应当下我国建筑与施工单独承包的现状，组建多层级团队，有业主成立专门的项目核心团队是解决目前建筑与施工单位对 BIM 技术分工问题矛盾的有效方式。建立的项目核心团队由 BIM 项目经理带队，成员包括建筑、结构、设备工程师。BIM 项目经理应负责分工包括权限分配以及人员分工，BIM 专业建模人员负责建模和优化分析。在施工开始阶段进行碰撞检测以及施工量、施工周期估算。整个团队的所有成果应由业主所有，包括 BIM 数据库以及技术创新内容等。

### 5.1.3 BIM 技术应用所带来的思考

本文分析 BIM 技术在体育建筑设计、施工运营阶段涉及到的问题的总结及由于新技术应用所产生的问题。在建筑生命周期设计的目标下，使用 BIM 技术应用于体育建筑全生命周期所涉及到设计方式方法、与政府决策之间的关系以及具体在生命周期设计中施工后期运营等各方面所面临到的问题在文章中都进行了详细的论述。BIM 作为一个“容器”，其承载的内容是丰富而多样的，越来越多的内容被赋予 BIM 的头衔，因此需要更为理性、客观地分析 BIM 的内容及其应用的意义。

(1) 从政府层面上，大力推进 BIM 技术应用，在政策导向上提出发展 BIM 技术是十分重要的，但是目前政府在推进 BIM 技术所面临的推广技术及配套制度无法衔接的实质性问题。但是，传统的设计交付模式在逐渐被消解，随着 PPP 模式及 IPD 模式的逐渐推广，需要设计内容与交付内容相互协调，不仅是在方案创作阶段还需要在设计到施工整个建筑生命周期过程将交付内容明确化。因此，基于政府主导的推进模式在大型公共体育建筑方面正在进行。出台的 IPD 交付内容都涉及到 BIM 技术的内容。基于 BIM 技术的推进，促进 IPD 交付的实现，也促进体育建筑的 IPD 交付能够更好适用于体育产业化运营交付方向发展。

（2）在基于生命周期的设计中，首先在设计方面，从方案策划到深化设计阶段，应提升基于 BIM 技术的性能化体育建筑设计中的比重，提出基于体育建筑性能化的设计为主导的“泛”设计概念。主张在体育建筑设计中，大力推进建筑性能化设计方法，将科学理性的设计分析方法带入到体育建筑设计当中，促使体育建筑向高性能、可持续的建筑方向发展。本书概况总结了可查阅资料范围内，设计阶段、施工阶段应用 BIM 技术的体育建筑。从应用 BIM 技术的角度分析，研究中着重阐述了建筑形态生成阶段、形态生成阶段的形态与成本、能耗的控制要素等在基于 BIM 技术上的应用与创新。同时探索可用于方案阶段的结构优化设计与方案形态设计的整合方法，基于遗传算法优化、有限元等结构设计方法与建筑设计方法进行整合。提升设计在决策层面的量化可能，提升设计成果的精确性。

（3）利用 BIM 技术在深化设计方面可以提供更为准确的数据信息模拟优势，推进科学设计方法与二次深化设计的结合。使用 BIM 技术应对体育建筑设计中土建设计与幕墙设计脱节、表皮设计问题等，提倡全程的一体化设计方法；将 MDO 设计方法与体育建筑设计相结合提出基于 MDO 的体育建筑设计方法；并结合当代科学技术及计算机技术与体育建筑设计方法进行详细阐述。体育建筑作为具有自身特点的非典型公共建筑不仅在设计上有更高的要求，而且需要在全生命周期中去思考当代体育建筑所面临的问题及如何处理设计与运营之间所面临的矛盾。一个优秀的设计也应在全生命周期中散发自身的魅力，而在建筑的整个寿命周期的闪光才是建筑、建筑师对社会所做出的贡献。

（4）与绿色建筑结合分析，提出性能化绿色体育建筑，将绿色以量化的形式进行分析，提出建立基于全生命周期的绿色体育建筑。将“绿色”扩大到建筑的全生命周期当中。

（5）BIM 技术可以提高体育建筑施工建造精确性，精确控制工期、成本和质量。应对施工中建筑与施工脱节的问题，提出施工过程中应结合自身施工特点采用 BIM 技术，同时对 BIM 技术应用于施工阶段所面临的问题进行总结和分析。面对特殊类型的体育建筑，提出基于 BIM 技术的体育工艺设计与施工在体育建筑设计中的重要性，提出采用 BIM 技术对解决体育工艺设计与体育建筑设计脱节问题，并试图将施工信息与设计阶段衔接确保在设计阶段就将二次深化设计内容融合到整体设计的思考过程，提升建筑设计的品质。

（6）BIM 技术在运营和维护方面，需要扩展 BIM 技术应用于运维管理方面，加强 BIM 与 FM 的结合以解决体育建筑赛时及非赛时的运营和管理问题。同时提出由于体育建筑能耗和运营管理在体育建筑设计中的作用，考虑 FM 与 BIM 内容的整合，扩大 BIM 的价值节约能耗及运营成本。但是，运维的提升不仅是需要技术设施的提高，科研能力及数据的完善工作还需要更多配合技术的提升与改善，光靠口号是不能实现 BIM 与 FM 的结合，其数据的传递、软件接口的配合及成本与使用效益的统计工作才是接下来亟待解决的问题。

（7）实际上，介入BIM技术更多需要管理层的支持与发展。在设计从粗放型向精细型转变的过程中，设计所承担的责任和义务也越来越多，随着设计总包制度的推广和完善，从项目经理到BIM技术经理职能的细化所带来的问题与矛盾也逐渐凸显。传统的设计院体制需要转型到结合项目经理的建筑师总负责制度才有助于大型建筑总承包制度的推进。由于体育建筑本身与一般的民用建筑有比较大的不同，它涉及到的专业特别多；不仅涵盖了普通民用建筑的所有专业，还与体育工艺、建筑设备、开启屋面、复杂幕墙等专业衔接协同配合，是一项专业协同量巨大的项目；因此运用BIM技术，实现精细化设计，有效提升项目设计品质，确保未来以大型建筑总承包制度下的完善。

（8）实现基于生命周期的发展目标是一个持续渐进的过程，是一个取决于设计、工业、制造业、政府高度统一的发展过程。现阶段，很多设计单位、企业盲目追求的"局部BIM"的观念是局限的，应尝试将朴实而简单的BIM概念与实践均衡地"泛化"到建筑的各个组成部分，"泛化"到全生命周期建造的各个部门当中。基于全生命周期的设计目标，要改变在设计形式的习惯，而是在设计一个能够良好运作的项目。根据不同项目的不同数据进行分析，将气候条件、功能需求、经济解决策略等内容带入，进行分析过滤。而在需要介入到更多的设计和数据的内容，这是基于"泛化"全生命周期的设计概念。因此，在实际项目中，应首先考虑对业主基于建筑全生命周期进行评估，了解业主的实际需求。其次在设计、施工、运营过程中对其进行的设计内容进行具体分项的评估。基于全生命周期的设计发展目标是循序渐进的过程，因此不一定在初始设计阶段就完成整个设计表格，而是将内容带入逐步丰富其全生命周期的设计内容。

## 5.2 进一步的研究方向

### 5.2.1 BIM的新时代

下一代的BIM旨在建立一个专业的科学研究平台，解决当代和未来时代发展中的规划程序、计算设计集成、系统设计和制造方法、装配物流和营运管理策略对生产和经营链的建筑设计的影响和挑战。结合社会文化动态与经济吸引力、定制面向用户的可持续性建筑。BIM新时代将提供一个优秀数据平台，以探讨和研究涉及的多个主题领域以及它们的组合创新研究方向。将解决信息和通信技术嵌入到概念设计当中并从根本上改变、创造新的设计思维和建设方式。BIM的价值并不仅仅在于提供更加优秀的设计，而是提供更加科学高效的模式去改变整个建造业。BIM技术的发展，可能不会在短时间达到完全的产业化但在实现部分产业化进程中，是时代以及科技的进步促进及推动了新一代的产业化进程。美国思维转换专家Rex Miller提出，建筑师的机会不仅仅来源于BIM而是FIM，今后的建筑设计不再是这个项目结束就进入到下一个，而是要"照看"这个建筑的整个生命周期，所以从价值工程的角度来说，设施是建筑设计的一部分，建筑的使用寿命面临的可能出现与发生的问题也是建筑师所关注的重点。

#### 5.2.1.1 智慧城市与BIM的关系

住房城乡建设部办公厅发布了关于开展国家智慧城市试点工作的通知，建设智慧城市是贯穿党中央、国务院关于创新驱动发展、推动新型城镇化、全面建成小康社会的重要举措。“智慧城市”本着应用 BIM 的概念，意在通过运用现代科学技术、整合信息资源、统筹应用系统，加强城市规划、建设和管理的新模式。该模式借助物联网、传感网，涉及到智能楼宇、智能家居、网络监控以及智能医院、城市生命线管理、食品药品管理、家庭护理、个人健康及数字化生活等诸多领域。

基于智慧城市的核心是集中在设计、建设和运营阶段的基础上的 BIM 模型能否充分理解和代表城市自身的复杂性和通过城市设计和公共政策实践；智慧城市本身就是基于信息池的基础上，利用网络虚拟连接建筑及城市交通、道路、市政等信息通过交互手段实现信息的流转并保持可被使用和查询的能力（图 5-7）。BIM 技术提供了一个非常好的城市数字化解决方案，而传统的智慧城市实践对于城市的虚拟化，是通过对城市空间形态和使用情况进行重现；然而在对于 BIM 技术来说将城市建筑信息精细化到构件级别，使得数据库更为精确，使得城市的各种智能具有信息基础。例如以城市的能源管理为例，通过 BIM 模型控制的能源管理系统收集到所有的能源信息，通过开发的能源模块对能耗进行自动统计分析，并对异常能源使用情况进行警告或是标识。这是从单独建筑的 BIM 走向集群效应下的 BIM，最终的目的就是实现所有信息的数据化及可控化。从单栋建筑走到群落，走向环境模拟。例如，都江堰灾区改造更新设计中进行了水模拟与风模拟，发现水与风的流动极其相关，以及它们对城市的影响，这是规划专业非常需要的东西，同时也是建筑所需要的。基于微气候的建筑设计研究是将建筑从一个小的范围研究引入到区域研究当中，城市的建筑越来越多，微气候对建筑的影响是未知的而设计中这些环境的因素都应当考虑。从宏观上说，智慧城市就是将无数的区域、微气候环境进行整合进而形成对城市环境的研究与分析，进而指导城市、规划设计。

因此，在基于城市的研究中引入 BIM 技术可以控制建筑能耗及与城市其他共同空间之间的相互影响。智能城市的基础首先是实现基础建设的 BIM 技术，只有基础设施的 BIM 交互得以实现，才能实现城市的信息交互同时确保信息数据可查询及使用。

#### 5.2.1.2 BIM 新时代所面临的矛盾

1. 知识产权问题

知识产权，可分为专利权、商标权、著作权以及商业机密等。其中与 BIM 技术相关主要涉及到著作权方面。著作权主要保护创作人所表达的文学著作、音乐著作、歌剧、舞蹈著作、美术摄影著作、图形著作、摄影、视听著作以及录音和电脑程序著作等，当然建筑以图形著作作为其中之一。但在 BIM 技术出现之后，建筑信息模型将以何种类别存在于著作权法当中还是困扰各方的主要问题。由于 BIM 技术中涉及到多人合作共同贡献而成，与传统意义上由建筑师所完成的建筑著作又有所区别。虽然，建筑相关法律法规本不在设计探讨的范围之内，但对于研究整个 BIM 技术下的建筑设计来说，又是不能缺少的内容之一。同时，BIM 技术下建筑师以及项目经理的职能范围的外延，在通过以往的视角看待建筑设计或是建筑师的工作范围是达不到研究的目的和意义。我国目前对 BIM 技术以及其知识产权没有明确的法律规定，尤其是在施工单位聘用 BIM 公司为其进行建模阶段，其 BIM 内容涉及到业主、施工方、设计方以及 BIM 公司，相关知识产权部分的法律缺失也影响 BIM 技术的应用。

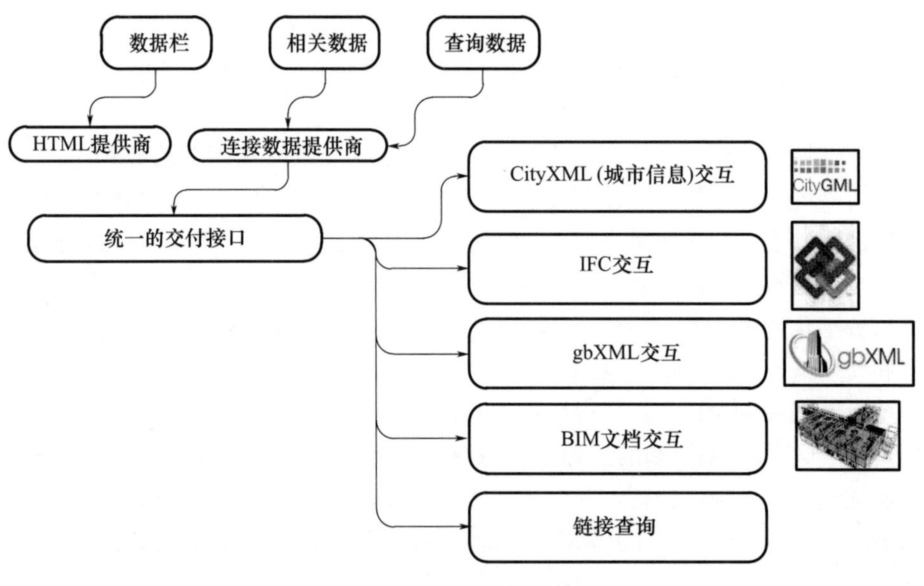


图 5-7　智慧城市构想

2. BIM 成本投入

传统的 BIM 技术应用有以下几个问题：①成本过高。由于 BIM 技术需要的软件在本地计算机上运行需要大量的模型数据，而这需要每个单体用户拥有一台高配置的图形工作站，同时 BIM 技术目前处于快速发展的过程进而软件的更新速度也很快，对图形工作站的硬件要求也就在不断提高。②数据的安全性。数据保存在本地工作站如果出现数据破坏或是丢失由个人承担，数据的安全性得不到保障。③设计单位需要单独配置管理和维护工作站的软件工程师，也就相应地增加了用人成本。目前采用的是企业建立自由的云平台，将本地的指令通过网络传输到云端服务器之后，云端会自动将用户需要的信息显示在本地的电脑当中，这样的好处是本地电脑不需要参与到信息的计算，只需要对信息反馈的呈现。这样不但节约了数据分析所需要的时间，同时保证了用户都能得到高效率的计算结果。但是私有云是需要自主开发，不仅浪费时间以及人力成本，同时与大规模、全面化管理的专业软件公司所开发的“云”服务相比，就更显得功能单一化许多。已有 BIM 软件公司开发专有的“云平台”，但是有面临信息安全以及是否被动进行数据采集等问题。时代的快速进步，给予 BIM 及大数据时代以更多的保障，2015 年 7 月 1 日，《中华人民共和国国家安全法》出台，其中第二十五条规定，国家建设信息网络与信息安全保障体系实现网络和信息核心技术、关键基础设施和重要领域信息系统及数据的安全可控。也就说，将 BIM 模型存放于国外服务器的行为，均可能涉嫌违反《中华人民共和国国家安全法》。

3. 资源信息整合

政府积极推广 BIM 的目的是，借助信息化趋势，积极建立新的制度与新兴科技结合，整合城市中的公共建筑信息同时完善建筑信息网络化。借助 BIM 技术，整合政府资源信息网络，推进智慧城市的发展。未来不仅在建筑工程项目建设阶段，在城市规划及方案设计阶段引入 BIM 技术，促进 BIM 技术在建筑物的全生命周期的管理方向发展。因此，政府部门需要提升自身技术水平，建立基于 BIM 的存储和阅读方式，推进 BIM 技术落地、落实，应建立新的审查流程，确保审查流程透明化、自动化，大力推进无纸化审图改变原有审图机制、发展无纸化云端存储技术等。确保得到的 BIM 信息可以为城市建设所服务，而不是仅仅作为收集数据的工具，而将 BIM 技术的效益发挥到最大化。

4. BIM 工具的自主创新

缺乏自主创新的 BIM 工具。目前市面上常见的软件公司中，国内设计行业中常用的国产设计软件只有中望 CAD、天正以及 PKPM。涉及到 BIM 类的自主研发软件只有鲁班软件涵盖了 BIM 造价管理和鲁班云模型检查等应用软件。而目前国内设计院主要采用的还是 Autodesk 公司旗下的 Revit 系列软件以及 ArchiCAD。这些软件的开发商都不是中国，对中国的标准并没有完全适宜，需要设计师针对国内项目的特点自行开发一些辅助插件。而对 BIM 技术来说，信息以及信息化模型所传达的内容以及数据是设计中最为重要的内容，而由于整个 BIM 平台涉及到更多的协同以及数据的共享，这对于没有自主设计软件以及服务的“云”平台来说，数据的安全性得不到保障，而这也阻碍了 BIM 技术在国内的推广和发展。

5. 建筑设计人员转型问题

基于 BIM 的性能化分析及设计方法中强调数据分析在设计中的重要性，但我国传统的建筑学教育属于感性教育没有将数据分析、计算机技术、数学、应用数学内容融为一体使得设计师在使用 BIM 进行性能化分析与方案抉择过程中无法更好地使用信息数据。在更高层次上，BIM 技术的实施需要有专业的 BIM 技术经理的推进，而 BIM 技术经理必须可以整合各个专业以及协调阶段，与传统的项目经理相比还增加了对 BIM 信息的整合与应用、分析能力。

#### 5.2.1.3　政府导向性增强

一项数据显示，与国际建筑业信息化率 0.3%的平均水平相比，我国建筑业信息化率仅约为 0.03%，差距高达 10 倍左右。推行 BIM 技术，是加速产业革命、提高建筑设计到施工水平、提升信息化速度的最佳选择。我国推进 BIM 技术，要求各省市加速介入到 BIM 技术学习和应用阶段，各地相继推出了适应地方特点的 BIM 规划方针（表 5-2）。

**表 5-2　各地 BIM 推进时间表及内容**

| 城市/部门 | 时间 | 内容 |
| --- | --- | --- |
| 住房城乡建设部《关于建筑业发展和改革的若干意见》 | 2014 年 7 月 1 日 | 提升建筑业技术能力。完善以工法和专有技术成果、试点示范工程为抓手的技术转移与推广机制，依法保护知识产权。积极推动以节能环保为特征的绿色建造技术的应用。推进建筑信息模型（BIM）等信息技术在工程设计、施工和运行维护全过程的应用，提高综合效益。推广建筑工程减隔震技术。探索开展白图替代蓝图、数字化审图等工作。建立技术研究应用与标准制定有效衔接的机制，促进建筑业科技成果转化，加快先进适用技术的推广应用。加大复合型、创新型人才培养力度。推动建筑领域国际技术交流合作 |

续表

| 城市/部门 | 时间 | 内容 |
| --- | --- | --- |
| 深圳市《深圳市建设工程质量提升行动方案（2014—2018年）》 | 2014年4月29日 | 推进BIM技术应用。在工程设计领域鼓励推广BIM技术，市、区发展改革部门在政府工程设计中考虑BIM技术的概算。搭建BIM技术信息平台，制定BIM工程设计文件交付标准、收费标准和BIM工程设计项目招投标实施办法。逐年提高BIM技术在大中型工程项目的覆盖率。9月5日深圳特区报在对于深圳市五年工程质量提升行动的报道中提出：在工程设计领域鼓励推广BIM技术，力争5年内BIM技术在大中型工程项目覆盖率达到10% |
| 山东省《山东省人民政府办公厅关于进一步提升建筑质量的意见》 | 2014年8月6日 | 加强勘察设计监管。严格执行工程建设强制性标准和勘察设计文件编制深度规定，完善勘察设计单位内部质量管控机制。加强工程勘察现场和室内试验质量控制，确保勘察成果真实准确。强化设计方案论证，推广建筑信息模型（BIM）技术，加强设计文件技术交底和现场服务。建立建筑使用年限告知制度，既有建筑临近设计年限前，设计单位要书面通知产权人或使用人进行可靠性检测鉴定。严格落实施工图设计文件审查制度，对不符合工程建设强制性标准的，不得出具审查合格书。规范设计变更管理，重大变更必须送原施工图审查机构审查 |
| 辽宁省人民政府《推进文化创意和设计服务与相关产业融合发展行动计划》 | 2014年8月8日 | 发挥工程设计龙头作用，促进建筑业水平整体提升。着力打造精品工程、品牌工程、创新工程，培育品牌企业和领军设计人才，提高工程策划和实施能力及水平。加大工程设计单位建筑信息模型（BIM）的推广和应用 |
| 上海市城乡建设和管理委员会《在本市推进BIM技术应用提出指导意见》 | 2014年10月29日 | 通过分阶段、分步骤推进BIM技术试点和推广应用，到2016年底，基本形成满足BIM技术应用的配套政策、标准和市场环境，本市主要设计、施工、咨询服务和物业管理等单位普遍具备BIM技术应用能力。到2017年，本市规模以上政府投资工程全部应用BIM技术，规模以上社会投资工程普遍应用BIM技术，应用和管理水平走在全国前列 |
| 上海市推进建筑信息模型技术应用三年行动计划（2015—2017） | 2015年7月1日 | 通过2105—2017三年分阶段、分步骤推进建筑信息模型（以下简称BIM）技术应用，建立符合本市实际的BIM技术应用配套政策、标准规范和应用环境，构建基于BIM技术的政府监管模式，到2017年在一定规模的工程建设中全面应用BIM技术 |

住房城乡建设部发布的政策只是导向，具体的发展目标需要靠各地地方政策出台作为支撑。2017年起，上海市投资额1亿元以上或单体建筑面积20000m$^2$以上的政府投资工程、大型公共建筑、市重大工程，申报绿色建筑、市级和国家级优秀勘察设计、施工等奖项的工程，实现设计、施工阶段BIM技术应用；世博园区、虹桥商务区、国际旅游度假区、临港地区、前滩地区、黄浦江两岸等六大重点功能区域内的此类工程，全面应用BIM技术。大力推进BIM技术的原因就在于，BIM数据是推进智慧城市建设和

实现建筑业转型升级的基础性数据。如若没有基础数据的普遍收集，是根本无法实现信息化社会的目标。这也是BIM新时代的趋势，基于大数据化、将数据融入城市的生活当中。

#### 5.2.1.4 大数据储备

BIM技术是建筑业实现大数据的信息源——数据的发生地。信息化是当今世界发展的大趋势，是推动社会发展和变革的重要力量。制定和实施国家信息化发展战略，是顺应世界信息化发展潮流的重要部署，是实现竞技和社会发展新阶段任务的重要举措。随着社会信息化的发展，产业格局和要素配置正在发生结构、重塑和革命性变化，产业的核心内容已转向研发，技术变化趋势映射新技术革命的特征：向全球化、网络化、虚拟化和高科技化方向发展。信息化时代的未来就是目前最热门的话题“大数据时代”。大数据不但促进信息消费，加速经济转型升级，同时带来新的设计管理和创新设计方法。数据不仅由BIM得到，数据同时还是BIM的支撑，不仅在于可以存储信息，对于企业内部的数据共享可以确保设计人员不需重复某些设计步骤，如建立的BIM模型信息库，可以将所有项目储存在同一平台。美国是开展建筑节能研究最早的国家之一，与节能标准相关的软件有120多种，有关建筑节能评估的有70多种。其中具有代表性的是美国能源部（DOE）和美国劳伦斯伯克利国家实验室（LBNL）研发的DOE-2及基于DOE-2内核的应用软件。因此，目前美国主流的能耗分析就是基于EUI基础上进行，而EUI就得益于对公共建筑能耗监测的数据收集的结果。数据的可存贮、可搜索、可计算和可追溯能力的大大加强，确保项目各参建方的协同效率提高，有效减少协同时间成本、降低协同中的错误。因此，数据的储备成为了推进信息技术发展的关键。对于业主方和施工方而言，首先考虑的或许并非是BIM技术在国内的应用和普及问题；我国的业主和施工方并不在乎使用什么类型的造价软件来完成招投标过程，但是如何使企业成本得到有效控制，BIM技术支撑的大数据能否提高企业的价值，才是企业真正关心问题。

以往体育建筑设计主要依赖经验和积累，对建筑规模、看台设计、造价等因素的定位都存在主观随意性，没有进行系统的数据整理和梳理的工作。但随着大数据时代的来临，未来在对不同规模、地区的体育场馆设计中将信息分析成为指导建筑创作的参考。通过对已建成体育建筑的数据整合与分析，可以掌握同类型建筑设计的规律对今后的设计有极大的帮助。

#### 5.2.1.5 加大学校对BIM技术的研究力度

BIM技术不仅应用于施工和工程设计阶段，还要在学校教学阶段的培养以及交叉学科知识的互补帮助学生更好适应今后工作阶段的任务。学校中的教学重点，不仅仅在于培养学生的创造力以及审美观还需要了解建筑设计、尤其是复杂大型公共建筑涉及价值、工程等多方面内容。原有的单一价值观的教学方式不足以满足目前社会对设计人才的要求，因此需要在课程设计及学科内容上有所改进。

1. 教学方法的改变

从参数化设计到性能化设计，数字技术的设计方法为建筑教学提供了更为广泛的前景，如果说参数化设计还是基于形体的设计，那么性能化设计应该是从一个新的技术介入到建筑方案设计之中。性能化设计的发展与传播正是可持续性建筑设计实现全 BIM 技术的目的之一。但我国当代的建筑学教育当中，一直缺少从结构设计出发的建筑形态设计研究，国外也只有苏黎世联邦理工学院以及麻省理工大学等知名学府开设了静力学课程。在过去的几十年研究当中，国外的知名学府通过建立与性能化设计相关的学科和课题去探索新的建筑设计方法，如哈佛大学在热力学对高层建筑设计方面的研究。在新技术发展的形势下，需要重新思考如何将更多与性能有关的知识传授给学生，帮助他们更加了解材料学以及结构、能耗模拟以及被动节能的技术手段。例如，哈佛大学设计学院的潘・米查拉斯团队不仅致力于新型工具的研发同时将软件作为理论可视化的工具，将其与教学进行结合。通过对其他学院教学模式的探索，目前认为以工作营为创新模式，探索新教学模式中能够将不同专业背景的学生和老师集合在一起，并进行阶段性课程研究和讨论的最佳模式。国内，同济大学建筑与城规学院将结构性能设计与教学模式进行整合，希望通过对基本建筑材料的结构性能模拟得到创新的教学成果。

2. 更多科技设备的增持

更多新技术新设备介入到传统的教学过程当中，在科技以及软件设计工具大爆发的时代，如何引入这些设备以及建立基于新科学、新技术层面的教学计划改革也需要提上日程。传统的尺子、图板类的设计工具到当代的计算机作为设计工具到发展到 BIM2.0 时代的新媒体、新技术的介入，不仅改变上课的方式，借助新的技术手段，连学生对建筑模型的感知不再是依靠传统的实体模型或是计算机建模而是利用计算机建立仿真的三维虚拟环境，学生通过多种传感设备与这个虚拟环境进行交互，如同置身其境的感受。这项科技不仅改变了传统教学中面临环境心理学等与人体感受相关的设计内容无法描述的尴尬局面，同时对提升学生的学习兴趣、提升教学质量等方面有巨大作用。目前，美国的 WorldViz 公司已经拥有基于视觉仿真技术的头戴式设备，用户在 3D 模型中的感受可通过接收器传输到数据收集终端，用于研究人员分析用户的心理感受；同时，此项技术也在一些 BIM 咨询公司中推广，用户可借用此设备在建筑模型中游览。

### 5.2.2 建立依托大数据的体育建筑设计方法

依托数据科学。数据科学是伴随大数据而诞生的新兴学科，其主要内容有：模型、算法、大数据下的数据结构可视化。未来的数据科学将更好地统筹数据，使之为各学科所使用。由于建筑科学性的提升以及建筑性能设计在设计中比重的增加，设计人员通过对数据的收集、整理、分析以及可视化呈现，改变原有设计阶段的“感性分析图”部分。同时数据科学能够针对设施管理提供的数据，反馈给建筑师帮助其改进以后同类型项目方案设计。今后建筑设计中的分析应基于数据分析的基础之上，而不再是单纯依靠画一些简单的道路交通分析以及朝向日照分析，建筑设计的分析内容应逐渐走向科学分析的道路，建立在更为宏观的 BIM 理论体系之下进行。

#### 5.2.2.1 基于“GIS+BIM”的城市公共体育场馆空间特征分析

城市公共体育设施布局的合理性应该是体育设计人员以及规划设计人员在前期策划需要考虑的重要指标之一。体育公共设施的空间布局，从小的方面看，影响体育设施的实际运营情况；从大的方面看，体育设施的空间布局影响到城市整体发展的前景。我国许多城市在为实行全球经济快速发展，全面促进城市公共体育资源由管理体制向服务体制的转型。据上海市体育局提供的官方统计数据表示，上海的人均体育场地面积为1.72m$^2$，人均体育用地面积依然缺乏。由此看出，虽然近年来已大量兴建高标准、高要求的体育场馆，但还是无法缓解体育资源紧缺的现状。如何合理选址、布局得当，设计的体育场馆的功能和使用半径能够满足需求的同时不造成资源的浪费也是今后体育建筑设计、策划需要研究的内容和方向。未来可期待 BIM 技术与 GIS 的结合研究在体育建筑策划、设计中发挥整合作用。

目前 GIS 技术的空间分析以及数据管理能力已经得到一定程度的普及和应用，具体应用还主要在规划以及景观设计领域中对地形、地貌的分析以及城市市容规划和道路交通管理等方面。但随着数字信息技术的快速发展以及相关数据传输标准的建立和完善，GIS 技术所涉及的应用领域也更加广泛。有学者认为，体育地理学是地理学与体育学科所形成的综合交叉学科，研究体育地理学有利于拓展体育设施资源分布的研究视野。借助 GIS 技术所表现出的对大型地理数据的管理和分析功能，对各个城市的公共体育场馆的空间特征进行分析，借助相关服务能力评价指标对所研究的公共体育场馆建设做出评价，以拓展 GIS 技术在体育场馆空间布局、选址评价等方面的优势作用。然而，目前对 GIS 技术运用于体育场馆建设以及空间布局选址还仅停留在理论探索阶段，实践案例研究很少，建立此类空间选址要基于原有的数据统计与分析的基础上，但我国目前主要的研究薄弱点就在于数据统计分析的基础工作缺失，导致无法深入制定空间布局选址导则。目前现有研究是基于 GIS 的城市公共体育场馆空间特征分析（刘偲偲，2014）对成都主城区的数据统计基础上所建立的公共体育场馆的服务能力评价分析，其所采用的 Huff 模型虽然是仅针对设定不同的概率标准选择下划定商圈范围，但依旧可以进一步分析划分适合的体育场馆的空间布局。表 5-3 是根据 Huff 模型将其中的数据转换为体育场馆的选择。

**表 5-3　基于 Huff 模型公共体育场馆的服务能力评价分析**

| 参数名称 | 说明内容 |
|---|---|
| Sports Facility Locations | 输入场馆的位置，至少要有两个要素 |
| Sports Facility Name Field | 标识场馆的唯一名称字段 |
| Sports Facility Attractiveness Field | 体育场馆的吸引力字段，例如营业额、商场面积、商品数量等等 |
| Study Area | 研究区域 |
| Distance Friction Coefficient | 摩擦系数，表示引力随距离衰减的程度，默认值为 2 |
| Generate Market Areas | 默认为 NONE，则会在 study area 中产生随机点来表示消费者的位置信息，如果设置了下面的两个参数，可选择 Origin |
| Origin Locations | 居民的位置信息或人口普查数据（如街道数据） |
| Sales Potential Field | 预测消费潜力的字段，该字段将会乘以消费者选择某体育场馆的概率，从而获得该体育场馆的预测消费潜力 |
| Potential Sports Facility Locations | 预测的新体育场馆的位置，在 ArcMap 中可以通过与地图交互添加新的点 |

由于体育场馆目前多需要商业与体育共营的方式，即 Huff 模型是基于商业选址；但目前有更多的数据和研究表明其可用于如绿地系统优化、公园选址分析等。所以，由于体育场馆的商业属性以及大众消费心理要素与消费内容的关联度分析，借由 Huff 模型也应对体育场馆的选址具有一定支撑作用，也可用于扩展体育建筑、体育公园设计当中。

因此，基于 GIS 与 BIM 技术的协同与深入研究，可更加深入地扩展体育建筑设计研究的领域，为今后更加全面、细致地分析体育建筑及城市的体育及复合类体育建筑的布局。结合 GIS 与 BIM 技术的研究，应对当代数字化、智慧城市的发展需求，具有更高战略级别的研究方向，希望在今后的研究中在体育建筑策划、设计中再进一步深入研究。

**5.2.2.2　基于性能化的体育建筑设计**

数据不仅在场地选址方面有作用，在设计分析中数据本身以及模型可以给予设计者更多的建议。因此，数据为基础的性能结构分析不仅仅指建筑的结构分析，还包括空间结构关系、功能结构关系及审美结构关系等。在基于 BIM 及参数化设计辅助工具的帮助下，完成对建筑的整体性能、结构研究。基于系统论的哲学思想下，建立更多的分析机制，重构体育建筑的设计与分析方式；通过信息化模型，可以模拟出建筑在虚拟环境下自身的性能及与城市的关系；借助数字化信息工具建立的系统，找到优化的解决方案。通过对建筑方案设计阶段的生成原则的分析与研究，从不同的控制要素层面去重新理解建筑的形式生成逻辑。在建筑的形态限定方面引入与环境相关的轮廓要素、与项目经济性相关的成本要素以及与未来发展趋势相关的能耗控制要素作为形态生成的切入点，利用数字化、参数化的设计工具作为引导，将设计从定性认识转向定量的引导设计、能更精准地把握设计的细节。同时对建筑结构及性能的优化分析，利用 BIM 的优势实现对方案的择优选择。

这里涉及到设计与决策两个方面的研究，从本书的研究中充分总结 BIM 及当代科学技术对体育建筑设计的影响及控制要素分析。全面剖析设计中与 BIM 相关的技术手段与体育建筑设计的可能结合点并结合具体的现实案例列举说明。其次，在设计决策阶段主要针对设计阶段的方案比选提出基于 BIM 技术的 BIM 比选方法及比选中可能遇到的问题。性能与全生命周期本身就是相辅相成，对性能化的研究是提升全生命周期设计的质与量。而“绿色”建筑本身对性能的要求也更加严格，这个绿色不仅是目前采用节能措施的绿色，而是基于不同气候数据进行实时分析而得到的建筑，因此基于对今后的发展方向重点分析研究基于 BIM 技术下的性能化设计以提升设计的品质。此外，基于大数据对运营的指导作用，在进行体育建筑更新与改造设计方面，数据的作用将更为显著。大数据本身是动态的，建筑是静态的。但是基于大数据进行决策，可以随时调整产业的业态布局，提升体育场馆的使用效率及实用性。

# 参考文献

**中文参考文献：**


[1] 赵源煜．中国建筑业BIM发展的阻碍因素及对策方案研究［D］．北京：清华大学，2012.

[2] 李香华．中国现代体育与体育现代化［J］．体育学刊，2002，9（5）：20-22.

[3] 马国馨．体育建筑一甲子［J］．城市建筑，2010（11）：6-10.

[4] 韩丽娜．数据可视化技术及其应用展望［J］．煤矿现代化，2005（6）：39-40.

[5] 李犁．基于BIM技术建筑协同平台的初步研究［D］．上海：上海交通大学，2012.

[6] 孙晓峰，魏力恺，季宏．从CAAD沿革看BIM与参数化设计［J］．建筑学报，2014（8）：41-45.

[7] 王喜文．工业4.0：智能工业［J］．物联网技术，2013（12）：3-4.

[8] 张建平，曹铭，张洋．基于IFC标准和工程信息模型的建筑施工4D管理系统［J］．工程力学，2005（6）：166-175.

[9] 涂慧君，陈卓．大型复杂项目建筑策划“群决策”的计算机数据分析方法研究［J］．建筑学报，2015，1（2）：30-34.

[10] 许蓁．BIM设计协作平台下反馈信息的流程管理分析［J］．建筑与文化，2014（2）：34-37.

[11] 支文军．数字化时代的结构性能化建筑设计［J］．时代建筑，2014（5）：1.

[12] 袁烽．数字化结构性能生形研究［J］．西部人居环境学刊，2014（6）：6-12.

[13] 韩旭亮，陈滨，朱佳音．建筑热设计优化经济性分析及案例研究［J］．建筑科学，2014，30（4）：65-71.

[14] 邓载鹏．数字建构与建筑参数化设计［J］．城市建设理论研究，2012（36）.

[15] 马智亮，张东东，马健坤．基于BIM的IPD协同工作模型与信息利用框架［J］．同济大学学报（自然科学版），2014，42（9）：1325-1332.

[16] 半谷裕彦，川口健一．形态解析——广义逆矩阵及其应用［M］．关富玲，吴明儿，译．北京：知识产权出版社，2014：227.

[17] 李飚，华好．建筑数控生成技术“ANGLE _ X”教学研究［J］．建筑学报，2010（10）：24-28.

[18] 胡斌，王冰冰，吕元．趋势与选择——复合型体育设施设计前期问题探讨［J］．新建筑，2005（1）：55-57.

[19] 樊可．多元视角下的体育建筑研究［D］．上海：同济大学，2007.

[20] 高岩．质疑数字化（建筑）设计——浅谈数字化“与”（建筑）设计［J］．建筑技艺，2014（4）：40-44.

[21] 张向宁．当代复杂性建筑形态设计研究［D］．哈尔滨：哈尔滨工业大学，2010.

[22] 宋学锋．复杂性、复杂系统与复杂性科学［J］．中国科学基金，2003，17（5）：262-269.

[23] 陈琦．从埃德加·莫兰复杂性思想解析当代建筑创作的思维范式［D］．北京：清华大学，2011.

[24] 赵明．复杂性理论的探索与实践——爱丽莎·安德罗塞克的数字生成实践与实验性教学［J］.

世界建筑，2011（6）：118-121.
[25] 罗诗勇．当建筑业遇上“工业 4.0”[J]．城市建筑，2015（6）：242，287.
[26] 安德烈·盖奥格，罗丹．新型数字结构集成化设计过程 [J]．时代建筑，2014（5）：34-37.
[27] 高峰．当代西方建筑形态数字化设计的方法与策略研究 [D]．天津：天津大学，2007.
[28] 龙玉峰，邹兴兴，徐晶璐，等．建筑工业化成本影响因素刍议 [J]．建筑技艺，2015（4）：42-46.
[29] 李孟崇．台湾卫武营艺术文化中心中的 BIM 工程规划运用及深化 [J]．建筑技艺．2014（2）：74-81.
[30] 籍成科，郑倬华．杭州奥体博览城主体育场设计——参数化设计方法在体育建筑中的应用 [J]．建筑技艺，2011（1）：68-73.
[31] 李媛，刘德明．基于思维过程的体育馆座席参数化模型生成 [J]．华中建筑．2013，31（7）：30-35.
[32] 许素强，夏人伟．结构优化方法研究综述 [J]．航空学报，1995（4）：385-396.
[33] 严莉．面向大型复杂建设项目的建筑策划组织模式探讨 [J]．建设科技，2011（13）：70-71.
[34] 陆海燕．基于遗传算法和准则法的高层建筑结构优化设计研究 [D]．大连：大连理工大学，2009.
[35] 陈强．当代建筑中的结构性表皮现象 [J]．建筑学报，2010（4）：13-15.
[36] 董宇，刘德明．当代体育建筑结构形态的张拉化创作趋向 [J]．城市建筑，2008（11）：32-34.
[37] 冷天翔．复杂性理论视角下的建筑数字化设计 [D]．广州：华南理工大学，2011.
[38] 李欣，武岳，崔昌禹．自由曲面结构形态创建的 NURBS—GM 方法 [J]．土木工程学报，2011，44（10）：60-66.
[39] 艾庆升．建筑因素对体育馆声学特性影响的研究 [D]．西安：长安大学，2013.
[40] 李兴钢．第一见证：“鸟巢”的诞生、理念、技术和时代决定性 [D]．天津：天津大学，2012.
[41] 孙一民，吉慧．大空间体育建筑防火疏散设计研究——以广州亚运会游泳跳水馆为例 [J]．新建筑，2013（2）：104-107.
[42] 杨烜峰，闫文凯．基于 BIM 技术的模拟逃生疏散研究 [C] //贵阳：第十五届中国科协年会论文集．[出版者不详]，2013：1-5.
[43] 武岳，李欣，王敬烨，等．自由曲面空间结构的形态学研究 [C] //北京：第十二届空间结构学术会议论文集．[出版者不详]，2008：466-471.
[44] 李江南．对美国绿色建筑认证标准 LEED 的认识与剖析 [J]．建筑节能，2009，37（1）：60-64.
[45] 李晋．被动形态模式设计——以两个亚热带校园体育馆的设计为例 [J]．新建筑，2007（1）：34-36.
[46] 李涛．基于性能表现的中国绿色建筑评价体系研究 [D]．天津：天津大学，2012.
[47] 申屠辉宏，江磊，吴昌根，等．福州海峡奥体中心体育场罩棚钢网架施工关键技术 [J]．施工技术，2014（22）：55-57.
[48] 郭晓．福州奥体体育场工程建筑信息模型（BIM）关键技术研究 [D]．厦门：厦门大学，2013.
[49] 胡振中．国际体育场施工方案的优化及虚拟实施 [D]．北京：清华大学，2005.
[50] 杜泽超．基于 PPP 视角的中国大型体育场馆建管体系研究 [D]．天津：天津大学，2011.

［51］ 刘占省，武晓凤，张桐睿．徐州体育场预应力钢结构 BIM 族库开发及模型建立［C］//北京：2013 年全国钢结构技术学术交流会，2013.
［52］ 徐迅，李万乐，骆汉宾，等．建筑企业 BIM 私有云平台中心建设与实施［J］．土木工程与管理学报，2014，31（2）：84-90.
［53］ 袁烽．数字化结构性能生形研究［J］．西部人居环境学刊，2014（6）：6-12.
［54］ 刘偲偲．基于 GIS 的城市公共体育场馆空间特征分析［D］．成都：成都体育学院，2014.
［55］ 张涛，曹伟．国外建筑设计中的 BIM 应用案例分析之英杰华体育场［J］．建筑知识：学术刊，2012（7）：2-4.
［56］ 冒亚龙．独创性与可理解性——基于信息论美学的建筑创作［J］．建筑学报，2009（11）：18-20.
［57］ 张建平．BIM 在工程施工中的应用［J］．中国建设信息，2012，41（20）：18-21.
［58］ 赵洋．基于低能耗目标的严寒地区体育馆建筑设计研究［D］．哈尔滨：哈尔滨工业大学，2014.
［59］ 袁烽，尼尔·里奇．建筑数字化建造［M］．上海：同济大学出版社，2012.
［60］ 何大阔，王福利，贾明兴．改进的遗传算法在优化设计中的应用［J］．东北大学学报（自然科学版），2005，26（12）：1123-1126.
［61］ 于凤全．不同挑棚式样对体育场内场风影响的数值模拟研究［J］．体育与科学，2009，30（4）：60-64.
［62］ 沈世钊，武岳．结构形态学与现代空间结构［J］．建筑结构学报，2014，35（4）：1-10.
［63］ 戴明．信息化进程中建筑设计的历史变迁［D］．上海：同济大学，2006.
［64］ 王爱林．价值工程及其在建筑工程中的应用［J］．安徽建筑，2003，10（5）：109-110.
［65］ 葛杨，邱志明．设计方法学［M］．哈尔滨：哈尔滨工程大学出版社，2013.
［66］ 连旭，刘德明．PPP 融资模式下的德国 06 世界杯赛场设计［J］．华中建筑，2009，27（6）：13-16.
［67］ 李媛，刘德明．基于思维过程的体育馆座席参数化模型生成［J］．华中建筑，2013（7）：30-35.
［68］ 朱煜．北京地区体育馆比赛厅平面形式选择——层次分析法在多目标建筑体形设计中的应用［D］．武汉：华中科技大学，2003.
［69］ 魏敦山，陈国亮，郗志国，等．上海体育场设计［J］．时代建筑，1997（4）：8-14.
［70］ 刘冰．体育馆座席系统的参数化设计研究［D］．哈尔滨：哈尔滨工业大学，2011.
［71］ 冯路．表皮的历史视野［J］．建筑师，2004（4）：6-15.
［72］ 華祈峯．BIM 自動化輔助節能設計與 LEED EA CREDIT 1 之初步整合系統建立［D］．臺北：臺灣大學土木工程學研究所，2011.
［73］ 姚亚雄．结构形态设计方法在体育建筑设计中的运用［C］//第十四届空间结构学术会议论文集，2012.
［74］ 方立新，周琦．参数化时代的结构拓扑优化［J］．建筑与文化，2011，（8）：106-107.
［75］ 徐绍辉．基于 CAAD 的剧场观众厅若干问题设计研究［D］．北京：清华大学，2011.
［76］ 李华峰，崔建华，甘明，等．BIM 技术在绍兴体育场开合结构设计中的应用［J］．建筑结构，2013，43（17）：144-148.
［77］ 曹孝振．体育馆声学设计的建筑因素——建筑声学处理［C］//绿色建筑与建筑物理——第九届全国建筑物理学术会议论文集（二），2004.
［78］ 李云浩．大空间体育建筑防火性能化设计与评估技术应用研究［D］．北京：北京工业大

学，2006.
[79] 李晋，熊娜．广州地区体育馆跌落式矩形天窗自然采光优化分析 [J]．南方建筑，2013 (4)：96-99.
[80] 孙一民．回归基本点：体育建筑设计的理性原则——中国农业大学体育馆设计 [J]．建筑学报，2007 (12)：26-31.
[81] 陆扬．基于 BIM 的性能化分析手段在建筑防火设计中的研究与实践 [J]．土木建筑工程信息技术，2011 (4)：63-71.
[82] 蔡悠笛．基于 BIM 技术的建筑设备设计与性能分析研究 [D]．北京：北京建筑大学，2014.
[83] 胡志芳．基于学习过程跟踪的反馈控制机制研究 [D]．西安：西安电子科技大学，2009.
[84] 林波荣，田军，刘加根，等．被动优先——华侨城体育文化中心绿色技术集成及运行效果后评估 [J]．动感（生态城市与绿色建筑），2011 (1)：68-77.
[85] 顾磊，齐宏拓，武芳，等．体育场罩棚倾角及连接开缝对风荷载的影响 [J]．空间结构，2011，17 (1)：33-41.
[86] 王珊珊．整合的 BIM-LCA 建筑评价模型研究 [D]．天津：天津大学，2013：90.
[87] 黄蔚欣，吕帅．基于机器人技术的绿色建筑建造新方法 [J]．动感（生态城市与绿色建筑），2012 (4)：55-59.
[88] 陈保胜．建筑结构选型 [M]．上海：同济大学出版社，2008.
[89] 刁志远．基于奥运会需求的既有体育建筑改扩建研究 [D]．北京：北京建筑大学，2014.
[90] 李大夏，陈寿恒，李书谊，等．数字营造 [M]．北京：中国建筑工业出版社，2009：7.
[91] Chiristian Schittich. 建筑表皮 [M]．贾子光，张磊，姜琦，译．大连：大连理工大学出版社，2009：27-28.
[92] 萨瑟兰·莱尔．结构大师：构筑当代创新建筑 [M]．香港日瀚国际文化有限公司，译．天津：天津大学出版社，2004：36.
[93] 甘荣飞，曹文龙，孙靖立．BIM 在建筑类本科院校的实践探索 [J]．土木建筑工程信息技术，2014，6 (3)：100-102.
[94] 马国馨．第三代体育场的开发和建设 [J]．建筑学报，1995 (5)．
[95] 金伯利·伊拉姆．设计几何学——关于比例与构成的研究 [M]．李乐山，译．北京：中国水利水电出版社，知识产权出版社，2003：7.
[96] 梅季魁．大跨建筑结构构思与结构选型 [M]．北京：中国建筑工业出版社，2002.
[97] 服部纪和．体育设施 [M]．北京：中国建筑工业出版社，2004.
[98] 钱峰．上海体育建筑 [M]．上海：同济大学出版社，2000.
[99] 张大强．中国江苏体育建筑 [M]．北京：中国建筑工业出版社，2007.
[100] 叶献国．建筑结构选型概论 [M]．武汉：武汉理工大学出版社，2003.
[101] 何关培．BIM 总论 [M]．北京：中国建筑工业出版社，2011：141-142.
[102] 梅季魁，王奎仁，姚亚雄，等．体育建筑设计研究 [M]．北京：中国建筑工业出版社，2010.
[103] Images 出版集团．体育建筑空间 [M]．顾惠民，余善沐，译．北京：中国建筑工业出版社，2003.
[104] 中华人民共和国建设部国家体育总局．体育建筑设计规范：JGJ 31—2003 [S]．北京：中国建筑工业出版社，2003.
[105] 曾涛．体育建筑设计手册 [M]．北京：中国建筑工业出版社，2001.
[106] 陈晋略．体育建筑 [M]．沈阳：辽宁科学技术出版社，2002.

[107] 赵红红．信息化建筑设计——Autodesk Revit［M］．北京：中国建筑工业出版社，2005.

[108] 马国馨．体育建筑论稿：从亚运到奥运［M］．天津：天津大学出版社，2007.

[109] 刘加平，马斌齐．体育建筑概论［M］．北京：人民体育出版社，2009.

[110] 全国高等学校建筑学学科专业指导委员会，建筑数字技术工作委员会，同济大学建筑与城市规划学院．建筑数字流：从创作到建造［M］．上海：同济大学出版社，2010.

[111] 孙澄宇．数字化建筑设计方法入门［M］．上海：同济大学出版社，2012.

[112] 刘育东．新建构［M］．北京：中国建筑工业出版社，2012.

[113] 孙澄宇．数字化建筑设计方法入门［M］．上海：同济大学出版社，2012.

[114] 李春梅．体育建筑［M］．李春梅，译．沈阳：辽宁科学技术出版社，2012.

[115] 拉希姆．催化形制［M］．北京：中国建筑工业出版社，2012.

[116] 斯特德曼．设计进化论［M］．北京：电子工业出版社，2013.

[117] 袁烽，尼尔·里奇．探访中国数字建筑设计工作营：Digital workshop in China［M］．上海：同济大学出版社，2013.

[118] 刘抚英．绿色建筑设计策略［M］．北京：中国建筑工业出版社，2013.

[119] 欧阳东．BIM技术——第二次建筑设计革命［M］．北京：中国建筑工业出版社，2013.

[120] 任江，吴小员．BIM，数据集成驱动可持续设计［M］．北京：机械工业出版社，2014.

[121] 王斌．体育建筑设计研究与案例分析［M］．北京：中国建筑工业出版社，2014.

[122] 亨塞尔．新兴科技与设计［M］．北京：中国建筑工业出版社，2014.

[123] 詹和平，徐炯．以实验的名义：参数化环境设计教学研究［M］．南京：东南大学出版社，2014.

**英文参考文献：**

[1] PERSOON J，HOOFF T V，BLOCKEN B，et al. On the impact of roof geometry on rain shelter in football stadia［J］. Journal of Wind Engineering & Industrial Aerodynamics，2008，96：1274-1293.

[2] GALLAHER M P，CONNOR A C O，DETTBARN J L，et al. Cost analysis of inadequate interoperability in the US capital facilities industry［J］. Building & Fire Research Laboratory，2004.

[3] BRYDE D，BROQUETAS M，VOLM J M. The project benefits of building information modelling (BIM)［J］. International Journal of Project Management，2013，31 (7)：971-980.

[4] SANGUINETTI P，ABDELMOHSEN S，LEE J M，et al. General system architecture for BIM：an integrated approach for design and analysis［J］. Advanced Engineering Informatics，2012，26 (2)：317-333.

[5] BARLISH K，SULLIVAN K. How to measure the benefits of BIM-a case study approach［J］. Automation in Construction，2012，24 (2)：149-159.

[6] EASTMAN C，SACKS R，LEE G. Strategies for realizing the benefits of 3D integrated modeling of buildings for the AEC industry［C］//ISARC—19th international symposium on automation and robotics in construction SP 989，Washington DC，2002：9-14.

[7] EASTMAN C，HENRION M. Glide：a language for design information systems［C］//ACM SIGGRAPH Computer Graphics. ACM，1977，11 (2)：24-33.

[8] LIN S H，GERBER D J. Evolutionary energy performance feedback for design：multidisciplinary design optimization and performance boundaries for design decision support［J］. Energy & Buildings，2014：426-441.

[9] BOUCHLAGHEM D, SHANG H, WHYTE J, et al. Visualisation in architecture, engineering and construction (AEC) [J] . Automation in Construction, 2005, 14 (3): 287-295.

[10] EASTMAN C, TEICHOLZ P, SACKS R, et al. BIM case studies [M] // BIM Handbook: A guide to building information modeling for owners, managers, designers, engineers, and Contractors. John Wiley & Sons, Inc. , 2008: 319-465.

[11] ZHANG S, TEIZER J, LEE J K, et al. Building information modeling (BIM) and safety: automatic safety checking of construction models and schedules [J] . Automation in Construction, 2013, 29 (1): 183-195.

[12] TANNEN R. Designing with complexity [J] . Design Management Review, 2012, 23 (2): 50-56.

[13] GERBER D J, LIN S H E. Designing in complexity: simulation, integration, and multidisciplinary design optimization for architecture [J] . Simulation, 2014, 90 (8): 936-959.

[14] ABDULLAH S A, SULAIMAN N, LATIFFI A A, et al. Building information modeling (bim) from the perspective of facilities management (fm) in malaysia [C] //International Real Estate Research Symposium, 2014.

[15] FLAGER D J G. Teaching design optioneering: a method for multidisciplinary design optimization [J] . American Society of Civil Engineers, 2014.

[16] RIPPMANN M, LACHAUER L, BLOCK P. Interactive Vault Design [J] . International Journal of Space Structures, 2012.

[17] DÍAZ J. Sustainable construction approach through integration of LCA and BIM tools [C] // Computing in Civil and Building Engineering (2014) . ASCE, 2014.

[18] KENSEK K. Integration of environmental sensors with BIM: case studies using Arduino, Dynamo, and the Revit API [J] . Informes De La Construcción, 2014, 66: 536.

[19] HUBERMAN N, PEARLMUTTER D, GAL E, et al, Optimizing structural roof form for life-cycle energy efficiency [J] . Energy and Buildings, 2015, 104 (10): 336-349.

[20] DAVID ABONDANO. The return of nature as an operative model: decoding of material properties as generative inputs to the form-making process [J] . International Journal of Architectural Computing, 2013, 11 (2): 267-284.

[21] ELLIS P G, TORCELLINI P A. Simulating tall buildings using energyplus [C] //Proceedings of Ibpsa Conference, 2005, (5) .

[22] SUYOTO W, INDRAPRASTHA A, PURBO H W. Parametric approach as a tool for decision-making in planning and design process. case study: office tower in Kebayoran Lama [J]. Procedia-Social and Behavioral Sciences, 2015, 184: 328-337.

[23] ZHAO M, WANG S, LI LY. Spatial strategy for the information society: rethinking smart city [J] . China City Planning Review, 2014 (2): 58-64.

[24] PEDRESCHI. Form, force and structure: a brief history [J] . Architectural Design, 2008, 78 (2): 12-19.

[25] WANG J, LI J, CHEN X. Parametric design based on building information modeling for sustainable buildings [C] // Challenges in Environmental Science and Computer Engineering (CESCE), 2010 International Conference, 2010: 236-239.

[26] HUDSON R, SHEPHERD P, HINES D. Aviva stadium: a case study in integrated parametric design [J] . International Journal of Architectural Computing, 2011, 9 (2) .

[27] SHEPHERD P, HUDSON R, HINES D. Aviva stadium: a parametric success [J]. Interna-

tional Journal of Architectural Computing，2011，9（2）.

［28］ PAUL S. Aviva stadium-the use of parametric modelling in structural design［J］. Structural Engineer，2011，89（3）：28-34.

［29］ O'K S E. Synergy of the developed 6D BIM framework and conception of the nD BIM framework and nD BIM process ontology［M］. Dissertations & Theses-Gradworks，2013.

［30］ INGELS B. Big，hot to cold：an odyssey of architectural adaptation［M］. Köln：Taschen，2015.